建筑工程与施工技术

刘景春　刘　野　李　江　编著

吉林科学技术出版社

图书在版编目（CIP）数据

建筑工程与施工技术 / 刘景春，刘野，李江编著.
-- 长春：吉林科学技术出版社，2019.6
ISBN 978-7-5578-5342-6

Ⅰ．①建… Ⅱ．①刘… ②刘… ③李… Ⅲ．①建筑施工一
高等学校－教材 Ⅳ．①TU7

中国版本图书馆 CIP 数据核字 (2019) 第 102437 号

建筑工程与施工技术

JIANZHU GONGCHENG YU SHIGONG JISHU

编　　著	刘景春　刘　野　李　江
出 版 人	李　梁
责任编辑	朱　萌
封面设计	长春美印图文设计有限公司
制　　版	长春美印图文设计有限公司
幅面尺寸	170mm×240mm　1/16
字　　数	350 千字
印　　张	15.75
版　　次	2019 年 6 月第 1 版
印　　次	2019 年 6 月第 1 刷
出　　版	吉林科学技术出版社
发　　行	吉林科学技术出版社
地　　址	长春市净月区福祉大路 5788 号
邮　　编	130118

发行部电话／传真　0431—81629529　　81629530　　81629531
　　　　　　　　　　　　81629532　　81629533　　81629534

储运部电话　0431—86059116

编辑部电话　0431—81629518

印　　刷	北京宝莲鸿图科技有限公司
书　　号	ISBN 978-7-5578-5342-6
定　　价	65.00 元

编委会

前　　言

　　"建筑工程与施工技术"是建筑施工专业的主要专业课之一,主要研究建筑工程各主要工种的施工工艺、施工技术和方法、施工项目科学的组织原理以及建筑工程施工中的新技术、新材料、新工艺的发展和应用,它在培养学生有关施工技术与组织计划的基本能力方面起着重要作用。

　　"建筑工程与施工技术"课程具有实践性强、知识面宽、综合性强、发展快等特点。因此,本教材重点阐述了建筑工程施工的基本理论及工程应用,在内容上符合国家现行规范、标准的要求,反映了现代建筑工程施工的新技术、新工艺及新成就,以满足新时期对人才培养的需要。在知识点的取舍上,保留了一些常用的工艺方法,注重纳入对工程建设有重大影响的新技术,突出综合运用建筑工程施工及相关学科的基本理论和知识。

　　根据本课程的任务及其特点,在教学过程中首先应坚持理论联系实际的学习方法,加强实践环节(如现场教学、参观、实习、课程设计等);其次,应注意与基础课、专业基础课及相关专业课知识的衔接与贯通,更好地理解与掌握本课程内容;最后,在学习中除了学习本教材之外,还应尽量阅读参考书籍与科技文献、专业杂志,汲取新的知识、了解发展动向、扩大视野,为进一步的发展打好基础。本教材内容翔实,简单实用,既可以作为高等院校建筑工程专业学生的基础教材,也可作为建筑类专业学生及工作人员自学的重要参考书。本教材在编写过程中,借鉴、参考了国内外的相关成果,在此谨对这些成果的作者表示诚挚的感谢和敬意。

　　由于作者水平有限,书中难免存在不妥之处,恳请广大读者批评指正。

编　者

目　录

第一章 土方工程

土方工程一般是指建设场地三通一平中的土方粗平,计算填挖总量,是施工前期准备的重要部分。工业与民用建筑工程施工中常见的土方工程有场地平整、基坑(槽)与管沟的开挖、人防工程及地下建筑物的土方开挖、路基填土及碾压等。土方工程的施工有土的开挖或爆破、运输、填筑、平整和压实等主要施工过程以及排水、降水和土壁支撑等准备工作与辅助施工工作。

第一节 概 述

一、土方工程的施工特点

土方工程施工具有工程量大、施工工期长、施工条件复杂、劳动强度大等特点。建筑工地的场地平整,土方工程量可达数百万立方米以上,施工面积达数平方千米,大型基坑的开挖,有的深达 20 多米。土方施工条件复杂,又多为露天作业,受气候、水文、地质等影响较大,难以确定的因素较多。因此,在组织土方工程施工前必须做好施工组织设计,选择好施工方法和机械设备,制订合理的土方调配方案,实行科学管理,以保证工程质量,并取得好的经济效果。

二、土的工程分类

土的分类方法较多,例如根据土的颗粒级配或塑性指数分类,根据土的沉积年代分类,根据土的工程特点分类等。在土方施工中,根据土的坚硬程度和开挖方法将土分为 8 类(表 1-1)。

表 1-1 土的工程分类与开挖方法

土的分类	土的名称	可松性系数		开挖方法及工具
		K_s	K'_s	
一类土 (松软土)	砂;粉土;冲积砂土层;种植土;泥炭(淤泥)	1.08 ~ 1.17	1.01 ~ 1.03	能用锹、锄头挖掘
二类土 (普通土)	粉质黏土;潮湿的黄土;夹有碎石、卵石的砂;填筑土及粉土混卵(碎)石	1.14 ~ 1.28	1.02 ~ 1.05	用锹、条锄挖掘,少许用镐翻松

表 1-1(续)

土的分类	土的名称	可松性系数		开挖方法及工具
		K_s	K'_s	
三类土（坚土）	中等密实黏土；重粉质黏土；粗砾石；干黄土及含碎石、卵石的黄土、粉质黏土；压实的填筑土	1.24 ~ 1.30	1.04 ~ 1.07	主要用镐，少许用锹、条锄挖掘
四类土（砂砾坚土）	重黏土及含碎石、卵石的黏土；粗卵石、密实的黄土；天然级配砂土；软泥灰岩及蛋白石	1.26 ~ 1.32	1.06 ~ 1.09	整个用镐、撬棍，然后用锹挖掘，部分用楔子及大锤
五类土（软石）	硬质黏土；中等密实的岩石、泥灰岩、白垩土；胶结不紧的砾岩；软的石灰岩	1.30 ~ 1.45	1.10 ~ 1.20	用镐或撬棍、大锤挖掘，部分用爆破方法
六类土（次坚石）	泥岩；砂岩；砾岩；坚实的页岩；泥灰岩；密实的石灰岩；风华花岗岩；片麻岩	1.30 ~ 1.45	1.10 ~ 1.20	用爆破方法开挖，部分用镐
七类土（坚石）	大理岩；大辉岩；玢岩；粗、中粒花岗岩；坚实的白云岩、砂岩、砾岩、片麻岩、玄武岩	1.30 ~ 1.45	1.10 ~ 1.20	用爆破方法开挖
八类土（特坚石）	安山岩；玄武岾；花岗片麻岩、坚实的细粒花岗岩、闪长岩、石英岩、辉长岩、辉绿岩、玢岩	1.45 ~ 1.50	1.20 ~ 1.30	用爆破方法开挖

注：K_s——最初可松性系数；K'_s——最后可松性系数。

三、土的基本性质

（一）土的组成

土一般由土颗粒（固相）、水（液相）和空气（气相）三部分组成，这三个部分之间的比例关系随着周围条件的变化而变化，三者相互间比例不同，反映出土的物理状态不同，如干燥、稍湿或很湿，密实、稍密或松散。这些指标是最基本的物理性质指标，对评价土的工程性质，进行土的工程分类具有重要意义。

土的三相物质是混合分布的，为阐述方便，一般用三相图（图 1-1）表示。三相图中，把土的固体颗粒、水、空气各自划分开来。

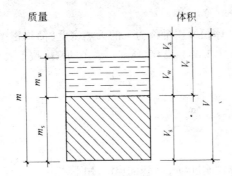

m——土的总质量$(m = m_s + m_w)$,kg;m_s——土中固体颗粒的质量,kg;

m_w——土中水的质量,kg;V——土的总体积$(V = V_a + V_w + V_s)$,m^3;

V_a——土中空气体积,m^3;V_s——土中固体颗粒体积,m^3;

V_w——土中水所占的体积,m^3;V_v——土中孔隙体积$(V_v = V_a + V_w)$,m^3

图1-1 集水井降水法

(二)土的物理性质

1. 土的可松性与可松性系数

天然土经开挖后,其体积因松散而增加,虽经振动夯实,但仍然不能完全复原,这种现象称为土的可松性。土的可松性用可松性系数表示。

最初可松性系数:

$$K_s = \frac{V_2}{V_1} \tag{1-1}$$

最后可松性系数:

$$K'_s = \frac{V_3}{V_1} \tag{1-2}$$

式中 K_s,K'_s——土的最初、最后可松性系数;

V_1——土在天然状态下的体积,m^3;

V_2——土挖后松散状态下的体积,m^3;

V_3——土经压(夯)实后的体积,m^3。

可松性系数对土方的调配、计算土方运输量都有影响。各类土的可松性系数见表1-1。

2. 土的天然含水量

在天然状态下,土中水的质量与固体颗粒质量之比的百分率称为土的天然含水量,共反映了土的干湿程度,用 ω 表示,即

$$\omega = \frac{m_w}{m_s} \times 100\% \tag{1-3}$$

式中 m_ω——土中水的质量,kg;

m_s——土中固体颗粒的质量,kg。

3. 土的天然密度和干密度

土在天然状态下单位体积的质量称为土的天然密度(简称密度)。一般黏土的密度为 1 800~2 000 kg/m³,砂土为 1 600~2 000 kg/m³。土的密度按下式计算:

$$\rho = \frac{m}{V} \tag{1-4}$$

式中　ρ——土的天然密度,kg/m³;

　　　　m——土的质量,kg;

　　　　V——土的体积,m³。

干密度是土的固体颗粒质量与总体积的比值,用下式表示:

$$\rho_d = \frac{m_s}{V} \tag{1-5}$$

式中　ρ_d——土的干密度,kg/m³;

　　　　m_s——固体颗粒质量,kg;

　　　　V——土的体积,m³。

4. 土的孔隙比和孔隙率

孔隙比和孔隙率反映了土的密实程度,孔隙比和孔隙率越小土越密实。

孔隙比 e 是土的孔隙体积 V_v 与固体体积 V_s 的比值,用下式表示:

$$e = \frac{V_v}{V_s} \tag{1-6}$$

孔隙率 n 是土的孔隙体积 V_v 与总体积 V 的比值,用百分率表示:

$$n = \frac{V_v}{V} \times 100\% \tag{1-7}$$

5. 土的渗透系数

土的渗透性系数表示单位时间内水穿透土层的能力,单位用 m/d 表示。根据土的渗透系数不同,可分为透水性土(如砂土)和不透水性土(如黏土)。它影响施工降水与排水的速度,一般土的渗透系数见表1-2。

表1-2　土的渗透系数

土的名称	渗透系数 K/(m·d⁻¹)	土的名称	渗透系数 K/(m·d⁻¹)
黏土	<0.005	中砂	5.00~20.00
粉质黏土	0.005~0.10	均质中砂	35~50
粉土	0.10~0.50	粗砂	20~50
黄土	0.25~0.50	圆砂石	50~100
粉砂	0.50~1.00	卵石	100~500
细砂	1.00~5.00		

第二节 土方工程量的计算与调配

土方工程施工之前,必须进行土方工程量计算。但施工的土体一般比较复杂,几何形状不规则,要做到精确计算比较困难。工程施工中,往往采用具有一定精度的近似方法进行计算。

一、基坑、基槽和路堤的土方量计算

当基坑上口与下底两个面平行时(图1-2),其土方量即可按拟柱体的体积公式计算,即:

$$V = \frac{H}{6}(F_1 + 4F_0 + F_2) \tag{1-8}$$

式中　H——基坑深度,m;

F_1, F_2——基坑上、下两底面积,m^2;

F_0——F_1 与 F_2 之间的中截面面积,m^2。

当基槽和路堤沿长度方向断面呈连续性变化时(图1-3),其土方量可以用同样方法分段计算。

$$V_1 = \frac{L_1}{6}(F_1 + 4F_0 + F_2) \tag{1-9}$$

式中　V_1——第一段的土方量,m^3;

L_1——第一段的长度,m。

将各段土方量相加即得总土方量,即

$$V = V_1 + V_2 + \cdots + V_n \tag{1-10}$$

式中　$V_1, V_2, \cdots, V_n$——各分段土的土方量,m^3。

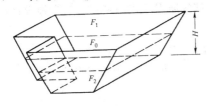

图1-2　基坑土方量计算

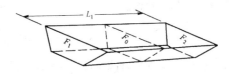

图1-3　基槽土方量计算

二、场地平整标高与土方量计算

场地平整前,要确定场地的设计标高,计算挖方和填方的工程量,然后确定挖方和填方的平衡调配方案,再根据工程规模、施工期限、现有机械设备条件选择土方机械,拟订施工方案。

对较大面积的场地平整,正确地选择设计标高是十分重要的。选择设计标高时应遵循以下原则:要满足生产工艺和运输的要求;尽量利用地形,以减少挖填方数量;争取场地内挖填方平衡,使土方运输费用最少;要有一定泄水坡度,满足排水要求。

场地设计标高一般应在设计文件中规定,若设计文件对场地设计标高没有规定时,对中小型场地可采用"挖填土方量平衡法"确定;对大型场地宜做竖向规划设计,采用"最佳设计平面法"确定。下面主要介绍"挖填量平衡法"的原理和步骤。

(一)确定场地设计标高

1. 初步设计标高

初步确定场地设计标高的原则是场地内挖填方平衡,即场地内挖方总量等于填方总量。

计算场地设计标高时,首先将场地划分成有若干个方格的方格网,每格的大小根据要求的计算精度及场地平坦程度确定,一般边长为 10 ~ 40 m,如图 1-4a 所示。然后找出各方格角点的地面标高。当地形平坦时,可根据地形图上相邻两等高线的标高,用插入法求得。当地形起伏或无地形图时,可在地面用木桩打好方格网,然后用仪器直接测出。

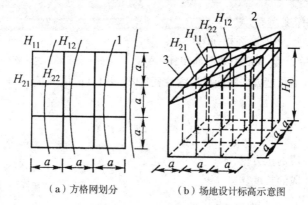

（a）方格网划分　　　　（b）场地设计标高示意图

1—等高线;2—自然地面;3—场地设计标高平面

图 1-4　场地设计标高 H_0 计算示意图

按照场地内土方的平整前后相等,即挖填方平衡的原则,如图 1-4b 所示,场地设计标高即为各个方格平均标高的平均值,可按下式计算:

$$H_0 = \frac{\Sigma (H_{11} + H_{12} + H_{21} + H_{22})}{4N} \tag{1-11a}$$

式中　　H_0——所计算的场地设计标高,m;

　　　　N——方格数;

$H_{11},\cdots,H_{22}$——任一方格 4 个角点的标高,m。

从图 1-4a 可以看出,H_{11} 是一个方格的角点标高,H_{12} 及 H_{21} 是相邻两个方格的公共角点标高,H_{22} 是相邻 4 个方格的公共角点标高。如果将所有方格的 4 个角点全部相加,则它们在式(1-11a)中分别要加一次、两次、四次。

例如,令 H_1 为 1 个方格仅有的角点标高,H_2 为 2 个方格共有的角点标高,H_3 为 3 个方格共有的角点标高,H_4 为 4 个方格共有的角点标高,则场地设计标高 H_0 可改写成下式:

$$H_0 = \frac{\Sigma H_1 + 2\Sigma H_2 + 3\Sigma H_3 + 4\Sigma H_4}{4N} \tag{1-11b}$$

2. 场地设计标高的调整

按式(1-11b)计算的场地设计标高 H_0 为一理论值,尚需考虑以下因素进行调整。

1)土的可松性影响

由于土具有可松性,一般填土会有剩余,需要因地提高设计标高。由图 1-5 可看出,考虑土的可松性引起设计标高的增加值 Δh,得

$$\Delta h = \frac{V_w(K'_s - 1)}{F_t + F_w K'_s} \qquad (1\text{-}12)$$

式中　V_w——按理论标高计算出的总挖方体积;

　　　F_w,F_t——按理论设计标高计算出的挖方区、填方区总面积;

　　　K'_s——土的最后可松性系数。

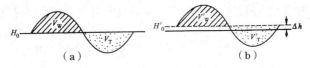

图 1-5　考虑土的可松性调整设计标高计算示意图

调整后的设计标高值,可由下式表示:

$$H'_0 = H_0 + \Delta h \qquad (1\text{-}13)$$

2)场内挖方和填土的影响

由于场内大型基坑挖出的土方、修筑路基填高的土方、场地周围挖填放坡的土方,以及经过经济比较,而将部分挖方就近弃于场外或将部分填方就近从场外取土,均会引起场地挖方或填方量的变化。必要时,也需调整设计标高。

3)场地泄水坡度的影响

按上述计算和调整后的设计标高进行场地平整时,场地将是一个水平面。但实际上,由于排水的要求,场地表面均需有一定的泄水坡度。因此,还需根据泄水要求,最后计算出场地内各方格角点实际施工时的设计标高。

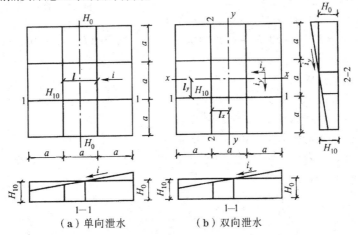

图 1-6　场地泄水坡度示意图

（1）单向泄水时各方格角点的设计标高。当场地只向一个方向泄水时（图1-6a），应以计算出的设计标高 H_0（或调整后的设计标高 H'_0）作为场地中心线的标高，场地内任一点的设计标高为

$$H_n = H_0 \pm li \qquad\qquad (1\text{-}14)$$

式中　H_n——场地内任意一方格角点的设计标高，m；

　　　l——该方格角点至场地中心线的距离，m；

　　　i——场地泄水坡度（不小于0.2%）；

　　　$\pm$——该点比标高用"＋"，反之用"－"。

例如，图1-6a中，角点10的设计标高为

$$H_{10} = H_0 - 0.5ai$$

（2）双向泄水时各方格角点的设计标高。当场地向两个方向泄水时（图1-6b），应以计算出的设计标高 H_0（或调整后的标高 H'_0）作为场地中心点的标高，场地内任意一点的设计标高为

$$H_n = H_0 \pm l_x i_x \pm l_y i_y \qquad\qquad (1\text{-}15)$$

式中　l_x, l_y——该点于 $x-x, y-y$ 方向上距场地中心点的距离；

　　　i_x, i_y——场地在 $x-x, y-y$ 方向上的泄水坡度。

例如图1-6b中，角点10的设计标高为

$$H_{10} = H_0 - 0.5ai_x - 0.5ai_y$$

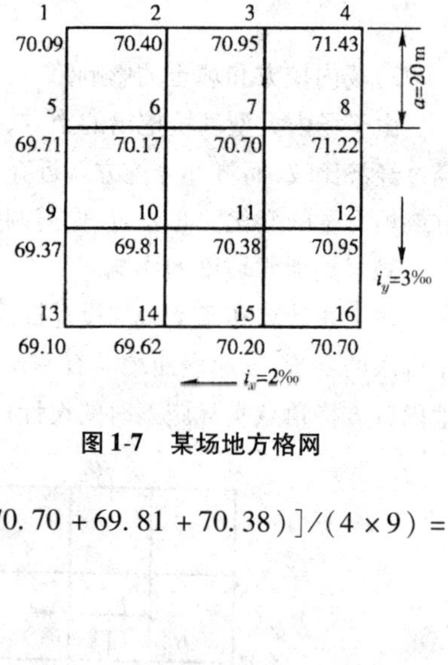

【例1-1】　某建筑场地方格网、自然地面标高如图1-7所示，方格边长 $a = 20$ m。泄水坡度 $i_x = 2‰, i_y = 3‰$，不考虑土的可松性及其他影响，试确定方格各角点的设计标高。

图1-7　某场地方格网

解　（1）初算设计标高：

$H_0 = (\sum H_1 + 2\sum H_2 + 3\sum H_3 + 4\sum H_4)/4N =$

　　$[70.09 + 71.43 + 69.10 + 70.70 + 2 \times$

　　$(70.40 + 70.95 + 69.71 + \cdots) + 4 \times (70.17 + 70.70 + 69.81 + 70.38)]/(4 \times 9) =$

　　70.29 m

（2）调整设计标高：

$H_n = H_0 \pm l_x i_x \pm l_y i_y$

$H_1 = 70.29 - 30 \times 2‰ + 30 \times 3‰ = 70.32$ m

$H_2 = 70.29 - 10 \times 2‰ + 30 \times 3‰ = 70.36$ m

$H_3 = 70.29 + 10 \times 2‰ + 30 \times 3‰ = 70.40$ m

其他如图1-8所示。

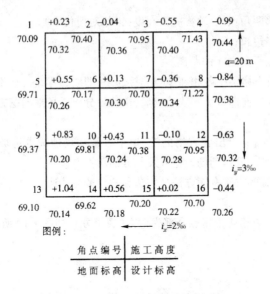

图例：

角点编号	施工高度
地面标高	设计标高

图1-8 方格网角点设计标高及施工高度

(二)场地土方量计算

场地平整土方量的计算方法通常有方格网法和断面法两种。方格网法适用于地形较为平坦、面积较大的场地,断面法多用于地形起伏变化较大的地区。

用方格网法计算时,先根据每个方格角点的自然地面标高和实际采用的设计标高,算出相应的角点填挖高度,然后计算每一个方格的土方量,并算出场地边坡的土方量,这样即可得到整个场地的挖方量、填方量,具体有如下几步。

1.计算场地各方格角点的施工高度

各方格角点的施工高度(挖、填方高度)h_n:

$$h_n = H_n - H'_n \tag{1-16}$$

式中 h_n——该角点的挖、填高度,以"+"为填方高度,以"－"为挖方高度,m;

H_n——该角点的设计标高,m;

H'_n——该角点的自然地面标高,m。

2.绘出"零线"

零线是场地平整时,施工高度为"0"的线是挖、填的分界线。确定零线时,要先找到方格线上的零点。零点是在相邻两角点施工高度分别为"+""－"的格线上,是两角点之间挖填方的分界点。方格线上的零点位置如图1-9所示,可按下式计算:

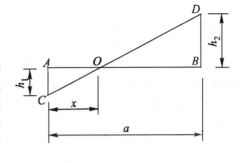

图1-9 零点位置计算

$$x = \frac{ah_1}{h_1 + h_2} \tag{1-17}$$

式中 h_1,h_2 ——相邻两角点挖、填方施工高度(以绝对值代入);

　　　　a ——方格边长;

　　　　x ——零点距角点 A 的距离。

参考实际地形,将方格网中各相邻零点连接起来,即成为零线。如不需要计算零线的确切位置,则绘出其大致走向即可。零线绘出后,也就划分出了场地的挖方区和填方区。

3. 场地土方量计算

计算场地土方量时,先求出各方格的挖、填土方量和场地周围边坡的挖、填土方量,把挖、填土方量分别加起来,就得到场地挖方及填方的总土方量。

各方格土方量计算的方法有四方棱柱体法和三角棱柱体法。

1)四方棱柱体法

(1)全挖全填格。方格 4 个角点全部为挖方(或填方),如图 1-10 所示,其挖或填的土方量为

$$V=\frac{a^2}{4}(h_1+h_2+h_3+h_4) \tag{1-18}$$

式中　　　　　V——挖方或填方的土方量,m;

　h_1,h_2,h_3,h_4——方格 4 个角点的挖填高度(以绝对值代入),m。

(2)部分挖部分填格。方格的 4 个角点部分为挖方、部分为填方时(图1-11和图 1-12):

$$V_{挖}=\frac{a^2(\sum h_{挖})^2}{4 \quad \sum h} \tag{1-19}$$

$$V_{填}=\frac{a^2(\sum h_{填})^2}{4 \quad \sum h} \tag{1-20}$$

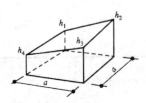

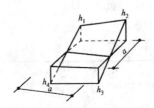

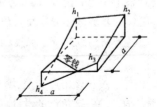

图 1-10　全挖全填格　　　图 1-11　两挖两填格　　　图 1-12　三挖一填格

2)三角棱柱体法

三角棱柱体法是将每一个方格顺地形等高线方向,沿对角线划分成两个三角形(图1-13),然后分别计算每一个三角棱柱体、锥体或楔形体的土方量。

(1)全挖全填。当三角形 3 个角点全部为挖或全部为填时(图 1-14a),挖或填的土方量为

$$V=\frac{a^2}{6}(h_1+h_2+h_3) \tag{1-21}$$

式中　　　a ——方格边长,m;

　h_1,h_2,h_3 ——三角形各角点的施工高度(用绝对值代入),m。

(2)有挖有填。当三角形 3 个角点有挖有填时,零线将三角形分成两部分,一个是底面

为三角形的锥体,一个是底面为四边形的楔体(图1-14b)。

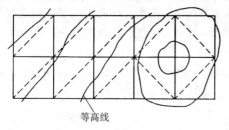

等高线

图1-13 按地形将方格划分成三角形

(a) 全挖全填

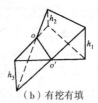

（b）有挖有填

图1-14 三角棱柱体法

其中锥体部分的体积为

$$V_{\text{锥}} = \frac{a^2}{6} \frac{h_3^3}{(h_1 + h_2)(h_2 + h_3)} \tag{1-22}$$

楔体部分的体积为

$$V_{\text{楔}} = \frac{a^2}{6}\left[\frac{h_3^3}{(h_1 + h_3)(h_2 + h_3)} - h_3 + h_1 + h_2\right] \tag{1-23}$$

式中 h_1, h_2, h_3 ——三角形各角点的施工高度(取绝对值),m;

$\quad\quad\quad h_3$ ——锥体顶点的施工高度。

三、土方调配与优化

土方调配是大型土方工程施工设计的一个重要内容,目的是在使土方总运输量最小或土方运输成本(元)最低的条件下,确定填挖方区土方的调配方向和数量,从而达到缩短工期和降低成本的目的。

(一)划分土方调配区,计算平均运距或土方施工单价

1. 调配区的划分

进行土方调配时,首先要划分调配区。划分调配区应注意下列5点。

(1)调配区的划分应该与工程建(构)筑物的平面位置相协调,并考虑它们的开工顺序、分期施工的要求,使近期施工与后期利用相协调。

(2)调配区的大小应该满足土方施工主导机械(铲运机、挖土机等)的技术要求。

(3)调配区的范围应该和方格网协调,通常可由若干个方格组成一个调配区。

(4)当土方运距较大或场地范围内土方不平衡时,可根据附近地形,考虑就近取土或就近弃土,这时每个取土区或弃土区都应作为一个独立的调配区。

(5)调配区划分还应尽量与大型地下建筑物的施工相结合,避免土方重复开挖。

例如某场地调配区划分,如图1-15所示。

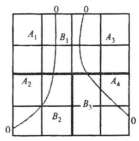

图1-15 调配区划分示例

2. 平均运距的确定

平均运距一般是指挖方区土方重心至填方区土方重心的距离。当填、挖调配区之间距离较远,采用汽车等运土工具沿工地道路或规定线路运土时,其运距应按实际情况进行计算。

3. 土方施工单价的确定

如果采用汽车或其他专用运土工具运土时,调配区之间的运土单价,可根据预算定额确定。当采用多种机械施工时,确定土方的施工单价就比较复杂,因为不仅是单机核算问题,还要考虑运、填配套机械的施工单价,确定一个综合单价。

将上述平均运距或土方施工单价的计算结果填入土方平衡表内。

(二)最优调配方案的确定

确定最优调配方案,是以线性规划为理论基础,常用"表上作业法"求解。下面结合示例介绍。

已知某场地有 4 个挖方区和 3 个填方区,各区的挖填土方量和各调配区之间的运距如图 1-16 所示。利用"表上作业法"进行调配的步骤有以下 4 步。

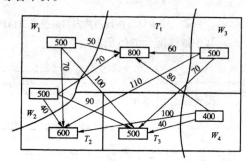

图 1-16 各调配区方量和平均运距

1. 编制初始调配方案

采用"最小元素法"进行就近调配,即先在运距表中找一个最小数值,如 $C_{22} = C_{43} = 40$(任取其中一个,现取 C_{43}),先确定 X_{43} 的值,使其尽可能的大,即将 W_4 挖方区的土方全部调到 T_3 填方区,因此 X_{41} 和 X_{42} 都等于零。此时,将 400 填入 X_{43} 格内,同时将 X_{41},X_{42} 格内画上一个"×"号。然后在没有填上数字和"×"号的方格内再选一个运距最小的方格,即 $C_{22} = 40$,便可确定 $X_{22} = 500$,同时使 $X_{21} = X_{23} = 0$。此时,又将 500 填入 X_{22} 格内,并在 X_{21},X_{23} 格内画上"×"号。重复上述步骤,依次确定其余的数值,最后得出表 1-3 所示的初始调配方案。

表 1-3 土方初始调配方案

填〉挖	T_1		T_2		T_3		挖方量
W_1	500	50	×	70	×	100	500
W_2	×	70	500	40	×	90	500
W_3	300	60	100	110	100	70	500
W_4	×	80	×	100	400	40	400
填方量	800		600		500		1900

土方的总运输量为

$Z_0 = 500 \times 50 + 500 \times 40 + 300 \times 60 + 100 \times 110 + 100 \times 70 + 400 \times 40 = 97000 \ \text{m}^3 \cdot \text{m}$

2. 最优方案判别

利用"最小元素法"编制初始调配方案,其总运输量是较小的。但不一定是总运输量最小,因此还需判别它是否为最优方案。判别的方法有"闭回路法"和"位势法",其实质相同,都是用检验数 A_{ij} 来判别。只要所有的检验数 $A_{ij} \geq 0$,则该方案即为最优方案;否则,不是最优方案,尚需进行调整。

为了使线性方程有解,要求初始方案中调动的土方量要填够 $m + n - 1$ 个格(m 为行数,n 为列数),不足时可在任意格中补"0"。

下面介绍用"位势法"求检验数。

1)求位势 U_i 和 V_j

位势数就是在运距表的行或列中用运距(或单价)C_{ij} 同时减去的数,目的是使有调配数字的格检验数 A_{ij} 为零,而对调配方案的选取没有影响。

计算方法:将初始方案中有调配数方格的 C_{ij} 列出,然后按下式求出两组位势数 $U_i(i = 1, 2, \cdots, m)$ 和 $V_j(j = 1, 2, \cdots, n)$。

$$C_{ij} = U_i + V_j \tag{1-24}$$

式中　C_{ij}——平均运距(或单位土方运价或施工费用);

　　U_i, V_j——位势数。

例如,本例两组位势数计算。设 $U_1 = 0$,则 $V_1 = C_{11} - U_1 = 50 - 0 = 50, U_3 = C_{31} - V_1 = 60 - 50 = 10, V_2 = 110 - 10 = 100, \cdots$,见表1-4。

表1-4　位势计算表

挖 ＼ 填 位势数	位势数 V_j ＼ U_i	T_1 $V_1 = 50$	T_2 $V_2 = 100$	T_3 $V_3 = 60$
W_1	$U_1 = 0$	500 ⬚50	⬚70	⬚100
W_2	$U_2 = -60$	⬚70	500 ⬚40	⬚90
W_3	$U_3 = 10$	300 ⬚60	100 ⬚110	100 ⬚70
W_4	$U_4 = -20$	⬚80	⬚100	400 ⬚40

2)求检验数 λ_{ij}

位势数求出后,便可根据下式计算各空格的检验数:

$$\lambda_{ij} = C_{ij} - U_i - V_y \tag{1-25}$$

$\lambda_{11} = 50 - 0 - 50 = 0$(有土方格的检验数必为零,其他不再计算)。

空格的检验数:

$$\lambda_{13} = 100 - 0 - 6 = 40$$

$$\lambda_{21} = 70 - (-60) - 50 = 80$$

$$\lambda_{23} = 90 - (-60) - 60 = 90$$

各格的检验数见表1-5。

表1-5　求检验数表

填 挖 位势数	位势数 V_j U_i	T_1 $V_1 = 50$	T_2 $V_2 = 100$	T_3 $V_3 = 60$
W_1	$U_1 = 0$	0	-30 　70	$+40$ 　100
W_2	$U_2 = -60$	$+80$ 　70	0	$+90$ 　90
W_3	$U_3 = 10$	0	0	0
W_4	$U_4 = -20$	$+50$ 　80	$+20$ 　100	0

表中出现负值,因此初始方案不是最优方案,应对其进行调整。

3. 方案的调整

(1)在所有负检验数中选取最小的一个(本例中为C_{12}),把它所对应的变量X_{12}作为调整的对象。

(2)找出X_{12}的闭回路:从X_{12}出发,沿水平或竖直方向前进,遇到调配土方数字的格可以做90°转弯,然后依次继续前进,直到再回到出发点,形成一条闭回路(表1-6)。

表1-6　找X_{12}的闭回路

填 挖	T_1	T_2	T_3
W_1	500 ←	X_{12}	
W_2		500	
W_3	300	100	100
W_4			400

(3)从空格盖X_{12}出发,沿着闭回路方向,在各奇数次转角点的数字中挑出一个最小的土方量(表1-6即在500、100中选100),将它调到空格中(即由X_{32}调到X_{12}中)。

(4)同时将闭回路上其他奇数次转角上的数字都减去该调动值(100 m³),偶次转角上数字都增加该调动值,使得填、挖方区的土方量仍然保持平衡,这样调整后,便得到了新的调配方案(表1-7中括号内数字)。

表 1-7 方案调整表

挖＼填	T_1	T_2	T_3
W_1	(400) 500 ←	(100) X_{12}	
W_2		500 ↑	
W_3	300 (400) →	100 ↑ (0)	100
W_4			400

对新调配方案,再用"位势法"进行检验,看其是否为最优方案。若检验数中仍有负数出现,则仍按上述步骤调整,直到求得最优方案为止。

表 1-8 中所有检验数均不小于零,故该方案即为最优方案。其土方的总运输量为

$$Z = 400 \times 50 + 100 \times 70 + 500 \times 40 + 400 \times 60 + 100 \times 70 + 400 \times 40 = 94000 \ \text{m}^3 \cdot \text{m}$$

较初始方案 $Z_0 = 97000 \ \text{m}^3 \cdot \text{m}$ 减少了 $3000 \ \text{m}^3 \cdot \text{m}$。

表 1-8 位势及检验数计算表

挖＼填	位势数	T_1	T_2	T_3
位势数	V_j ＼ U_i	$V_1 = 50$	$V_2 = 100$	$V_3 = 60$
W_1	$U_1 = 0$	0 [50]	0 [70]	+40 [100]
W_2	$U_2 = -30$	+50 [70]	0 [40]	+40 [100]
W_3	$U_3 = 10$	0 [60]	+30 [110]	0 [70]
W_4	$U_4 = -20$	+50 [80]	+50 [100]	0 [40]

值得注意的是,土方调配最优方案不一定是唯一的,它们在调配区或调配土方量等方面可能不同,但其目标函数 Z 都是相等的。最优方案越多,提供的选择余地就越大。当土方调配区数量较多时,用"表上作业法"时工作量较大,应采用计算机程序进行优化。

4.绘制土方调配图

根据调配方案,将土方调配方向、数量以及每对挖填调配区之间的平均运距,在土方调配图上标明,如图 1-17 所示。

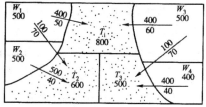

[箭线上方为土方量(m^3),箭线下方为运距(m)]
图 1-17 土方调配图

第三节　土方工程的准备与辅助工作

土方工程的准备工作及辅助工作是保证土方工程顺利进行所必需的,在编制土方工程施工方案时应做周密、细致的设计。在土方施工前、施工过程中乃至施工后都要认真执行所制定的有关措施,进行必要的监测,并根据施工中实际情况的变化及时调整实施方案。

一、土方工程施工前的准备工作

土方工程施工前应做好下述准备工作:

(1)场地清理。场地清理包括清理地面及地下各种障碍。在施工前应拆除旧房和古墓,拆除或改建通信、电力设备、地下管线及建筑物,迁移树木,去除耕植土及河塘淤泥等。

(2)排除地面水。场地内低洼地区的积水必须排除,同时应注意雨水的排除,使场地保持干燥,以利土方施工。地面水的排除一般采用排水沟、截水沟、挡水土坝等措施。

(3)修筑好临时道路及供水、供电等临时设施。

(4)做好材料、机具及土方机械的进场工作。

(5)做好土方工程测量、放线工作。

(6)根据土方施工设计做好土方工程的辅助工作,如边坡稳定、基坑(槽)支护、降低地下水等。

二、土方边坡及其稳定

1. 土方边坡

合理地选择基坑、沟槽、路基、堤坝的断面和留设土方边坡,是减少土方量的有效措施。土方边坡的坡度用边坡高度 h 与其底宽度 b 之比表示:

$$土方边坡坡度 = \frac{h}{b} = \frac{1}{b/h} = 1: m \tag{1-26}$$

式中　m——坡度系数,$m = b/h$。

坡度系数的意义:当边坡高度已知为 h 时,其边坡宽度则等于 mh。

土方边坡的稳定,主要是由于土体内土颗粒间存在摩阻力和黏结力,从而使土体具有一定的抗剪强度,当下滑力超过土体的抗剪时,就会产生滑坡。

土体抗剪强度的大小与土质有关,黏性土颗粒之间不仅具有摩阻力,而且具有黏结力。砂性土颗粒之间只有摩阻力,没有黏结力。因此,黏性土的边坡可陡坡,砂性土的边坡则应平缓些。

土方边坡大小应根据土质、开挖深度、开挖方法、施工工期、地下水位、坡顶荷载及气候条件等因素确定。边坡可做成直线形、折线形或阶梯形,如图 1-18 所示。

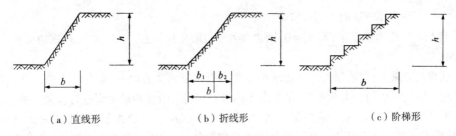

| （a）直线形 | （b）折线形 | （c）阶梯形 |

图 1-18　土方边坡

土方边坡坡度一般在设计文件上有规定,若设计文件上无规定,可按照《建筑地基基础工程施工质量验收规范》(GB 50202—2002)第 6.2.3 的规定执行(表 1-9)。

表 1-9　临时性挖方边坡坡度值

土的类别		边坡值(高：宽)
砂土(不包括细砂、粉砂)		1:1.25 ~ 1:1.50
一般性黏土	硬	1:0.75 ~ 1:1.00
	硬、塑	1:1.00 ~ 1:1.25
	软	1:1.50 或更缓
碎石类土	充填坚硬、硬塑黏性土	1:0.50 ~ 1:1.00
	充填砂土	1:1.00 ~ 1:1.50

注:1. 设计有要求时,应符合设计标准。

2. 如采用降水或其他加固措施,可不受本表限制,但应计算复核。

3. 开挖深度,对软土不应超过 4 m,对硬土不应超过 8 m。

2. 土方边坡的稳定

基坑开挖后,如果边坡土体中的剪应力大于土的抗剪强度,则边坡就会滑动失稳。实际工程中,一旦土体失去平衡,土体就会塌方,这不仅会造成人身安全事故,同时会影响工期,并且会对周围环境造成严重破坏。

1)边坡稳定分析

造成土体边坡失稳的原因从力学角度分析大致有两种:一种是土坡内的应力平衡状态被破坏,如路堑或基坑开挖,土体自身重力场发生变化从而改变原有状态下的应力平衡;另一种是边坡土体内的抗剪强度因外部因素的影响而降低,如降雨时雨水下渗、土坡附近打桩与爆破等人为活动都会引起土体本身强度的降低,从而引起边坡失稳。

在实际工程中,研究边坡稳定性是为了设计安全而合理的土坡断面。若边坡太陡可能会失稳,而边坡太缓则会造成土方量增加或过多的占用土地。显然,分析边坡稳定有其重要的工程应用价值与理论意义。

土坡的稳定性是用其稳定安全因数 K_s 表示的,其定义如下:

$$K_s = \frac{\tau_f}{\tau} \tag{1-27}$$

式中　τ_f——土体滑动面上的抗剪强度;

τ ——土体滑动面上的剪应力。

若 $K_s > 1$，则边坡稳定；若 $K_s = 0$，则边坡处于极限平衡状态；若 $0 < K_s < 1$，则边坡处于不稳定状态。

从理论上来讲，目前研究土体边坡稳定主要有以下两类方法：一是利用弹性、塑性或弹塑性理论确定土体的应力状态；二是假定土体沿着一定的滑动面滑动而进行极限平衡分析。在极限平衡法中常用的有瑞典圆弧滑动法（亦称 Fellenius 法）、瑞典条分法和改进的条分法（又称毕肖甫法），条分法由于能适应复杂的几何形状、各种土质和孔隙水压力，因而成为比较常用的方法。

边坡稳定分析属于土力学中的稳定问题，详细的研究内容在土力学课程中已经讲授，此处不再详细讲述。

2）边坡失稳的原因分析

造成土坡塌方的主要原因有以下几个方面：

（1）边坡过陡，使得土体的稳定性不够，而引起塌方现象。尤其是在土质差、开挖深度大的坑槽中，常会遇到这种情况。

（2）由于地下水、雨水的渗入，使得基坑土体泡软、含水率增大及抗剪强度降低。

（3）荷载影响。由于基坑上边缘附近大量堆载或停放机具、材料，或由于动荷载的作用，使土体中的剪应力超过土体的抗剪强度。

3）预防边坡失稳的措施

为了充分保证土坡的安全与稳定，针对上述各种造成土坡塌方的原因，可采取以下防护措施：

（1）条件允许的情况下，放足边坡。边坡的留设应符合规范要求，其坡度的大小应根据土壤性质、水文地质条件、施工方法、开挖深度、工期的长短等因素综合考虑。一般情况下，黏性土的边坡可陡些，砂性土则应当平缓些；井点降水或机械在坑底施工时边坡可陡些，明沟排水、人工挖土或机械在坑上边挖土时则应平缓些。

（2）合理安排土方运输车辆的行走路线及弃土地点，防止坡顶集中堆载及振动。必要时可采用钢丝网细石混凝土（或砂浆）护坡面层加固。当必须在坡顶或坡面上堆土时，应进行坡体稳定性验算，严格控制堆放的土方量。

（3）边坡开挖时，应由上到下，分步开挖，依次进行。边坡开挖后，应立即对边坡进行防护处理。施工过程中应经常检查平面位置、水平标高、边坡坡度，以及降、排水系统，并随时观测周围的环境变化。

三、支护结构的破坏形式

基坑支护结构破坏原因归纳起来主要有以下几条。

1. 整体失稳

在松软的地层中，当基坑平面尺寸较大时，由于作为支护结构的板桩墙插入深度不够，或施工时几何形状和相互连接不符合要求，支撑位置不当，支撑与围檩系统结合不牢等，围护墙会产生位移过大的前倾或后仰，导致基坑外土体大滑坡，支护结构系统整体失稳破坏

（图1-19）。

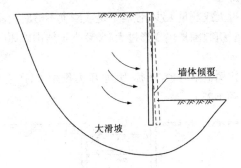

图1-19　整体失稳

2. 基坑隆起

在软弱的黏性土层中开挖基坑,当基坑内土体不断挖去,围护墙内外土面的高差引起的体系不平衡力相当于墙外在基坑开挖水平面上作用——附加荷载。挖深增大,荷载也增大。若墙体入土深度不足,则会使基坑内土体大量隆起,基坑外土体过量沉陷,支撑系统应力陡增,导致支撑结构整体失稳破坏(图1-20)。

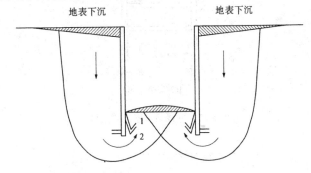

1—向内挤进;2—坑底隆起

图1-20　基坑隆起

3. 管涌或流砂

含水砂层中的基坑支护结构,在基坑开挖过程中,围护墙内外形成水头差,当动水压的渗流速度超过临界流速或水梯度超过临界梯度时,就会引起管涌及流砂现象。基坑底部和墙体外面大量的砂随地下水涌入基坑,导致地面塌陷,同时使墙体产生过大位移,引起整个支护系统崩塌。有时开挖面下有薄不透水层,薄不透水层下是一层有承压水头的砂层,当薄不透水层抵挡不住水头压力,在渗

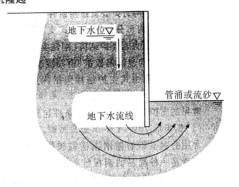

图1-21　管涌或流砂

流作用下被切割成小块脱离原位,也会造成支护结构的崩塌破坏(图1-21)。

4. 支撑强度不足或压屈

当设置的支撑间距过大或数量太少,强度不足或刚度不够时,在较大的侧向土压力作用下,发生支撑破坏或压屈、引起围护墙变形过大,导致支护结构破坏(图 1-22)。

5. 墙体破坏

墙体强度不够或连接构造不好,在土压力、水压力作用下,产生的最大弯矩超过墙体抗弯强度,产生强度破坏(图 1-23)。

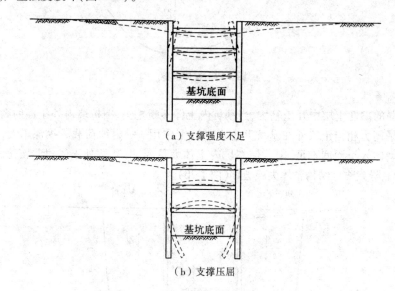

（a）支撑强度不足

（b）支撑压屈

图 1-22　支撑强度不足或压屈

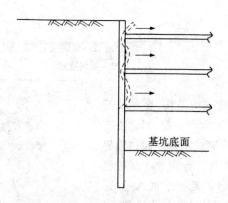

图 1-23　墙体强度不足

6. 支护结构平面变形超过限度

由于支护结构平面变形过大,或是降水造成周围土体沉降,使基坑外围的土体发生垂直或水平位移。有时,这种变形对支护结构本身尚未带来妨碍和危害,但对邻近建筑物或地下管线造成有害影响,造成建筑物下沉、倾斜、开裂,或造成上、下水管,煤气管,供电和通信电缆变形、张拉或断裂。

四、支护结构的类型及适用条件

基坑支护结构可分为非重力式支护结构(柔性支护结构)和重力式支护结构(刚性支护结构)。非重力式支护结构包括钢板桩、钢筋混凝土板桩、地下连续墙等;重力式支护结构包括深层搅拌水泥土挡墙和旋喷帷幕墙等。常见的支护结构类型及适用条件包括以下几个方面。

(一)钢板桩

常用的钢板桩有槽钢钢板桩和"拉森"钢板桩。前者是一种简易的钢板桩挡墙,由于抗弯能力较弱,亦不能挡水,多用于深度不超过 4 m 的基坑,并在顶部设一道拉锚或支撑。"拉森"钢板桩刚度大,而且通过锁口相互咬合,基本不透水,可用于开挖 5 ~ 7 m 的基坑。由于一次性投资较大,所以在支护工程完毕后要将桩拔出,否则很不合算。拔出后按摊销计算,比灌注桩节省。

钢板桩用打入或振动法施工,但是由于钢板桩柔性较大,所以当基坑较深时,支撑或拉锚工程量大,对坑内施工会带来一定的困难,而且施工完毕后拔出时由于带土,如处理不当会引起土层移动,严重时会给施工的结构或周围的设施带来危害,应予以充分注意。

(二)钢筋混凝土板桩

钢筋混凝土板桩是预制的钢筋混凝土构件,用打入法就位,并且相互嵌入。这种板桩有较大的刚度和不透水性,一般是一次性的。

(三)钻孔灌注排桩

钻孔灌注排桩是目前深基坑支护结构中应用较多的一种。钻孔灌注桩作为挡土结构,桩与桩之间用旋喷桩或压力注浆进行防渗处理,排桩顶部浇注一根钢筋混凝土圈梁,将桩排联成整体。这种支护结构又可分为悬臂式、内支撑式和锚固式3种。

悬臂式。悬臂式支护结构的挡土深度视地质条件和桩径而异。其特点是场地开阔,挖土效率高,比较经济。

内支撑式。在基坑内加钢质支撑或钢筋混凝土支撑等。内支撑有竖向斜支撑和水平支撑两大类。竖向斜支撑适用于支护结构高度不大、所需支撑力不大的情况,一般为单层;水平支撑可单层设置,也可多层设置。

锚固式。钻孔灌注桩与土层锚杆、锚定板等联合使用,可用于较深基坑。其特点为开挖效率高,施工方便,但水泥及钢材用量相对较多。

灌注桩挡墙的刚度较大,抗弯能力强,变形相对较小。但由于灌注桩之间难以做到完全相切,桩之间留有 100 ~ 200 mm 的间隙,挡水效果差,在地下水位高的软土地区需将它与深层搅拌水泥土桩结合应用,前者抗弯,后者做成防水帷幕起挡水作用,或在灌注桩之间用树根桩或注浆止水。

(四)水泥土深层搅拌桩挡墙

国内常用深层搅拌法形成重力式挡墙,一般形成格状。这类挡土结构的优点是不设支撑,不渗水,并且只需水泥,不需要钢材,造价低。但为了满足稳定性要求,一般宽度很大。

深层搅拌法是利用特制的深层搅拌机在边坡土体需要加固的范围内,将软土与固化剂强制拌和,使软土硬结成具有整体性、水稳性和足够强度的水泥加固土,又称为水泥土搅拌桩。

深层搅拌法利用的固化剂为水泥浆或水泥砂浆,水泥的掺量为加固土重的7%~15%,水泥砂浆的配合比为1∶1或1∶2。

深层搅拌水泥土桩挡墙,宜用P·O42.5水泥,掺灰量应不小于10%,以12%~15%为宜,横截面宜连续,形成如图1-24所示的栅格状结构或者封闭的实体结构。

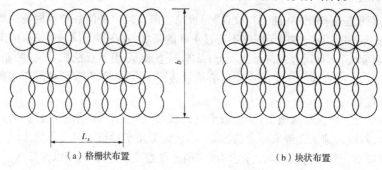

（a）格栅状布置　　　　　　　　　　（b）块状布置

L_g—格栅间距;b—搅拌桩组合宽度

图1-24　深层搅拌桩布置方式

深层搅拌机是深层搅拌水泥土桩施工的主要机械。目前国内应用的搅拌机有中心管喷浆方式和叶片喷浆方式。前者的输浆方式中的水泥浆是从两根搅拌轴之间的另一根管子输出,不影响搅拌均匀度,可适用于多种固化剂;后者是使水泥浆从叶片上若干个小孔喷出,使水泥浆与土体混合较均匀,适用于大直径叶片和连续搅拌,但因喷浆孔小易堵塞,它只能使用纯水泥浆而不能采用其他固化剂。

深层搅拌水泥土桩挡墙属重力式支护结构,主要由抗倾覆、抗滑移和抗剪强度控制截面和入土深度。目前这种支护的体积都较大,为此可采取下列措施:

（1）卸荷。如条件允许可将顶部的土挖去一部分,以减少主动土压力。

（2）加筋。可在新搅拌的水泥土桩内压入竹筋等,有助于提高其稳定性。但加筋与水泥土的共同作用问题有待研究。

（3）起拱。将水泥土挡墙作成拱行,在拱脚处设钻孔灌注桩,可大大提高支护能力,减小挡墙的截面。或对于边长大的基坑,于边长中部适当起拱以减少变形。目前,这种形式的水泥土挡墙已在工程中应用。

（4）挡墙变厚度。对于矩形基坑,由于边脚效应,在角部的主动土压力有所减小。为此于角部可将水泥土挡墙的厚度适当减薄,以节约投资。

（五）旋喷桩挡墙

旋喷桩挡墙又称高压喷射注浆法。旋喷桩挡墙是利用工程钻机钻孔至设计标高后,将钻杆从地基深处逐渐上提,同时利用安装在钻杆端部的特殊喷嘴,向周围土体喷射固化剂,将软土与固化剂强制混合,使其胶结硬化后在地基中形成直径均匀的圆柱体。该固化后的圆柱体称为旋喷桩。桩体相连形成帷幕墙,用作支护结构。

高压喷射注浆法的施工工艺:钻机就位——钻孔——插管——喷射注浆——拔管冲洗。

高压喷射注浆法采用高压发生设备及钻机,对于坚硬土层则采用地质钻机。其喷射方法分为单管法、二重管法和三重管法。单管法以水泥浆作为喷流的载能介质,由于水泥浆的稠度和黏滞力较大,所以形成的旋喷直径较小,为 $0.6 \sim 1.2$ m。二重管法以水泥浆作为喷流的载能介质,同时喷射压缩空气,可形成 $1.0 \sim 1.6$ m 较大直径的旋喷桩。三重管法以水作为喷流的载能介质,同时喷射固化剂和压缩空气,水对土体破坏力大,可形成 $1.5 \sim 2.5$ m 大直径的旋喷桩。高压水射流的压力宜大于 20 MPa,水泥浆液流压力宜大于 1 MPa,气流压力为 0.7 MPa。注浆管贯入土中,喷嘴达到设计标高时,即可提升注浆管,由下向上喷射注浆。要求钻孔的位置与设计位置偏差不得大于 50 mm。

高压喷射注浆法可采用开挖检查、钻孔取芯、标准贯入、载荷试验或压水试验方法进行质量检验,检验点数量为施工注浆孔数的 $2\% \sim 5\%$,至少应检验 2 个点。

（六）地下连续墙

地下连续墙是在基坑四周筑具有相当厚度的钢筋混凝土封闭墙,它可以是建筑物的外墙结构,也可以是基坑的临时围护墙。

地下连续墙止水性能好,能承受垂直荷载,刚度大,且能承受土压力、水压力的水平荷载。因此,地下连续墙具有挡土、抗渗和承重的性能,是深基坑支护的多功能结构。

地下连续墙施工工艺即是在工程开挖土方之前,用特制的挖槽机械在泥浆护壁的情况下每次开挖一定长度(一个单元槽段)的沟槽,待开挖至设计深度并清除沉淀下来的泥渣后,将在地面上加工好的钢筋骨架(一般称为钢筋笼)用起重机吊起放入充满泥浆的沟槽内,用导管向沟槽内浇筑混凝土,由于混凝土是由沟槽底部开始逐渐向上浇筑,所以随着混凝土的浇筑即将泥浆置换出来,待混凝土浇筑至设计标高后,一个单元槽即施工完毕。各个单元槽之间由特制的接头连接,形成连续的地下钢筋混凝土墙。

地下连续墙的适用范围较广,基本上适用于所有土质,特别是对软土地层更有利于施工。当基坑深度较大且邻近的建(构)筑物、道路和地下管线相距甚近时,该方案是应首先考虑的支护方案。

这种结构常用于较深的基坑,如地铁、车站或多层地下停车场等。其刚度与强度都较好,但造价较高。

（七）拉锚

拉锚是通过钢筋或钢丝绳一端固定在支护板上的腰梁上,另一端固定在锚碇上,中间设置法兰螺丝以调整拉杆长度。

当土质较好时,可埋设混凝土梁或横木做锚碇;当土质不好时,则在锚碇前打短桩。拉锚的间距及拉杆直径要经过计算确定。拉锚式支撑在坑壁上只能设置一层,锚碇应设置在坑壁上主动滑移面之外。当需要设多层拉杆时,可采用土层锚杆支护。

(八)锚杆支护

锚杆支护的构造。锚固支护结构的土层锚杆通常由锚头、锚头垫座、支护结构、钻孔,防护套管,拉杆(拉索),锚固体、锚底板(有时无)等组成。

锚杆支护的类型。①一般灌浆锚杆。一般灌浆锚杆钻孔后放入受拉杆件,然后用砂浆泵将水泥浆或水泥砂浆注入孔内,经养护后,即可承受拉力。②高压灌浆锚杆。高压灌浆锚杆与一般灌浆锚杆的不同点是在灌浆阶段对水泥砂浆施加一定的压力,使水泥砂浆在压力下压入孔壁四周的裂缝并在压力下固结,从而使锚杆具有较大的抗拔力。③预应力锚杆。预应力锚杆先对锚固段进行一次压力灌浆,然后对锚杆施加预应力后锚固,并在非锚固段进行不加压二次灌浆,也可一次灌浆(加压或不加压)后施加预应力。这种锚杆可穿过松软地层而锚固在稳定土层中,并使结构物减小变形。我国目前大都采用预应力锚杆。④扩孔锚杆。扩孔锚杆用特制的扩孔钻头扩大锚固段的钻孔直径,或用爆扩法扩大钻孔端头,从而形成扩大的锚固段或端头,可有效提高锚杆的抗拔力。扩孔锚杆主要用在松软地层中。另外,还有重复灌浆锚杆,可回收锚筋锚杆等。在灌浆材料上,可使用水泥浆、水泥砂浆、树脂材料、化学浆液等作为锚固材料。

锚杆支护施工。土层锚杆施工包括施工准备工作、钻孔、安放拉杆、灌浆和张拉锚固等工序。钻孔机械按工作原理可分为旋转式钻孔机、冲击式钻孔机和旋转冲击式钻孔机 3 类,主要根据土质、钻孔深度和地下水情况进行选择。

土层锚杆钻孔的特点及应达到的要求:①孔壁要求平直,以便安放钢拉杆和灌注水泥浆;②孔壁不得塌陷和松动,否则影响钢拉杆安放和土层锚杆的承载能力;③钻孔时不得使用膨润土循环泥浆护壁,以免在孔壁上形成泥皮,降低锚固体与土壁间的摩擦阻力。

因土层锚杆的钻孔多数有一定的倾角,所以孔壁的稳定性较差;另外,由于土层锚杆的长细比很大,孔洞很长,所以保证钻孔的准确方向和直线性较困难,易偏斜和弯曲。

土层锚杆常用的拉杆,有钢管、粗钢筋、钢丝束和钢绞线。主要根据土层锚杆的承载能力和现有材料的情况来选择,承载能力较小时,多用粗钢筋,承载能力较大时,多用钢绞线。

压力灌浆是土层锚杆施工中的一个重要工序。施工时应将有关数据记录下来,以备将来查用。

灌浆的浆液为水泥砂浆(细砂)或水泥浆,选定最佳水灰比亦很重要;要使水泥浆有足够的流动性,以便用压力泵将其顺利注入钻孔和钢拉杆周围。同时,还应使灌浆材料收缩小和耐久性好,因此一般常用的水灰比为 0.4 ~ 0.45。

灌浆方法有一次灌浆法和二次灌浆法两种。一次灌浆法只用 1 根灌浆管,利用 2DN—15/40 型等泥浆泵进行灌浆,灌浆管端距孔底 20 cm 左右,待浆液流出孔口时,用水泥袋纸等捣塞入孔口,并用湿黏土封堵孔口,严密捣实,再以 2 ~ 4 MPa 的压力进行补灌,要稳压数分钟灌浆才告结束。

二次灌浆法要用两根灌浆管,第一次灌浆用灌浆管的管端距离锚杆末端 50 mm 左右,管底出口处用黑胶布等封住,以防沉放时土进入管口。第二次灌浆用灌浆管的管端距离锚杆末端 1000 mm 左右,管底出口处亦用黑胶布封位,且从管端 500 m 处开始向上每隔 2 m 左右作出 l m 长的花管,花管的孔眼为 φ8 mm,花管做几段视锚固段长度而定。

土层锚杆灌浆后,待锚固体强度达到 80% 设计强度以上,便可对锚杆进行张拉和锚固。张拉前先在支护结构上安装围檩。张拉用设备与预应力结构张拉所用者相同。

从我国目前情况看,钢拉杆为变形钢筋者,其端部加焊一螺丝端杆,用螺母锚固。钢拉杆为光圆钢筋者,可直接在其端部攻丝,用螺母锚固。如用精轧钢纹钢筋,可直接用螺母锚固。张拉粗钢筋一般用千斤顶。

钢拉杆和钢丝束者,锚具多为镦头锚,亦一般用千斤顶张拉。

预加应力的锚杆,应结合工程具体情况正确估算预应力损失。

五、施工降水与排水

在基坑或沟槽开挖过程中,当开挖基坑或沟槽基底低于地下水位时,由于土的含水层被切断,地下水会不断地渗入坑内。当雨季施工时,地面水也会不断地流入坑、槽内。如果不采取有效的降水措施,及时把流入坑槽内的水排走或把地下水位降低,不仅会使施工条件恶化,而且地基土被水浸泡后容易造成边坡塌方并使地基承载力下降。另外,当基坑下遇有承压含水层时,若不降低减压,则基底可能被冲溃破坏。因此,为了保证工程质量和施工安全,在基坑或沟槽开挖前或开挖过程中,做好施工降水与排水工作,保持开挖土体的干燥是十分重要的。

施工中开挖基坑或沟槽时,流入坑槽内的水有地面水和地下水两种。排除地面水(包括雨水、施工用水、生活用水等)一般采取在基坑周围设置排水沟、截水沟或筑土堤等方法,并尽量利用原有的排水系统,使临时性排水设施与永久性设施相结合。基抗或沟槽降水方法有集水井降水法和井点降水法。

(一)集水井降水法

集水井降水法一般适用于降水深度较小且土层为粗粒土层或渗水量小的黏土层。当基坑开挖较深,又采用刚性土壁支护结构挡土并形成止水帷幕时,基坑内降水也多采用集水井降水法。当井点降水仍有局部区域降水深度不足时,也可辅以集水井降水法。

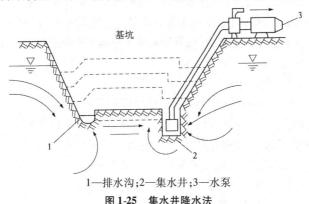

1—排水沟;2—集水井;3—水泵

图 1-25　集水井降水法

1. 定义

集水井降水法(图 1-25),是在基坑或沟槽开挖时,在坑底设置集水井,并沿坑底的周围或中央开挖排水沟,使水在重力作用下流入集水井内,然后用水泵抽出坑外。

2. 设置

四周的排水沟及集水井一般应设置在基础范围以外,地下水流的上游,如基坑面积较大时,可在基础下设置盲沟。盲沟连通至集水井,可将基础下涌出的水排出基坑。

集水井的间距主要根据土的含水率、渗透系数、基坑平面形状及水泵能力确定,一般集水井每隔 20~40 m 设置一个;基坑 4 个角应各设一个。

集水井直径或宽度一般为 0.6~0.8 m,其深度随挖土深度增大而加深,深集水井井壁可用砖垒砌,也可用竹笆、木板等加固,并在井底铺设碎石滤水层,以免在抽水时将泥砂抽出。排水沟宽为 0.4~0.6 m,深为 0.4~0.6 m,并有一定的坡度(2‰左右)。盲沟置于基础底板下,由于基础施工完毕后无法看见所以叫盲沟。盲沟相当于看不见的排水沟,盲沟的尺寸同排水沟。

集水井降水法常用的水泵有离心泵和潜水泵两种。

集水井降水法所需设备简单,施工方便,特别适用于粗粒土层降水。当土质为细砂或粉砂时,采用集水井降水法降低地下水位时,坑下土有时会形成流动状态而随着地下水流入基坑,形成流砂,从而引发边坡坍塌,坑底凸起,造成施工条件恶化,无法继续土方工程施工。产生硫砂现象的主要原因是由于地下水的水力坡度大,即动水压力大,而且动水压力的方向(与水流方向一致)与土的重力方向相反,土不仅受水的浮力,而且受动水压力的作用,有向上举的趋势。当动水压力大于或等于土的浮容重时,土颗粒处于悬浮状态,并随地下水一起流入基坑,即发生流砂现象。

3. 流砂的防治原则与方法

流砂的防治原则:①减少或平衡动水压力;②截住地下水流;③改变动水压力的方向。

防治的方法:①枯水期施工;②打板桩;③水中挖土地;④人工降低地下水位;⑤地下连续墙法;⑥抛大石块,抢速度施工。

(二)井点降水法

井点降水就是在基坑开挖前,预先沿基坑四周埋设一定数量的滤水管(井),在基坑开挖前和开挖过程中,利用真空原理,利用抽水设备不断地抽出地下水,使地下水位降低到坑底以下。施工过程中抽水应不间断地进行,直至基础工程施工完毕回填土完成为止。

井点降水的作用主要有以下几个方面:

(1)防止地下水涌入坑内(图 1-26a)。

(2)防止边坡由于地下水的渗流而引起的塌方(图 1-26b)。

(3)使坑底的土层消除了地下水位差引起的压力,因此防止了管涌(图 1-26c)。

(4)降水后,降低了深基坑围护结构的水平荷载(图 1-26d)。

(5)消除了地下水的渗流,也防止了流砂现象(图 1-26e)。

(6)降低地下水位后,还使土体固结,增加地基土的承载力。

1. 井点降水的种类与适用范围

井点降水法所采用的井点类型主要有轻型井点、喷射井点、电渗井点、管井井点和深井井点。施工时选用可根据土的渗透系数、降水深度、设备条件及经济比较等因素来确定。各类井点的适用范围具体可参见表1-10。

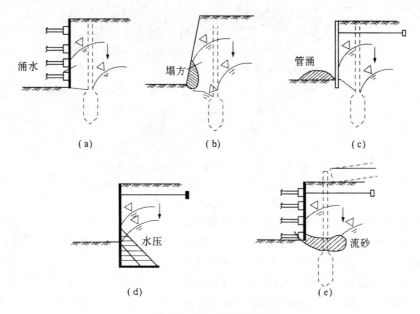

图1-26　井点降水的作用

表1-10　各类井点的适用范围

井点类别	土层渗透系数/(m·d^{-1})	降低水位深度/m
一级轻型井点	0.1~50	3~6
多级轻型井点	0.1~50	6~12(由井点层数而定)
喷射井点	0.1~2	8~20
电渗井点	<0.1	根据选用的井点确定
管井井点	20~200	3~5
深井井点	10~250	>15

2. 轻型井点

轻型井点就是沿基坑四周将许多直径较小的井点管埋入蓄水层内,井点管上端通过弯连管与集水总管相连,通过总管利用抽水设备将地下水从井点管内不断抽出,使原有的地下水位降至坑底以下。此种方法适用于土层渗透系数在0.1~50 m/d的土层,降水深度参见表1-10。

(1)轻型井点设备。轻型井点设备有管路系统和抽水设备组成,主要包括有井点管(下端为滤管)、集水总管、弯联管及抽水设备等,如图1-27所示。

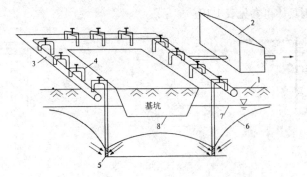

1—地面;2—水泵;3—总管;4—井点管;5—滤管;
6—降落后的地下水位;7—原地下水位;8—基坑底面

图 1-27 轻型井点降水示意图

井点管为直径 38 ~ 55 mm,长 5 m,6 m 或 7 m
的钢管,下端配有滤管和一个锥形铸铁塞头,其构造
如图 1-28 所示。滤管长 1.0 ~ 1.5 m,管壁上钻有
12 ~ 18 mm 呈梅花形排列的细滤孔;管壁外包两层
滤网,内层为 30 ~ 50 孔/cm^2 的黄铜丝或尼龙丝布
的细滤网,外层为 3 ~ 10 孔/cm^2 的粗滤网或棕皮。
为了避免滤孔淤塞,在管壁与滤网间用塑料管或梯
形铅丝绕成螺旋状隔开,滤网外面再绕一层粗铁丝
保护网。

集水总管为直径 75 ~ 100 mm 的无缝钢管,分
段连接,每段长 4 m,其上装有与井点管连接的短接
头,间距为 0.8 ~ 1.2 m。总管应有 2.5‰ ~ 5‰坡向
泵房的坡度。总管与井点管用 90°弯头或塑料管
连接。

常用的抽水设备有干式真空泵、射流泵和隔膜
泵井点设备。干式真空泵抽水设备由真空泵、离心
泵和水气分离器(又称集水箱)等组成。如图 1-29
所示,现就其工作原理简介如下。

抽水时先开动真空泵 19,将水气分离器 10 内
部抽成一定程度的真空,在真空泵吸力作用下,地下
水经滤管 1、井管 2 吸上,经弯管和阀门进入总集水
管 5,再经过滤管 8(进一步过滤泥砂)进入水气分
离器 10。水气分离器内有一浮筒 11 沿中间导杆升
降,当箱内的水使浮筒上升,箱内的水达到一定高度
时,即可开动离心泵 24 将水排出。浮筒则可关闭阀

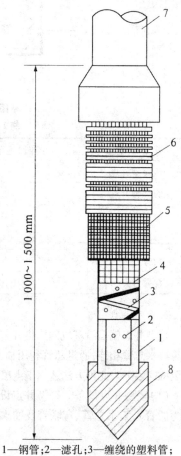

1—钢管;2—滤孔;3—缠绕的塑料管;
4—细滤网;5—粗滤网;6—粗铁丝保护网;
7—井点管;8—铸铁头

图 1-28 滤管构造

门12,避免水被吸入真空泵。副水气分离器16也是为了避免将空气中水分吸入真空泵。为了真空泵进行冷却,特设一冷却循环水泵23。

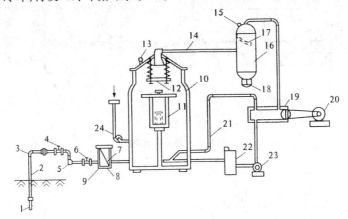

1—滤管;2—井管;3—弯管;4—阀门;5—总集水管;6—阀门;7—滤网;8—过滤室;
9—海砂孔;10—水气分离器;11—浮筒;12—阀门;13—真空计;14—进水管;15—真空计;
16—副水气分离器;17—挡水板;18—放水口;19—真空泵;20—电动机;21—冷却水管;
22—冷却水塔;23—冷却循环水泵;24—离心泵

图 1-29 轻型井点设备工作原理

一套抽水设备的负荷长度(集水管总长度)为 100 m 左右。常用的 W5、W6 干式真空泵,其最大负荷长度分别为 80 m 和 100 m,有效负荷长度为 60 m 和 80 m。

(2)轻型井点设计与布置。轻型井点系统的布置,应根据基坑平面形状及尺寸、基坑深度、土质、地下水位及流向、降水深度要求等确定。①平面布置。当基坑或沟槽宽度小于 6 m,降水深度不超过 5 m 时,可采用单排井点,将井点管布置在地下水流的上游一侧,两端延伸长度不小于坑槽宽度(图 1-30)。反之,则应采用双排井点,位于地下水流上游一排井点管的间距应小些,下游一排井点管的间距可大些。当基坑面积较大时,则采用环状井点(图 1-31),井点管距离基坑壁不应小于 1.0 ~ 1.5 m,间距一般为 0.8 ~ 1.6 m,有时为了施工需要,可留出一段(最好在地下水下游方向)不封闭。②高程布置。轻型井点降水深度,从理论上讲可达 10.3 m,考虑管路系统及抽水设备的水头损失,一般不大于 6 m。当布置井点管时,应参考井点的标准长度以及井点管露出地面的长度(一般为 0.2 ~ 0.3 m),而且滤管必须在透水层内。

井点管埋置深度 H_A(不包括滤管),可按下式计算(图 1-31):

$$H_A \geqslant H_1 + h_1 + iL \tag{1-28}$$

式中 H_1——井点管埋设面至基坑底面的距离,m;

  h_1——基坑底面至降低后的地下水位线的距离(一般垫 0.5 ~ 1.0 m),m;

  i ——水力坡度,环状井点为 1/10,单排井点为 1/4,双排井点 1/7;

  L ——井点管至基坑中心的水平距离,m。

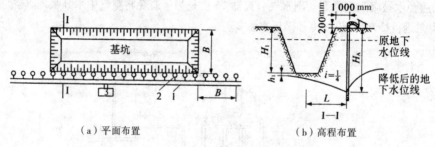

（a）平面布置　　　　　　　　（b）高程布置

1—总管;2—井点管;3—抽水设备

图 1-30　单排井点布置

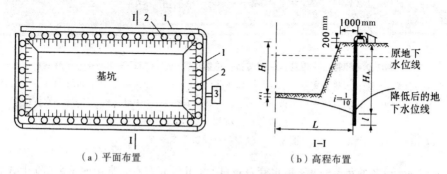

（a）平面布置　　　　　　　　（b）高程布置

1—总管;2—井点管;3—抽水设备

图 1-31　环状井点布置

H_A 算出后,为了安全考虑,一般比计算值再增加 $l/2$ 深度(l 为滤管长度)。如 H 值小于降水深度 6 m 时,则可用一级井点;当日值稍大于 6 m 时,如降低井点管的埋置面后,可满足降水深度要求时,仍可用一级井点降水;当一级井点达不到降水深度要求时,则可采用二级井点(图 1-32)。当确定井点管埋置深度时,还应考虑井点管露出地面0.2～0.3 m,滤管必须埋在透水层内。

(3)轻型井点的计算。井点系统的设计计算必须建立在可靠资料的基础上,如施工现场地形图、水文地质勘察资料、基坑的设计资料等。

设计内容除井点系统的布置外,还需确定井点的数量、间距、井点设备的选择等。

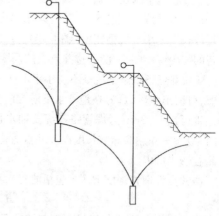

图 1-32　二级井点

①井点系统的涌水量计算。井点系统所需井点管的数量是根据其涌水量来计算的,而井点管系统的涌水量则是根据水井理论进行计算的。

　　按水井理论计算井点系统涌水量时,要首先判断井的类型。水井根据其井底是否达到不透水层,可分为完整井和非完整井。当水井底部达到不透水层时,则称为完整井,否则称为非完整井。根据地下水有无压力,可分为无压井和承压井。当水井布置在具有潜水自由面的含水层中时,称为无压井;而当水井布置在承压含水层中时,称为承压井。因此,井分为无压完整井(图1-33a)、无压非完整井(图1-33b)、承压完整井(图1-33c)、承压非完整井(图1-33d)4类。

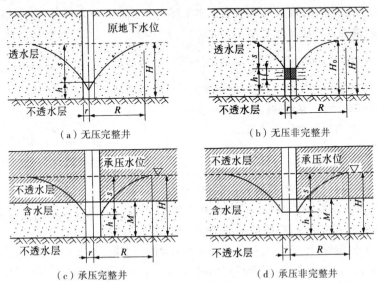

图1-33　水井的分类

　　水井类型不同,其涌水量计算的方法亦不相同。下面分析无压完整井的涌水量。目前有关水井的理论计算方法都是以法国水力学家裴布依(Dupuit)的水井理论为基础。根据该水井理论,当均匀地从井内抽水时,井内水位开始下降,而周围含水层中的潜水流向水位降低处。经过一定时间的抽水后,水井周围原有的水面就由水平水面变成弯曲水面了,最后这个曲线逐渐稳定,成为向水井倾斜的水位降落漏斗。

　　根据上述假定和达西直线渗透法则,如图1-34所示,以井轴 x 为轴,对于无压完整井,可以推导出涌水量计算公式为

$$Q = 1.366k\frac{(2H-S)S}{\lg R - \lg r} \tag{1-29}$$

式中　S——水井处降水深度,m;

　　　　R——水井的抽水影响半径,m;

　　　　r——井点的半径,m。

　　上述公式的计算与实际有一定的出入,这是由于在过水断面处的水力坡度并非恒定值,在靠近井的四周误差较大。但对于离井有相当距离处,其误差是很小的。

　　式(1-29)是无压完整单井涌水量的计算公式。但在实际的井点系统中,各井点管是布

置在基坑周围,许多井点同时抽水,即群井共同工作,其涌水量不能用各井点管内涌水量进行简单相加求得。群井涌水量的计算是把由各井点管组成的群井系统视为一口大的单井,设该井为圆形,并假设在群井抽水时,每一井点管(视为单井)在大圆井外侧的影响范围不变,仍为 R,则有 $R' = R + x_0$。可以推导出无压完整群井井点(环状井点系统)的涌水量计算公式为

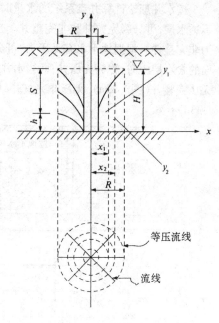

$$Q = 1.366k \frac{(2H - S)S}{\lg R' - \lg x_0} \qquad (1\text{-}30)$$

式中 R'——群井降水影响半径,m,$R' = R + x_0$;

　　　　x_0——环状井点系统的假想圆半径,m;

　　　　S ——井点管处水位降落值,m。

应用式(1-30)计算时,必须首先确定 x_0、R 和 k 值。由于目前计算轻型井点所用的计算公式均有一定的适用条件,例如,矩形基坑的长、宽比大于 5,或基坑宽度大于 2 倍的抽水半径时,则不能直接利用现有公式进行计算,需将基坑分成几小

图 1-34　无压完整井水位降落曲线

块,使其符合公式的计算条件,然后分别计算每小块的涌水量,再相加即可得到总涌水量。

由于基坑在大多数情况下并非是圆形的,因此不能直接得到 x_0。当矩形基坑的长、宽比不大于 5 时,可将不规则的平面形状化成一个假想半径为 x_0 的圆井进行计算:

$$x_0 = \sqrt{\frac{F}{\pi}} \qquad (1\text{-}31)$$

式中 F——环状井点系统包围的面积,m^2。

抽水影响半径是指井点系统抽水后地下水位降落曲线稳定时的影响半径。它与土的渗透系数、含水层厚度、水位降低值及抽水时间等因素有关。一般在抽水 1 ~ 5 d 后,水位降落曲线基本稳定时,抽水影响半径可近似地按下式进行计算:

$$R = 1.95S \sqrt{Hk} \qquad (1\text{-}32)$$

其中,S 和 H 的单位为 m;k 的单位为 m/d。

渗透系数值 k 的确定是否正确,对计算结果影响较大,k 值可通过现场抽水试验或实验室测定。对重大工程,宜采用现场抽水实验法测定渗透系数 k 值。

现场进行土的渗透系数的测定通常采用井水抽水试验或井水注水试验两种方法,其基本原理是相似的。下面主要介绍抽水试验确定渗透系数 k 值的基本方法。

现场井水抽水试验多适用于均质粗粒土体,其试验示意图如图 1-35 所示。在现场打一口试验井,使其贯穿要测定渗透系数的砂土层,然后在距井中心不同距离处设置两个以上观测地下水位变化的观测孔。自井中以不变的速率连续进行抽水,抽水的过程中将使井周围的地下水迅速向井中渗透,造成试验井周围的地下水水位下降。当稳定的渗流条件成立时,

测定试验井和观测中的稳定水位,可以
画出测压管水位变化图形。测压管水头
差形成的水力坡降使水流向试验井内。
假定水流的流向是水平的,则流向试验
井的渗流过水断面应该是一系列的同心
圆柱面。

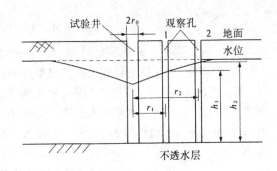

图 1-35 现场抽水试验示意图

若测出的抽水量为 q,观测井孔距试
验井轴线的距离分别为 r_1、r_2,两个观测
孔内的水位高度分别为 h_1、h_2,根据达西
定律即可求出土层的平均渗透系数。

围绕试验井取一过水断面,该断面距井中心距离为 r,水面高度为 h,则过水断面的面积
应当为

$$A = 2\pi rh$$

假使该过水断面上各处的水力坡降为常数,且等于地下水位在该处的坡降,则有

$$i = \frac{\mathrm{d}h}{\mathrm{d}r}$$

根据达西定律,单位时间自试验井内抽出的水量即单位渗水量 q 为

$$q = Aki = 2\pi rhk \frac{\mathrm{d}h}{\mathrm{d}r}$$

于是可得

$$q \frac{\mathrm{d}r}{r} = 2\pi hk\mathrm{d}h$$

对上式等式两边进行积分,得

$$q \int_{r_1}^{r_2} \frac{\mathrm{d}r}{r} = 2\pi k \int_{r_1}^{r_2} h\mathrm{d}h$$

从而可得土的渗透系数为

$$k = \frac{q\ln(r_2/r_1)}{\pi(h_2^2 - h_1^2)} \tag{1-33}$$

【例 1-2】 如图 1-35 所示,在现场进行抽水试验测定砂土层的渗透系数。抽水井管穿
过 10 m 厚的砂土层进入不透水层,在距离井管中心 20 m 和 60 m 处设置两处观测孔。已知
抽水前土中静止地下水位在地面下 2.5 m 处,抽水后渗流稳定时,从抽水井测得流量 $q =$
$5.56 \times 10^{-3} \mathrm{m}^3/\mathrm{s}$,同时从两个观测孔测得水位分别下降了 1.95 m 及 0.62 m,试求砂土层的
渗透系数。

解 ①计算涌水量。两个观测孔的水头分别为

$$r_1 = 20\ \mathrm{m}, \quad h_1 = 10 - 2.5 - 1.95 = 5.55\ \mathrm{m}$$

$$r_2 = 60\ \mathrm{m}, \quad h_1 = 10 - 2.5 - 0.62 = 6.88\ \mathrm{m}$$

故由式(1-33)可以求得渗透系数为

$$k = \frac{q\ln\left(\frac{r_2}{r_1}\right)}{\pi(h_2^2 - h_1^2)} = \frac{5.56 \times 10^{-3}\ln\left(\frac{60}{20}\right)}{\pi(6.88^2 - 5.55^2)} = 1.17 \times 10^{-4} \text{ m/s}$$

在实际工程中往往会遇到无压非完整井的井点系统，这时地下水不仅从井的侧面滴入，而且还从井底渗入，导致涌水量要比无压完整井大。为了简化计算，仍可采用无压完整井的环状井点系统涌水量计算公式。此时，仅将式中 H 换成有效深度 H_0，实际应用时，H_0 可以查表1-11。当算得的 H_0 大于实际含水层的厚度 H 时，则仍取 H 值，视为无压完整井。

表 1-11　含水层有效厚度的计算　　　　　　　　　　mm

$S'/(S' + l)$	0.2	0.3	0.5	0.8
H_0	$1.2(S' + l)$	$1.5(S' + l)$	$1.7(S' + l)$	$1.85(S' + l)$

对于承压完整环状井点，如果地下水的运动为层流，含水层上下两个不透水层是水平的，若含水层厚度为 M，且当井中水深 $H > M$ 时，则涌水量计算公式为

$$Q = 2.73k\frac{MS}{\lg R - \lg x_0} \tag{1-34}$$

式中　M——承压含水层的厚度，m；

　　　x_0——环状井点系统的假想圆半径，m。

②确定井管数量及间距。确定井管数量要先确定单根井管的出水量。单根井管的最大出水量为

$$q = 65\pi dl\sqrt[3]{k} \tag{1-35}$$

式中　d——滤管的直径，m；

　　　l——滤管的长度，m；

　　　k——渗透系数，m/d。

井点管最少数量为

$$n = 1.1 \times \frac{Q}{q} \tag{1-36}$$

井点管最大间距为

$$D = \frac{L}{n} \tag{1-37}$$

式中　L——总管的长度，m；

　　　n——井点管备用系数(考虑井点管堵塞等因素)。

求出的管距应大于 15 d、小于 2 m，并应与总管接头的间距(0.8 m，1.2 m，1.6 m 等)相吻合。

③抽水设备选择。一般多采用真空泵井点抽水设备，型号为 W_5、W_6 型。其中采用 W_5 型总管长度小于等于100 m，井点管数量约80根；采用 W_6 型总管长度小于等于 120 m，井点管数量约100根。水泵一般也配套固定型号，但使用时还应验算水泵的流量是否大于井点

系统的涌水量(一般应大于10%~20%),水泵的扬程是否能克服集水箱中的真空吸力,以免抽不出水来。

(4)井点管的埋设与使用。轻型井点的安装程序是按设计布置方案,先排放总管,然后再用弯联管把井点管与总管连接,最后安装抽水设备。

井点管的埋设可以用冲水管冲孔,或钻孔(孔径一般为300 mm)后将井点管沉入,以保证井管四周有一定厚度的砂滤层,冲孔深度宜比滤管底深0.5 m,冲孔孔径上下一致,砂滤层宜用粗砂,以免堵塞管的网眼。砂滤层灌好后,距地面0.5~1.0 m深度内,应用黏土封口捣实,防止漏气。

井点管埋设完毕后,即可接通总管和抽水设备进行试抽水,检查无漏气、漏水现象,出水是否正常。

轻型井点使用时,应保证连续不断抽水,若时抽时停,漏网易于堵塞;中途停抽,地下水回升,也会引起边坡塌方等事故。正常的出水规律为"先大后小,先浑后清"。

井点降水时,还应对附近的建筑物进行沉降观测。如发现沉陷过大,则应及时采取防护措施。

3. 喷射井点

当基坑开挖较深,降水深度要求大于6 m时,采用一般轻型井点不能满足要求,而采用多级轻型井点又不经济时,则宜采用喷射井点降水,其降水深度可达8~20 m。

喷射井点设备由喷射井管、高压水泵及进水、排水管路组成(图1-36),喷射井管由内管和外管组成,在内管下端装有喷射扬水器与滤管相连,当高压水经内外管之间的环型空间由喷嘴喷出时,地下水即被吸入而压出地面。

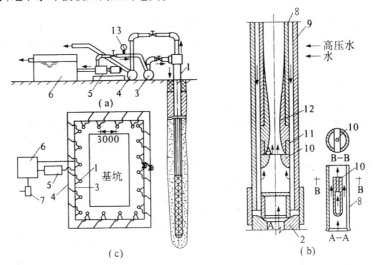

1—喷射井管;2—滤管;3—进水总管;4—排水总管;5—高压水泵;6—集水池;
7—水泵;8—内管;9—外管;10—喷嘴;11—混合室;12—扩散管;13—压力表

图1-36　喷射井点设备装置

4. 电渗井点

电渗井点适用于土壤渗透系数小于 0.1 m/d,用一般井点不可能降低地下水位的含水层中,尤其宜用于淤泥排水。

电渗井点排水的原理如图 1-37 所示。以井点管做负极,以打入的钢筋或钢管做正极,当通以直流电后,土颗粒即自负极向正极移动,水则自正极向负极被集中排出。土颗粒的移动称电泳现象,水的移动称电渗现象,故称电渗井点。

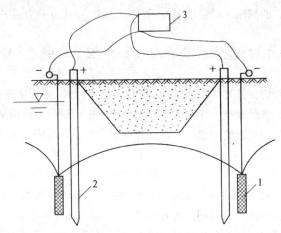

1—井点管;2—电极;3—60 V 的直流电源

图 1-37　电渗井点

5. 管井井点

管井井点(图 1-38),是沿基坑每隔一定距离(20~50 m)设置一个管井,每个管井单独用一台水泵不断抽水来降低地下水位。在土的渗透系数大于 20 m/d 地下水量大的土层中,宜采用管井井点。

管井井点由管井、吸水管及水泵组成,如图 1-38 所示。管井可用钢管和混凝土管。钢管管井采用直径为 200~250 mm 的钢管,其过滤部分采用钢筋焊接骨架外缠镀锌铁丝并包滤网,长度为 2~3 m,如图 1-38a 所示,混凝土管管井,内径为 400 mm,分实壁管与过滤管两部分,过滤管的孔隙率为 20%~25%,如图 1-38b 所示,吸水管采用直径为 50~100 mm 的钢管或胶管,其下端应沉入管井抽吸水的最低水位以下。为启动水泵和防止在水泵运转中突然停泵时发生水倒流,在吸水管底部应装逆止阀。

管井井点的间距一般为 20~50 m,管井的深度为 8~15 m。井内水位降低可达 6~10 m,两井中间则为 3~5 m。管井井点计算可参照轻型井点进行。

如果要求的降水深度较大,在管井井点内采用一般离心泵或潜水泵不能满足要求时,可改用特制的深井泵,其降水深度大于 15 m,故又称深井泵法。此法是依靠水泵的扬程把深处的地下水抽到地面上来。

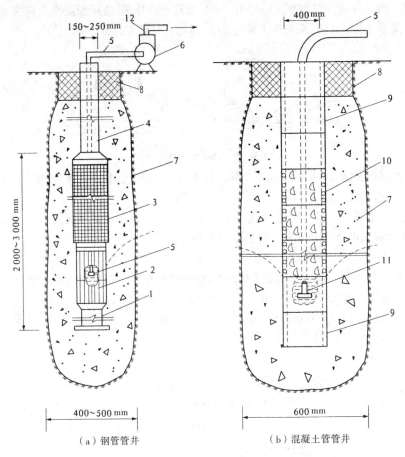

1—沉砂管;2—钢筋焊接骨架;3—滤网;4—管身;5—吸水管;6—离心泵;7—小砾石过滤层;
8—黏土封口;9—混凝土实壁管;10—混凝土过滤管;11—潜水泵;12—出水管

图 1-38 管井井点

第四节 土方工程的机械化施工

土方工程的施工过程包括土方开挖、运输、填筑与压实。土方工程应尽量采用机械化施工,以减轻繁重的体力劳动和提高施工速度。

一、主要挖土机械的性能

(一)推土机

推土机是土方工程施工的主要机械之一,它是在履带式拖拉机上安装推土板等工作装置而成的机械。常用推土机的发动机功率有 45 kW、75 kW、90 kW、120 kW 等。推土板多用油压操纵。图 1-39 所示是液压操纵的 T_2 – 100 型推土机外形,液压操纵推土板的推土机除了可以升降推土板外,还可调整推土板的角度,因此具有更大的灵活性。

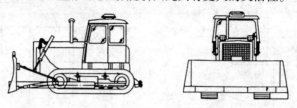

图 1-39　T_2 – 100 型推土机外形

推土机操纵灵活,运转方便,所需工作面较小,行驶速度快,易于转移,能爬 30°左右的缓坡,因此应用范围较广。

推土机适于开挖一至三类土,多用于平整场地,开挖深度不大的基坑,移挖作填,回填土方,堆筑堤坝以及配合挖土机集中土方、修路开道等。

推土机作业以切土和推运土方为主,切土时应根据土质情况,尽量采用最大切土深度在最短距离(6~10 m)内完成,以便缩短低速行进的时间,然后直接推运到预定地点。上下坡坡度不得超过 35°,横坡不得超过 10°。几台推土机同时作业时,前后距离应大于 8 m。

推土机经济运距在 100 m 以内,效率最高的运距为 60 m。为提高生产率,可采用槽形推土、下坡推土以及并列推土等方法。

(二)铲运机

铲运机是一种能综合完成全部土方施工工序(挖土、装土、运土、卸土和平土)的机械。按行走方式分为自行式铲运机(图 1-40)和拖式铲运机(图 1-41)两种。常用的铲运机斗容量为 2 m^3,5 m^3,6 m^3,7 m^3 等,按铲斗的操纵系统又可分为机械操纵和液压操纵两种。

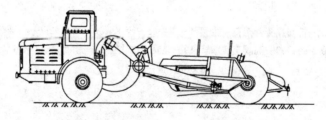

图 1-40　自行式铲运机外形

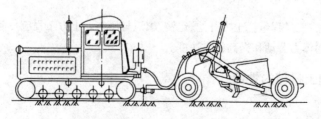

图 1-41　拖式铲运机外形

铲运机操纵简单,不受地形限制,能独立工作,行驶速度快,生产效率高。

铲运机适于开挖一至三类土,常用于坡度为20°以内的大面积土方挖、填、平整、压实,大型基坑开挖和堤坝填筑等。

铲运机运行路线和施工方法视工程大小、运距长短、土的性质和地形条件等而定。其运行线路可采用环形路线或"8"字路线,适用运距为600~1500 m,当运距为200~350 m时效率最高。采用下坡铲土、跨铲法、推土机助铲法等,可缩短装土时间,提高土斗装土量,以充分发挥其效率。

(三)挖掘机

挖掘机按行走方式分为履带式和轮胎式两种。按传动方式分为机械传动和液压传动两种。斗容量有0.2m³,0.4 m³,1.0m³,1.5 m³,2.5m³等,工作装置有正铲、反铲、抓铲,机械传动挖掘机还有拉铲。使用较多的是正铲与反铲。挖掘机利用土斗直接挖土,因此也称为单斗挖土机。

1.正铲挖掘机

正铲挖掘机外形如图1-42所示,它适用于开挖停机面以上的土方,且需与汽车配合完成整个挖运工作。正铲挖掘机挖掘力大,适用于开挖含水量较小的一至四类土和经爆破的岩石及冻土。

正铲的生产率主要决定于每斗作业的循环延续时间。为了提高其生产率,除了工作面高度必须满足装满土斗的要求之外,还要考虑开挖方式和与运土机械配合。尽量减少回转角度,缩短每个循环的延续时间。

2.反铲挖掘机

反铲适用于开挖一至三类的砂土或黏土。它主要用于开挖停机面以下的土方,一般反铲的最大挖土深度为4~6 m,经济合理的挖土深度为3~5 m。反铲也需要配备运土汽车进行运输。反铲的外形如图1-43所示。

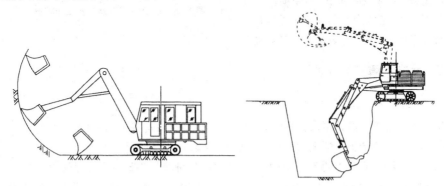

图1-42　正铲挖掘机外形　　　　图1-43　液压反铲挖掘机外形

反铲的开挖方式可以采用沟端开挖法,也可采用沟侧开挖法。

3.抓铲挖掘机

机械传动抓铲外形如图1-44所示,它适用于开挖较松软的土。对施工面狭窄而深的基坑、深槽、深井,采用抓铲可取得理想效果。抓铲还可用于挖取水中淤泥、装卸碎石、矿渣等松散材料。新型的抓铲也有采用液压传动操纵抓斗作业。

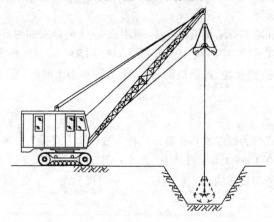

图1-44 抓铲挖掘机外形

抓铲挖土时,通常立于基坑一侧进行,对较宽的基坑,则在两侧或四侧抓土。抓挖淤泥时,抓斗易被淤泥"吸住",应避免起吊用力过猛,以防翻车。

4.拉铲挖掘机

拉铲适用于一至三类的土,可开挖停机面以下的土方,如较大基坑(槽)和沟渠,挖取水下泥土,也可用于填筑路基、堤坝等。其外形及工作状况如图1-45所示。

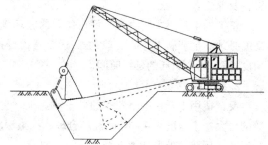

图1-45 拉铲挖掘机外形及工作状况

拉铲挖土时,依靠土斗自重及拉索拉力切土,卸土时斗齿朝下,利用惯性,较湿的黏土也能卸净。但其开挖的边坡及坑底平整度较差,需更多的人工修坡(底)。

二、土方的填筑与压实

(一)土料的选用与处理

填方土料应符合设计要求,保证填方的强度与稳定性,选择的填料应为强度高、压缩性小、水稳定性好、便于施工的土、石料。如设计无要求时,应符合下列规定:

(1)碎石类土、砂土和爆破石碴(粒径不大于每层铺厚的2/3)可用于表层下的填料。

(2)含水量符合压实要求的黏性土可为填土。在道路工程中,黏性土不是理想的路基填料,当使用其作为路基填料时,必须充分压实并设有良好的排水设施。

(3)碎块草皮和有机质含量大于8%的土,仅用于无压实要求的填方。

(4)淤泥和淤泥质土,一般不能用作填料,但在软土或沼泽地区,经过处理,含水量符合压实要求,可用于填方中的次要部位。

(5)填土应严格控制含水量,施工前应进行检验。当土的含水量过大时,应采用翻松、晾晒、风干等方法降低含水量,或采用换土回填、均匀掺入干土或其他吸水材料、打石灰桩等措施;如含水量偏低,则可预先洒水湿润,否则难以压实。

(二)填土的方法

填土可采用人工填土和机械填土。

人工填土一般用手推车运土,人工用锹、耙、锄等工具进行填筑,从最低部分开始由一端向另一端自下而上分层铺填。

机械填土可用推土机、铲运机或自卸汽车进行。用自卸汽车填土,需用推土机推开推平,采用机械填土时,可利用行驶的机械进行部分压实工作。

填土应从低处开始,沿整个平面分层进行,并逐层压实。特别是机械填土,不得居高临下,不分层次,一次倾倒填筑。

(三)压实方法

填土的压实方法有碾压、夯实和振动压实等。

1. 碾压

碾压适用于大面积填土工程。碾压机械有平碾(压路机)、羊足碾和汽胎碾。羊足碾需要较大的牵引力而且只能用于压实黏性土,因在砂土中碾压时,土的颗粒受到“羊足”较大的单位压力后会向四面移动,而使土的结构破坏。汽胎碾在工作时是弹性体,给土的压力较均匀,填土质量较好。应用最普遍的是刚性平碾。利用运土工具碾压土壤也可取得较大的密实度,但必须很好地组织土方施工,利用运土过程进行碾压。如果单独使用运土工具进行土壤压实工作,在经济上是不合理的,它的压实费用要比用平碾压实贵一倍左右。

2. 夯实

夯实主要用于小面积填土,可以夯实黏性土或非黏性土。夯实的优点是可以压实较厚的土层。夯实机械有夯锤、内燃夯土机和蛙式打夯机等。夯锤借助起重机提起并落下,其质量大于 1.5 t,落距为 2.5 ~ 4.5 m,夯土影响深度可超过 1 m,常用于夯实湿陷性黄土、杂填土以及含有石块的填土。内燃夯土机作用深度为 0.4 ~ 0.7 m,它和蛙式打夯机都是应用较广的夯实机械。人力夯土(木夯、石夯)方法则已很少使用。

3. 振动压实

振动压实主要用于压实非黏性土,采用的机械主要是振动压路机、平板振动器等。

(四)影响填土压实的因素

填土压实质量与许多因素有关,其中主要影响因素有压实功、土的含水量以及每层铺土厚度。

1. 压实功的影响

填土压实后的重度与压实机械在其上所施加的功有一定的关系。土的重度与所耗的功的关系如图 1-46 所示。当土的含水量一定,在开始压实时,土的重度急剧增加,待到接近土的最大重度时,压实功虽然增加许多,而土的重度则没有变化。实际施工中,对不同的土,应根据选择的压实机械和密实度要求选择合理的压实遍数。此外,松土不宜用重型碾压机械直接滚压,否则土层有强烈起伏现象,效率不高。如果先用轻碾,再用重碾压实,就会取得较好效果。

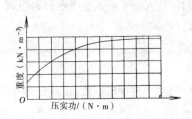

图 1-46   土的重度与压实功的关系   **图 1-47   土的含水量对其压实质量的影响**

2. 含水量的影响

在同一压实功条件下,填土的含水量对压实质量有直接影响。较为干燥的土,由于土颗粒之间的摩擦阻力较大而不易压实。当土具有适当含水量时,水起了润滑作用,土颗粒之间的摩擦阻力减小,从而易压实。但当含水量过大,土的孔隙被水占据,由于液体的不可压缩性,如土中的水无法排除,则难以将土压实。这在黏性土中尤为突出,含水量较高的黏性土压实时很容易形成"橡皮土"而无法压实。每种土壤都有其最佳含水量。土在这种含水量的条件下,使用同样的压实功进行压实,所得到的重度最大(图 1-47)。各种土的最佳含水量和所能获得的最大干重度,可由试验获得。施工中,土的含水量与最佳含水量之差可控制在 −4% ~ +2% 范围内。

3. 铺土厚度的影响

土在压实功的作用下,压应力随深度增加而逐渐减小(图 1-48),其影响深度与压实机械、土的性质和含水量等有关。铺土厚度应小于压实机械压土时的有效作用深度,而且还应考虑最优土层厚度。铺得过厚,要压很多遍才能达到规定的密实度;铺得过薄,则要增加机械的总压实遍数。最优的铺土厚度应能使土方压实而机械的功耗费最少。填土的铺土厚度及压实遍数可参考表 1-12。

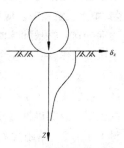

图 1-48   压实作用沿深度的变化

表 1-12   填方每层的铺土厚度和压实遍数

压实机具	每层铺土厚度/mm	每层压实遍数/遍
平碾	200 ~ 300	6 ~ 8
羊足碾	200 ~ 350	8 ~ 16
蛙式打夯机	200 ~ 250	3 ~ 4
人工打夯	< 200	3 ~ 4

思 考 题 ○○○

1. 试述土的可松性及其对土方施工的影响。

2. 为什么要对设计标高进行调整?如何调整?

3.影响边坡稳定的主要因素有哪些？

4.基坑降水方法有哪几种？各适用于何种情况？

5.分析流砂形成的原因以及防治流砂的途径和方法。

6.影响坡土及压实的主要因素有哪些？

7.常用的土方机械有哪些？简述其工作特点及适用范围。

 练习题 ○○○

1.某基坑底长85 m,宽60 m,深8 m,四边放坡,边坡坡度1:0.5。

(1)试计算土方开挖工程量。

(2)若混凝土基础和地下室占有体积为21000 m^3,则应预留多少回填土(以自然状态土体积计)？

(3)若多余地方外运,那么外运土方(以自然状态的土体积计)为多少？

(4)如果用斗容量为3.5 m^3的汽车外运,需运多少车？(已知土的最初可松性系数K_s = 1.14,最终可松性系数K'_s = 1.05)。

2.用表上作业法求如图1-49所示土方调配的最佳方案,并计算运输工程量、绘制土方调配图。

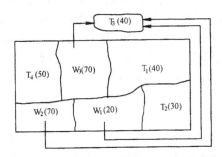

图1-49　土方调配

(注:T_3为场外弃土区。

单位:运距m;土方量 km^3。)

3.某基础底部尺寸为30 m×40 m,埋深为-4.5 m,基坑底部尺寸每边比基础底部放宽1 m,地面标高为±0.000 m,地下水位为-1.000 m。已知-10.000 m以上为粉质黏土,渗透系数为5 m/d,-10.000 m以下为不透水的黏土层。基坑开挖为四边放坡,边坡为1:0.5。采用轻型井点降水,滤管长度为1 m。试求:

(1)确定该井点系统的平面与高程布置;

(2)计算基坑涌水量;

(3)确定井点管的间距。

第二章 基 础 工 程

　　基础工程是指采用工程措施,改变或改善基础的天然条件,使之符合设计要求的工程。基础可分为两类、通常把埋置深度不大的基础称为浅基础;对于浅层土质需要利用深处良好地层采用专门的施工方法和机具建造的基础称为深基础。基础工程设计包括基础设计和地基设计两大部分。基础的功能决定了基础工程设计必须满足强度要求、变形要求、上部结构的其他要求三个基本要求。

第一节　地 基 处 理

　　任何建筑物都必须有可靠的地基和基础。建筑物的全部重量(包括各种荷载)最终将通过基础传给地基,因此,对某些地基的处理及加固就成为基础工程施工中的一项重要内容。在施工过程中如发现地基土质过软或过硬,不符合设计要求时,应本着使建筑物各部位沉降尽量趋于一致,以减小地基不均匀沉降的原则对地基进行处理。

　　在软弱地基上建造建筑物或构筑物,利用天然地基有时不能满足设计要求,需要对地基进行人工处理,以满足结构对地基的要求,常用的人工地基处理方法有换土地基、重锤夯实、强夯、振冲、砂桩挤密、深层搅拌、堆载预压、化学加固等。

一、换土地基

　　当建筑物基础下的持力层比较软弱,不能满足上部荷载对地基的要求时,常采用换土地基来处理软弱地基。这时先将基础下一定范围内承载力低的软土层挖去,然后回填强度较大的砂、碎石或灰土等,并夯至密实。实践证明,换土地基可以有效地处理某些荷载不大的建筑物地基问题。例如,一般的三、四层房屋、路堤、油罐和水闸等的地基。换土地基按其回填的材料可分为砂地基、碎(砂)石地基、灰土地基等。

(一)砂地基和砂石地基

　　砂地基和砂石地基是将基础下一定范围内的土层挖去,然后用强度较大的砂或碎石等回填,并经分层夯实至密实,以起到提高地基承载力、减少沉降、加速软弱土层的排水固结、防止冻胀和消除膨胀土的胀缩等作用。该地基具有施工工艺简单、工期短、造价低等优点。适用于处理透水性强的软弱黏性土地基,但不宜用于湿陷性黄土地基和不透水的黏性土地基,以免聚水而引起地基下沉和降低承载力。

(二)灰土地基

　　灰土地基是将基础底面下一定范围内的软弱土层挖去,用按一定体积配合比的石灰和黏性土拌合均匀,在最优含水量情况下分层回填夯实或压实而成。该地基具有一定的强度、水稳定性和抗渗性,施工工艺简单,取材容易,费用较低。适用于处理 1~4 m 厚的软弱土层。

二、强夯地基

强夯地基是用起重机械将重锤(一般 8~30 t)吊起从高处(一般 6~30 m)自由落下,给地基以冲击力和振动,从而提高地基土的强度并降低其压缩性的一种有效的地基加固方法。该法具有效果好、速度快、节省材料、施工简便,但施工时噪声和振动大等特点。适用于碎石土、砂土、黏性土、湿陷性黄土及填土地基等的加固处。

三、重锤夯实地基

重锤夯实是用起重机械将夯锤提升到一定高度后,利用自由下落时的冲击能来夯实基土表面,使其形成一层较为均匀的硬壳层,从而使地基得到加固。该方法施工简便,费用较低,但布点较密,夯击遍数多,施工期相对较长,同时夯击能量小,孔隙水难以消散,加固深度有限,当土的含水量稍高,易夯成橡皮土,处理较困难。适用于处理地下水位以上稍湿的黏性土、砂土、湿陷性黄土、杂填土和分层填土地基。但当夯击振动对邻近的建筑物、设备以及施工中的砌筑工程或浇筑混凝土等产生有害影响时,或地下水位高于有效夯实深度以及在有效深度内存在软黏土层时,不宜采用。

四、振冲地基

振冲地基,又称振冲桩复合地基,是以起重机吊起振冲器,启动潜水电机带动偏心块,使振冲器产生高频振动,同时开动水泵,通过喷嘴喷射高压水流成孔,然后分批填以砂石骨料形成一根根桩体,桩体与原地基构成复合地基,以提高地基的承载力,减少地基的沉降和沉降差的一种快速、经济有效的加固方法。该方法具有技术可靠,机具设备简单,操作技术易于掌握,施工简便,节省材料,加固速度快,地基承载力高等特点。

振冲地基按加固机理和效果的不同,可分为振冲置换法和振冲密实法两类。前者适用于处理不排水、抗剪强度小于 20 kPa 的黏性土、粉土、饱和黄土及人工填土等地基;后者适用于处理砂土和粉土等地基,不加填料的振冲密实法仅适用于处理黏土颗粒含量小于 10 % 的粗砂、中砂地基。

第二节　浅埋式钢筋混凝土基础施工

一般工业与民用建筑在基础设计中多采用天然浅基础,它造价低、施工简便。常用的浅基础类型有条式基础、杯形基础、筏式基础和箱形基础等。

一、条式基础

条式基础包括柱下钢筋混凝土独立基础(图 2-1)和墙下钢筋混凝土条形基础(图 2-2)。

这种基础的抗弯和抗剪性能良好,可在竖向荷载较大、地基承载力不高以及承受水平力和力矩等荷载情况下使用。因高度不受台阶宽高比的限制,故适宜于需要"宽基浅埋"的场合。

（一）构造要求

锥形基础（条形基础）边缘高度 h 不宜小于 200 mm;阶梯形基础的每阶高度 h_1 宜为 300～500 mm。

垫层厚度一般为 100 mm,混凝土强度等级为 C10,基础混凝土强度等级不宜低于 C15。

图 2-1　墙下钢筋混凝土独立基础

(a)阶梯形　　　　　(b)阶梯形　　　　　(c)锥形

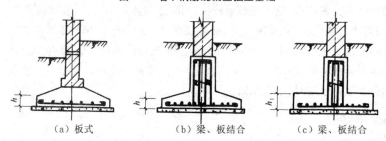

（a）板式　　　　　（b）梁、板结合　　　　　（c）梁、板结合

图 2-2　墙下钢筋混凝土条形基础

底板受力钢筋的最小直径不宜小于 8 mm,间距不宜大于 200 mm。当有垫层时钢筋保护层的厚度不宜小于 35 mm,无垫层时不宜小于 70 mm。

插筋的数目与直径应与柱内纵向受力钢筋相同。插筋的锚固及柱的纵向受力钢筋的搭接长度,按国家现行《混凝土结构设计规范》的规定执行。

（二）施工要点

基坑（槽）应进行验槽,局部软弱土层应挖去,用灰土或砂砾分层回填夯实与基底相平。基坑（槽）内浮土、积水、淤泥、垃圾、杂物应清除干净。验槽后地基混凝土应立即浇筑,以免地基土被扰动。

垫层达到一定强度后,在其上弹线、支模。铺放钢筋网片时底部用与混凝土保护层同厚度的水泥砂浆垫塞,以保证位置正确。

在浇筑混凝土前,应清除模板上的垃圾、泥土和钢筋上的油污等杂物,模板应浇水加以湿润。

基础混凝土宜分层连续浇筑完成。阶梯形基础的每一台阶高度内应分层浇捣,每浇筑完一台阶应稍停 0.5～1.0 h,待其初步获得沉实后,再浇筑上层,以防止下台阶混凝土溢出,在上台阶根部出现"烂脖子",台阶表面应基本抹平。

锥形基础的斜面部分模板应随混凝土浇捣分段支设并顶压紧,以防模板上浮变形,边角处的混凝土应注意捣实。严禁斜面部分不支模,用铁锹拍实。

基础上有插筋时,要加以固定,保证插筋位置的正确,防止浇捣混凝土发生移位。混凝土浇筑完毕,外露表面应覆盖浇水养护。

二、杯形基础

杯形基础常用作钢筋混凝土预制柱基础,基础中预留凹槽(杯口),然后插入预制柱,临时固定后,即在四周空隙中灌细石混凝土。其形式有一般杯口基础、双杯口基础和高杯口基础等(图 2-3)。

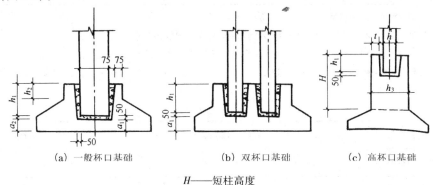

(a) 一般杯口基础 (b) 双杯口基础 (c) 高杯口基础

H——短柱高度

图 2-3 杯形基础形式、构造示意(单位:mm)

(一)构造要求

柱的插入深度 h_1 可按表 2-1 选用,并应满足锚固长度的要求(一般为 20 倍纵向受力钢筋直径)和吊装时柱的稳定性(不小于吊装时柱长的 0.05 倍)的要求。

表 2-1 柱的插入深度 h_1 mm

矩形或工字形柱				单肢管柱	双肢柱
$h < 500$	$500 \leqslant h < 1\,000$	$800 \leqslant h \leqslant 1\,000$	$h > 1\,000$		
$1 \sim 1.2\,h$	H	$0.9\,h \geqslant 1\,000$	$0.8\,h \geqslant 1\,000$	$1.5\,d \geqslant 500$	$\dfrac{1}{3} \sim \dfrac{2}{3}\,h_a$ 或 $(1.5 \sim 1.8)\,h_a$

注:1. h 为柱截面长边尺寸;d 为管柱的外直径;h_a 为双肢柱整个截面长边尺寸;h_b 为双肢柱整个截面短边尺寸。

2. 柱轴心受压或小偏心受压时,h_1 可以适当减少;偏心距 $e_0 > 2h$(或 $e_o > 2d$)时,h_1 应适当加大。

基础的杯底厚度和杯壁厚度,可按表 2-2 采用。

当柱为轴心或小偏心受压且 $t/h_2 \geqslant 0.65$ 时,或大偏心受压且 $t/h_2 \geqslant 0.75$ 时,杯壁可不配筋;当柱为轴心或小偏心受压且 $0.5 \leqslant t \leqslant 0.65$ 时,杯壁可按表 2-3 和图 2-4 构造配筋;当柱为轴

心或小偏心受压且 $t/h_2 < 0.5$ 时,或大偏心受压且 $t/h_2 < 0.75$ 时,按计算配筋。

表 2-2   基础的杯底厚度和杯壁厚度   mm

柱截面长边尺寸 h	杯底厚度 a_1	杯壁厚度 t
$h < 500$	≥150	150 ~ 200
$500 ≤ h < 800$	≥200	≥200
$800 ≤ h < 1\,000$	≥250	≥300
$1\,000 ≤ h < 1\,500$	≥300	≥350
$1\,500 ≤ h < 2\,000$		≥400

注:1. 双肢柱的 a_1 值可适当加大。

2. 当有基础梁时,基础梁下的杯壁厚度应满足其支承宽度的要求。

3. 柱子插入杯口部分的表面应尽量凿毛。柱子与杯口之间的空隙,应用细石混凝土(比基础混凝土强度等级高一级)密实填充,其强度达到基础设计强度等级的 70 % 以上(或采取其他相应措施)时,方能进行上部吊装。

表 2-3   杯壁构造筋   mm

柱截面长边尺寸	< 1000	1000 ≤ h < 1500	1500 ≤ h ≤ 2000
钢筋直径	8 ~ 10	10 ~ 12	12 ~ 16

注:表中钢筋置于杯口顶部,每边两根。

预制钢筋混凝土柱(包括双肢柱)和高杯口基础的连接与一般杯口基础构造相同。

(二)施工要点

杯形基础除参照板式基础的施工要点外,还应注意以下几点:

(1)混凝土应按台阶分层浇筑,对高杯口基础的高台阶部分按整段分层浇筑。

(2)杯口模板可做成二半式的定型模板,中间各加一块楔形板,拆模时,先取出楔形板,然后分别将两半杯口模板取出。为便

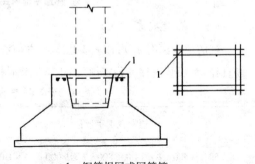

1—钢筋焊网或网筋箍
图 2-4   杯壁内配筋示意图

于周转,杯口模板宜做成工具式的,支模时杯口模板要固定牢固并压浆。

浇筑杯口混凝土时,应注意四侧要对称均匀进行,避免将杯口模板挤向一侧。

施工时应先浇筑杯底混凝土并振实,注意在杯底一般有 50 mm 厚的细石混凝土找平层,应仔细留出。待杯底混凝土沉实后,再浇筑杯口四周混凝土。基础浇捣完毕,在混凝土初凝后终凝前将杯口模板取出,并将杯口内侧表面混凝土凿毛。

施工高杯口基础时,可采用后安装杯口模板的方法施工,即当混凝土浇捣接近杯口底时,再安装固定杯口模板,继续浇筑杯口四周混凝土。

三、筏式基础

筏式基础由钢筋混凝土底板、梁等组成,适用于地基承载力较低而上部结构荷载很大的场合。其外形和构造上像倒置的钢筋混凝土楼盖,整体刚度较大,能有效将各柱子的沉降调整得较为均匀。筏式基础一般可分为梁板式和平板式两类(图2-5)。

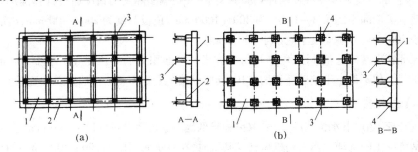

1—底板;2—梁;3—柱;4—支墩

图2-5　筏式基础

(一)构造要求

混凝土强度等级不宜低于C20,钢筋保护层厚度不小于35 mm。

基础平面布置应尽量对称,以减小基础荷载的偏心距。底板厚度不宜小于200 mm,梁截面和板厚按计算确定,梁顶高出底板顶面不小于300 mm,梁宽不小于250 mm。

底板下一般宜设厚度为100 mm的C10混凝土垫层,每边伸出基础底板不小于100 mm。

(二)施工要点

施工前,如地下水位较高,可采用人工降低地下水位至基坑底不少于500 mm,以保证在无水情况下进行基坑开挖和基础施工。

施工时,可采用先在垫层上绑扎底板、梁的钢筋和柱子锚固插筋,浇筑底板混凝土,待达到25 %设计强度后,再在底板上支梁模板,继续浇筑完梁部分混凝土;也可采用底板和梁模板一次同时支好,混凝土一次连续浇筑完成,梁侧模板采用支架支撑并固定牢固。

混凝土浇筑时一般不留施工缝,必须留设时,应按施工缝要求处理,并应设置止水带。

基础浇筑完毕,表面应覆盖和洒水养护,并防止地基被水浸泡。

四、箱形基础

箱形基础是由钢筋混凝土底板、顶板、外墙以及一定数量的内隔墙构成封闭的箱体(图2-6),基础中部可在内隔墙开门洞做地下室。该基础具有整体性好,刚度大,调整不均匀,沉降能力及抗震能力强,可消除因地基变形使建筑物开裂的可能性,减少基底处原有地基自重应力,降低总沉降量等特点。适用做软弱地基上的面积较小、平面形状简单、上部结构荷载大且分布不均匀的高层建筑物的基础和对沉降有严格要求的设备基础或特种构筑物基础。

（一）构造要求

箱形基础在平面布置上尽可能对称,以减少荷载的偏心距,防止基础过度倾斜。

混凝土强度等级不应低于 C20,基础高度一般取建筑物高度的 1/8 ~ 1/12,不宜小于箱形基础长度的 1/16 ~ 1/18,且不小于 3 m。

底、顶板的厚度应满足柱或墙冲切验算要求,并根据实际受力情况通过计算确定。底板厚度一般取隔墙间距的 1/8 ~ 1/10,为 300 ~ 1000 mm,顶板厚度为 200 ~ 400 mm,内墙厚度不宜小于 200 mm,外墙厚度不应小于 250 mm。

为保证箱形基础的整体刚度,平均每平方米基础面积上墙体长度应不小于 400 mm,或墙体水平截面积不得小于基础面积的 1/10,其中纵墙配置量不得小于墙体总配置量的 3/5。

（二）施工要点

基坑开挖,如地下水位较高,应采取措施降低地下水位至基坑底以下 500 mm 处,并尽量减少对基坑底土的扰动。当采用机械开挖基坑时,在基坑底面以上 200 ~ 400 mm 厚的土层,应用人工挖除并清理,基坑验槽后,立即进行基础施工。

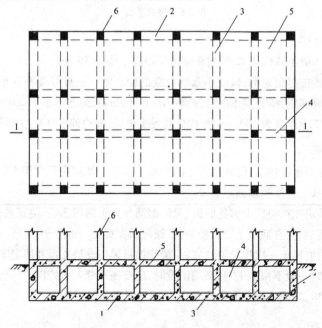

1—底板;2—外墙;3—内墙隔墙;4—内纵隔墙;5—顶板;6—柱

图 2-6　箱形基础

施工时,基础底板、内外墙和顶板的支模、钢筋绑扎和混凝土浇筑,可采取分块进行,其施工缝的留设位置和处理应符合钢筋混凝土工程施工及验收规范有关要求,外墙接缝应设止水带。

基础的底板、内外墙和顶板宜连续浇筑完毕。为防止出现温度收缩裂缝,一般应设置贯通后浇带,带宽不宜小于 800 mm,在后浇带处钢筋应贯通,顶板浇筑后,相隔 2 ~ 4 周,用比设计强度提高一级的细石混凝土将后浇带填灌密实,并加强养护。

基础施工完毕,应立即进行回填土。停止降水时,应验算基础的抗浮稳定性,抗浮稳定系数不宜小于1.2,如不能满足,应采取有效措施,譬如继续抽水直至上部结构荷载加上后能满足抗浮稳定系数要求为止,或在基础内采取灌水或加重物等,防止基础上浮或倾斜。

第三节　钢筋混凝土预制桩施工

预制桩按使用材料可分为钢筋混凝土桩、钢桩、木桩等;按形状可分为方桩、管桩、钢管桩和锥形桩等;按沉桩方法可分为锤击沉桩、振动沉桩和静力沉桩等。其中最常用的是锤击钢筋混凝土方桩。

下面以钢筋混凝土方桩为例介绍预制桩的制作及沉桩施工工艺。

一、钢筋混凝土预制桩的制作、运输和堆放

(一)桩的制作

较短的钢筋混凝土预制桩一般在预制厂制作,较长的桩在施工现场预制。所用混凝土强度等级不宜低于C30,方桩的截面边长为25~55 cm。桩的制作长度主要取决于运输条件及桩架高度,一般不超过30 m。如果桩长超过30 m,可将桩分成几段预制,在打桩过程中接桩。

钢筋混凝土预制桩的混凝土浇筑工作应连续进行,严禁中断。桩顶和桩尖处不得有蜂窝、麻面、裂缝和掉角。桩的制作偏差应符合规范的规定。

钢筋混凝土预制桩主筋应根据桩截面大小确定,一般为4~8根,直径为12~25 mm。主筋连接宜采用对焊;主筋接头配置在同一截面内的数量,当采用闪光对焊和电弧焊时,不超过50%;同一根钢筋两个接头的间距应大于30倍钢筋直径,并不小于500 mm。预制桩箍筋直径为6~8 mm,间距不大于20 cm。预制桩的允许偏差应符合规范的规定。桩顶和桩尖处的箍筋应加密(图2-7)。

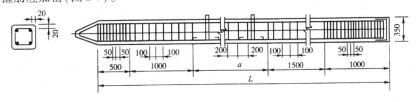

图 2-7　钢筋混凝土预制桩(mm)

(二)桩的起吊、运输和堆放

钢筋混凝土预制桩应在混凝土达到设计强度的70%时方可起吊;达到设计强度的100%时才能运输和打桩。如提前吊运,应采取相应措施并经验算合格后方可进行。

桩在起吊和搬运时,吊点应符合设计规定。吊点位置的选择随桩长而异,并应符合起吊弯矩最小的原则。

当运距不大时,可采用滚筒、卷扬机等拖动桩身运输;当运距较大时可采用小平台车运

输。运输过程中支点应与吊点位置一致。

桩在施工现场的堆放场地必须平整、坚实。堆放时应设垫木,垫木的位置与吊点位置相同,各层垫木应上、下对齐,堆放层数不宜超过4层。

二、预制桩的沉桩方法

预制桩的沉桩方法主要有锤击法、静力压桩法、振动法等。

(一)锤击法

锤击法是利用桩锤的冲击克服土对桩的阻力,使桩沉到预定持力层。这是最常用的一种沉桩方法。

1. 打桩设备

打桩设备包括桩锤、桩架和动力装置。

1)桩锤

桩锤是对桩施加冲击,将桩打入土中的主要机具。桩锤主要有落锤、蒸汽锤、柴油锤和液压锤,目前应用最多的是柴油锤。

(1)落锤。落锤构造简单,使用方便,能随意调整落锤高度。轻型落锤一般均用卷扬机拉升施打。落锤生产效率低、桩身易损失。落锤质量一般为0.5~1.5 t,重型锤可达数吨。

(2)柴油锤。柴油锤利用燃油爆炸的能量,推动活塞往复运动产生冲击进行锤击打桩。柴油锤结构简单、使用方便,不需从外部供应能源。但在过软的土中由于贯入度过大,燃油不易爆发,往往桩锤反跳不起来,会使工作循环中断。另一个缺点是会造成噪声和空气污染等公害,故在城市中施工受到一定限制。柴油锤冲击部分的质量有2.0 t,2.5 t,3.5 t,4.5 t,6.0 t,7.2 t等,每分钟锤击次数40~80次,可以用于大型混凝土桩和钢管桩等。

(3)蒸汽锤。蒸汽锤利用蒸汽的动力进行锤击。根据其工作情况又可分为单动式汽锤与双动式汽锤。单动式汽锤的冲击体只在上升时耗用动力,下降靠自重;双动式汽锤的冲击体升降均由蒸汽推动。蒸汽锤需要配备一套锅炉设备。

单动式汽锤的冲击力较大,可以打各种桩,常用锤重为3~10 t,每分钟锤击数为25~30次。

双动式汽锤的外壳(汽缸)是固定在桩头上的,而锤是在外壳内上下运动。锤重一般为0.6~6 t。因冲击频率高(100~200次/min),所以工作效率高。它适宜打各种桩,也可在水下打桩并用于拔桩。

(4)液压锤。液压锤是一种新型打桩设备,它的冲击缸体通过液压油提升与降落。冲击缸体下部充满氮气,当冲击缸下落时,首先是冲击头对桩施加压力,接着是通过可压缩的氮气对桩施加压力,使冲击缸体对桩施加压力的过程延长,因此每一击能获得更大的贯入度。液压锤不排出任何废气,无噪声,冲击频率高,并适合水下打桩,是理想的冲击式打桩设备,但构造复杂,造价高。

用锤击沉桩时,为防止桩受冲击应力过大而损坏,应力求采用"重锤轻击"。如采用轻锤重击,锤击能很大一部分被桩身吸收,桩不易打入,而桩头容易打碎。锤重可根据土质、桩的规格等参考表2-4进行选择,如能进行锤击应力计算则更为科学。

表2-4 锤重选择表

锤型		柴油锤					
		20	25	35	45	60	72
锤的动力性能	冲击部分重/t	2.0	2.5	3.5	4.5	6.0	7.2
	总重/t	4.5	6.5	7.2	9.6	15.0	18.0
	冲击力/kN	2000	2000~2500	2500~4000	4000~5000	5000~7000	7000~10000
	常用冲程/m	1.8~2.3					
桩的截面	混凝土预制桩的边长或直径/cm	25~35	35~40	40~45	45~50	50~55	55~60
	钢管桩的直径/cm	40			60	90	90~100
持力层 黏性土粉土	一般进入深度/m	1.0~2.0	1.5~2.5	2.0~3.0	2.5~3.5	3.0~4.0	3.0~5.0
	静力触探比贯入度 P_s 平均值/MPa	3	4	5	>5		
持力层 砂土	一般进入深度/m	0.5~1.0	0.5~1.5	1.0~2.0	1.5~2.5	2.0~3.0	2.5~3.5
	标准贯入击数 N（未修正）	15~25	25~30	30~40	40~45	45~50	50
常用的控制贯入度/mm 每10击		20~30			30~50	40~80	
设计单桩极限承载力/kN		400~1200	800~1600	2500~4000	3000~5000	5000~7000	7000~10000

注:本表适用于20~60 m长预制钢筋混凝土桩及40~60 m长钢膏桩,且桩间进入硬土层有一定深度。

2)桩架

桩架是支持桩身和桩锤,在打桩过程中引导桩的方向,并保证桩锤能沿着所要求方向冲击的打桩设备。桩架的形式多种多样,常用的桩架有两种基本形式:一种是沿轨道行驶的多能桩架;另一种是装在履带底盘上的桩架。

(1)多能桩架(图2-8),由立柱、斜撑、回转工作台、底盘及传动机构组成。它的机动性和适应性很大,在水平方向可作360°回转,立柱可前后倾斜,底盘下装有铁轮,可在轨道上行走。这种桩架可适应各种预制桩,也可用于灌注桩施工。缺点是机构较庞大,现场组装和拆迁比较麻烦。

(2)履带式桩架(图2-9),以履带式起重机为底盘,增加立柱和斜撑用以打桩。其机械化程度高,性能较多能桩架灵活,移动方便,可适应各种预制桩施工,目前应用最多。

3)动力装置

动力装置的配置取决于所选的桩锤。当选用蒸汽锤时,则需配备蒸汽锅炉和卷扬机。

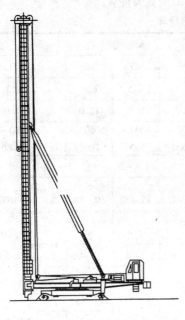

图 2-8 多能柱架

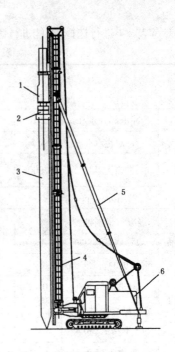

1—桩锤;2—桩帽;3—桩;
4—立柱;5—斜撑;6—车体
图 2-9 履带式桩架

2. 打桩施工

打桩前应做好下列准备工作:①清除妨碍施工的地上和地下的障碍物;②平整施工场地;③定位放线;④设置供电、供水系统;⑤安装打桩机等。

桩基轴线的定位点及水准点应设置在不受打桩影响的地点,水准点设置不少于 2 个。在施工过程中可据此检查桩位的偏差以及桩的入土深度。

打桩应注意下列一些问题。

1) 打桩顺序

打桩顺序合理与否,影响打桩速度、打桩质量及周围环境。当桩的中心距小于 4 倍桩径时,打桩顺序尤为重要。打桩顺序影响挤土方向。打桩向哪个方向推进,则向哪个方向挤土。根据桩群的密集程度,可选用下述打桩顺序:由一侧向单一方向进行(图 2-10a);由中间向两个方向对称进行(图 2-10b);由中间向四周进行(图 2-10c)。第一种打桩顺序,打桩推进方向宜逐排改变,以免土壤朝一个方向挤压,而导致土壤挤压不均匀,对于同一排桩,必要时还可采用间隔跳打的方式。对于大面积的桩群,宜采用后两种打桩顺序,以免土壤受到严重挤压,使桩难以打入,或使先打入的桩受挤压而倾斜。大面积的桩群,宜分成几个区域,由多台打桩机采用合理的顺序进行打桩。打桩时对不同基础标高的桩,宜先深后浅,对不同规格的桩,宜先大后小,先长后短,宜防止桩的位移或偏斜。

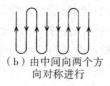

（a）由一侧向单一 （b）由中间向两个方 （c）由中间向
方向进行 向对称进行 四周进行

图 2-10 打桩顺序

2）打桩方法

打桩机就位后将桩锤和桩帽吊起，然后吊桩并送至导杆内，垂直对准桩位缓缓送下插入土中，垂直度偏差不得超过 0.5%，然后固定桩帽和桩锤，使桩、桩帽、桩锤在同一铅垂线上，确保桩能垂直下沉。在桩锤和桩帽之间应加弹性衬垫，桩帽和桩顶周围四边应有 5～10 mm的间隙，以防损伤桩顶。

打桩开始时，锤的落距应较小，待桩入土至一定深度且稳定后，再按要求的落距锤击。用落锤或单动汽锤打桩时，最大落距不宜大于 1 m，用柴油锤时，应使锤跳动正常。在打桩过程中，遇有贯入度剧变、桩身突然发生倾斜、移位或有严重回弹、桩顶或桩身出现严重裂缝或破碎等异常情况时，应暂停打桩，及时研究处理。

如桩顶标高低于自然土面，需用送桩管将桩送入土中时，桩与送桩管的纵轴线应在同一直线上，拔出送桩管后，桩孔应及时回填或加盖。

混凝土多节桩的接桩，可用焊接或硫磺胶泥锚接。目前焊接接桩应用最多。接桩的预埋铁件表面应清洁，上、下节桩之间如有间隙应用铁片填实焊牢，焊接时焊缝应连续饱满，并采取措施减少焊接变形。接桩时，上、下节桩的中心线偏差不得大于 10 mm，节点弯曲矢高不得大于 1‰桩长。钢桩的连接则常采用焊接，也可采用螺栓连接方式。

打桩过程中，应做好沉桩记录，以便工程验收。

3）打桩的质量控制

打桩的质量检查包括桩的偏差、最后贯入度与沉桩标高，桩顶、桩身是否损坏以及对周围环境有无造成严重危害。

桩的垂直偏差应控制在 1% 之内，平面位置的允许偏差，对于建筑物桩基，单排或双排桩的条形桩基，垂直于条形桩基纵轴线方向为 100 mm，平行于条形桩基纵轴线方向为 150 mm；桩数为 1～3 根桩基中的桩为 100 mm；桩数为 4～16 根桩基中的桩为 1/3 桩径或边长；桩数大于 16 根桩基中的桩最外边的桩为 1/3 桩径或边长，中间桩为 1/2 桩径或边长。

打桩的控制，对于桩尖位于坚硬土层的端承型桩，以贯入度控制为主，桩尖进入持力层深度或桩尖标高可作为参考。如贯入度已达到而桩尖标高未达到时，应继续锤击 3 阵，每阵10 击的平均贯入度不应大于规定的数值。桩尖位于软土层的摩擦型桩，应以桩尖设计标高控制为主，贯入度可作为参考。如主要控制指标已符合要求，而其他指标与要求相差较大时，应会同有关单位研究解决。设计与施工中所控制的贯入度是以合格的试桩数据为准，如无试桩资料，可参考类似土的贯入度，由设计确定。测量最后贯入度应在下列正常条件下进行：桩顶没有破坏，锤击没有偏心，锤的落距符合规定，桩帽和弹性垫层正常，汽锤的蒸汽压力符合规定。如果沉桩尚未达到设计标高，而贯入度突然变小，则可能是土层中夹有硬土层，或遇到孤石等障碍物，此时切勿盲目施打，应会同设计、勘察单位共同研究解决。此外，由于土的固结作用，打桩过程中断，会使桩难以打入，因此应保证施打的连续进行。

混凝土预制桩打桩时，如遇桩顶破碎或桩身严重裂缝，应立即暂停，在采取相应的技术措施后，方可继续施打。打桩时，除了注意桩顶与桩身由于桩锤冲击破坏外，还应注意桩身受锤击拉应力而导致的水平裂缝。在软土中打桩，在桩顶以下 1/3 桩长范围内常会因反射的张力波使桩身受拉而引起水平裂缝。开裂的地方往往出现在吊点和混凝土缺陷处，这些地方容易形成应力集中。采用重锤低速击桩和较软的桩垫可减少锤击拉应力。

打桩时，引起桩区及附近地区的土体隆起和水平位移的原因虽然不属打桩本身的质量问题，但由于邻桩相互挤压导致桩位偏移，会影响整个工程质量。如果在已有建筑群中施工，打桩还会引起临近的地下管线、地面道路和建筑物的损坏。为此，在邻近建(构)筑物打桩时，应采取适当的措施，如挖防振沟、砂井排水(或塑料排水板排水)、预钻孔取土打桩、采取合理打桩顺序、控制打桩速度等。

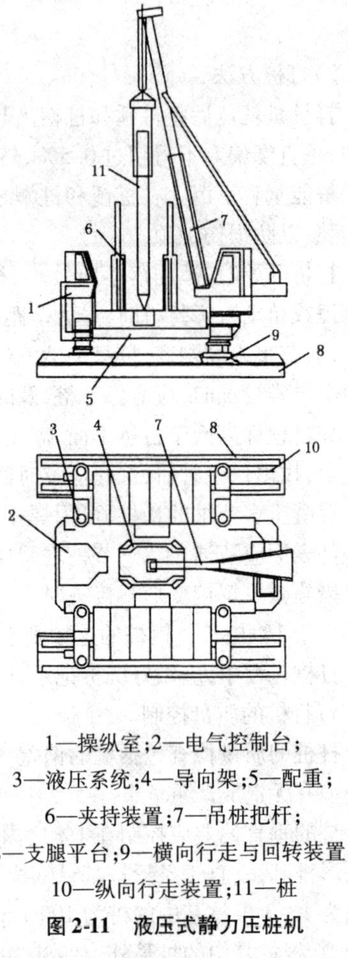

1—操纵室；2—电气控制台；
3—液压系统；4—导向架；5—配重；
6—夹持装置；7—吊桩把杆；
8—支腿平台；9—横向行走与回转装置；
10—纵向行走装置；11—桩

图 2-11　液压式静力压桩机

（二）静力压桩

静力压桩是利用静压力将桩压入土中，施工中虽然仍然存在挤土效应，但没有振动和噪声，适用于软弱土层和邻近有害怕振动的建(构)筑物的情况。

静力压桩机有机械式和液压式之分，目前使用的多为液压式静力压桩机，压力可达 8000 kN，如图 2-11 所示。

压桩一般是分节压入，逐段接长。为此，桩需分节预制。当第一节桩压入土中，其上端距地面 2 m 左右时将第二节桩接上，继续压入。对每一根桩的压入，各工序应连续。

如初压时桩身发生较大移位、倾斜；压入过程中桩身突然下沉或倾斜；桩顶混凝土破坏或压桩阻力剧变时，应暂停压桩，及时研究处理。

（三）振动法

振动法是采用振动锤(图 2-12)进行沉桩的施工方法。其按工艺可分为干振施工法、振动扭转施工法、振动冲击施工法、振动加压施工法、附加弹簧振动施工法、附加配重振动施工法和附加配重振动加压施工法等。振动法工作原理是通过夹具在桩身上设置振动锤，振动锤在电、气、水或液压的驱动下使桩身产生垂直上下振动，造成桩及其周围土体处于强迫振动状态。由于振动,土体的内摩擦角变小,强度降低,从而破坏了桩与土体之间的黏结力和弹性力,因此桩周围土体对桩的摩阻力和桩尖土的抗力大大减小,使得桩能在自重和振动力的作用下,克服惯性阻力而沉入土中。

振动法具有操作简便、沉桩效率高、工期短、费用省、不需辅助设备、管理方便、施工适应性强、沉桩时桩的横向位移和桩身变形小、不易损坏桩身等优点。但由于振动锤构造复杂、维修较难、耗电量大、设备使用寿命短。当桩基持力层起伏较大时,桩的长度较难调节,同时其在施工时仍存在一定挤土效应。

振动法适用于松软土、桩长 30 m 以下的混凝土桩、钢桩及组合桩施工。

沉桩施工宜连续进行以防止停歇过久导致难以沉桩。沉桩时如发现有厚度在 1 m 以上的中密以上的细砂、粉砂、重黏砂等硬夹层影响施工时,应该会同有关部门共同研究采取措施。

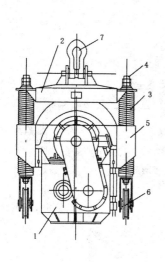

1—振动器;2—横梁;3—竖轴;4—弹簧;
5—吸振器;6—加压滑轮;7—起重环
图 2-12 振动锤

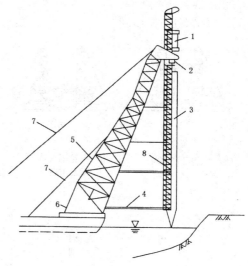

1—桩锤;2—吊装点;3—桩;4—工作平台;
5—前倾的桩架;6—倾斜度调整杆;
7—拉索;8—龙门架
图 2-13 沉桩船

(四)水中沉桩

在桥梁基础施工进行水中沉桩时,当河流水浅时,一般可搭设施工便桥或脚手架,在其上安置桩架进行水中沉桩施工。在较宽阔较深的河流中,可将桩架安放在浮体上或使用专用沉桩船(图 2-13)进行水中沉桩。

沉桩船的桩架可以前俯或后仰30°左右,用于沉设斜桩。

当沉桩船的桩架前倾小于10°时,可用来吊桩。由于桩架结构坚固,可兼用作起重机,最大起重力可达 800 kN。

沉桩船的桩架为适应桩长的需要,可从上部或中部接高 5 ~ 7 m,最高的桩架达 52 m,可一次下沉40 m 的长桩。

有的沉桩船在桩架上端与龙门桄上部装置菱形(铰接)"鸟嘴",当桩位在岸边或浅水处沉桩船吃水过深不能接近时,可将整个桩架向前倾斜,龙门桄下端即从桩架支向前面垂直吊于桩位之上进行沉桩,龙门桄伸出船首的最大伸距可达12 m。

此外,在宽河流中进行水中沉桩,还可采用以下方法:

(1)先筑围堰后沉桩法。一般在水不深、临近河岸的桩采用此法。

(2)先沉桩后筑围堰法。一般适用较深水中沉桩。施工中先拼装导向围笼,浮运至桥墩位,抛锚定位,围笼下沉接高,在围笼内插打围堰定位桩,再沉其余的桩,然后打钢板桩组成防水围堰,吸泥并进行水下混凝土封底。

(3)用吊箱围堰修筑水中桩基法。该法适用于修筑深水中的高桩承台。悬吊在水中的吊箱在沉桩时作为导向定位,沉桩后封底抽水,浇筑水中混凝土承台(图2-14)。

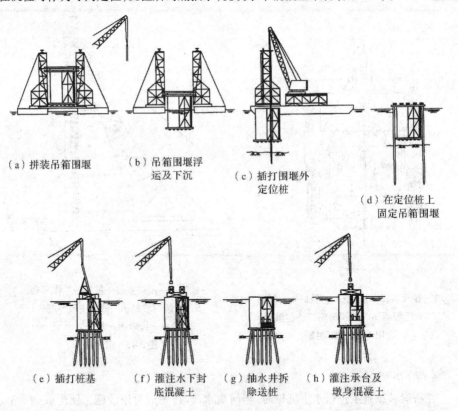

(a)拼装吊箱围堰　　(b)吊箱围堰浮　　　　　　　　(d)在定位桩上
　　　　　　　　　　　　运及下沉　　(c)插打围堰外　　　固定吊箱围堰
　　　　　　　　　　　　　　　　　　　定位桩

(e)插打桩基　　(f)灌注水下封　　(g)抽水井拆　　(h)灌注承台及
　　　　　　　　　　底混凝土　　　　　除送桩　　　　墩身混凝土

图2-14　用吊箱堰施工水中桩基

第四节 灌注桩施工

灌注桩是直接在桩位上就地成孔,然后在孔内安放钢筋笼、灌注混凝土而成。根据成孔工艺不同,分为干作业成孔的灌注桩、泥浆护壁成孔的灌注桩、套管成孔的灌注桩和爆扩成孔的灌注桩等。灌注桩施工工艺近年来发展很快,还出现了夯扩沉管灌注桩、钻孔压浆成桩等一些新工艺。

灌注桩能适应各种地层的变化,无须接桩,施工时无振动、无挤土、噪声小,宜在建筑物密集地区使用。但其操作要求严格,施工后需较长的养护期方可承受荷载,成孔时有大量土渣或泥浆排出。

一、干作业成孔灌注桩

干作业成孔灌注桩适用于地下水位较低、在成孔深度内无地下水的土质,不需护壁可直接取土成孔。目前常用螺旋钻机成孔,亦有用洛阳铲成孔的。

螺旋钻成孔灌注桩是利用动力旋转钻杆,使钻头的螺旋叶片旋转削土,土块沿螺旋叶片上升排出孔外(图 2-15)。在软塑土层,含水量大时,可用疏纹叶片钻杆,以便较快地钻进。在可塑或硬塑黏土中,或含水量较小的砂土中应用密纹叶片钻杆,缓慢地均匀地钻进。操作时要求钻杆垂直,钻孔过程中如发现钻杆摇晃或难钻进时,可能是遇到石块等异物,应立即停机检查。全叶片螺旋钻机成孔直径一般为 300 ~ 600 mm,钻孔深度为 8 ~ 20 m。钻进速度应根据电流变化及时调整。在钻孔过程中,应随时清理孔口积土,遇到塌孔、缩孔等异常情况,应及时研究解决。

钢筋笼应一次绑扎完成,混凝土应随浇随振,每次浇筑高度不得大于 1.5 m。

如为扩底桩,则需于桩底部用扩孔钻切削扩孔,扩底直径应符合设计要求,并控制孔底虚土厚度,对于摩擦桩,虚土厚度不得大于 300 mm;对于摩擦端承

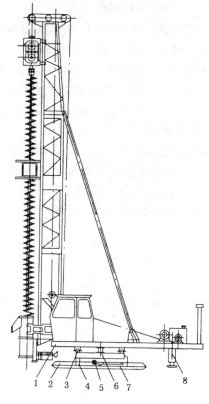

1—上底盘;2—下底盘;
3—回转滚轮;4—行车滚轮;
5—钢丝滑轮;6—回转轴;
7—行车油缸;8—支盘

图 2-15 步履式螺旋钻机

桩或端承摩擦桩,虚土厚度不得大于 100 mm;对于端承桩,虚土厚度不得大于 50 mm。如孔底虚土超过规范规定,可用勺钻清理孔底虚土,或用原钻机多次投钻。如孔底虚土是砂或砂卵石时,可灌入砂浆拌合,然后再浇筑混凝土。

如成孔时发生塌孔,宜钻至塌孔处以下1 ~ 2 m时,用低强度等级的混凝土填至塌孔以上1 m左右,待混凝土初凝后再继续下钻,钻至设计深度,也可用3∶7的灰土填筑。

二、泥浆护壁成孔灌注桩

泥浆护壁成孔是用钻头切削土体,并利用泥浆循环来保护孔壁、排出土渣,不论地下水位高低各类土层皆可使用,一般多用于含水量高的软土地区。泥浆具有保护孔壁、防止塌孔、排出土渣以及冷却与润滑钻头的作用。泥浆一般需专门配制,当在黏土中成孔时,也可用孔内钻碎原土自造泥浆。

成孔机械有回转钻机、潜水钻机、冲击钻等,其中以回转钻机应用最多。

(一)回转钻机成孔

回转钻机是由动力装置带动钻机的回转装置转动,并带动带有钻头的钻杆转动,由钻头切削土壤。切削形成的土渣,通过泥浆循环排出桩孔。根据泥浆循环方式的不同,分为正循环和反循环。根据桩型、钻孔深度、土层情况、泥浆排放条件、允许沉渣厚度等进行选择,但对孔深大于 30 m 的端承型桩,宜采用反循环。

正循环回转钻机成孔的工艺如图 2-16a 所示。泥浆由钻杆内部注入,并从钻杆底部喷出,携带钻下的土渣沿孔壁向上流动,由孔口将土渣带出流入沉淀池,经沉淀的泥浆流入泥浆池再注入钻杆,由此进行循环。沉淀的土渣用泥浆车运出排放。

反循环回转钻机成孔的工艺如图 2-16b 所示。泥浆由钻杆与孔壁间的环状间隙流入钻孔,然后,由砂石泵在钻杆内形成真空,使钻下的土渣由钻杆内腔吸出到地面而流向沉淀池,沉淀后再流入泥浆池。反循环工艺的泥浆上流的速度较快,排吸的土渣能力大。

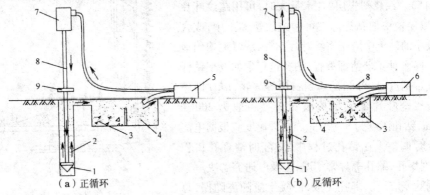

（a）正循环　　　　　　　　（b）反循环

1—钻头;2—泥浆循环方向;3—沉淀池;4—泥浆池;
5—泥浆泵;6—砂石泵;7—水龙头;8—钻杆;9—钻机回转装置

图 2-16　泥浆循环成孔工艺

在陆地上杂填土或松软土层中钻孔时,应在桩位孔口处埋设护筒,起到定位、保护孔口、维持水头等作用。护筒用钢板制作,内径应比钻头直径大 10 cm,埋入土中深度通常不宜小于 1.0~1.5 m,特殊情况下埋深需要更大。在护筒顶部应开设 1~2 个溢浆口。在钻孔过程中,应保持护筒内泥浆液面高于地下水位。

在水中施工时,在水深小于 3 m 的浅水处,亦可适当提高护筒顶面标高(图 2-17)。如岛底河床为淤泥或软土,宜挖除换以砂土;若排淤换土工作量大,则可用长护筒,使其沉入河底土层中。在水深超过 3 m 的深水区,宜搭设工作平台(可为支架平台、浮船、钢板桩围堰、木排、浮运薄壳沉井等),下沉护筒的定位导向架与下沉护筒如图 2-18 所示。

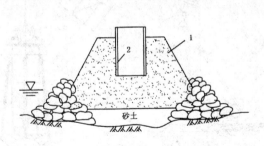

1—夯填黏土;2—护筒

图 2-17　围堰筑岛埋设护筒

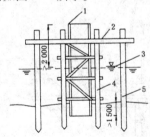

1—护筒;2—工作平台;3—施工水位;
4—导向架;5—支架

图 2-18　搭设平台固定护筒

在黏土中钻孔,可采用自造泥浆护壁;在砂土中钻孔,则应注入制备泥浆,注入的泥浆相对密度控制在 1.1 左右,排出泥浆的相对密度宜为 1.2 ~ 1.4。在钻孔达到要求的深度后,测量沉渣厚度,进行清孔。以原土造浆的钻孔,清孔可用射水法,此时钻具只转不进,待泥浆比重降到 1.1 左右即认为清孔合格;注入制备泥浆的钻孔,可采用换浆法清孔,至换出泥浆的相对密度小于 1.15 时方为合格,在特殊情况下换出的泥浆相对密度可以适当放宽。

钻孔灌注桩的桩孔钻成并清孔后,应尽快吊放钢筋骨架并灌注混凝土。在无水或少水的浅桩孔中灌注混凝土时,应分层浇注振实,每层高度一般为 0.5 ~ 0.6 m,不得大于 1.5 m。混凝土坍落度在黏性土中宜用 5 ~ 7 cm;砂类土中用 7 ~ 9 cm;黄土中用 6 ~ 9 cm。水下灌注混凝土时,常用垂直导管灌筑法水下施工,施工方法见第三章有关内容。水下灌注混凝土至桩顶处,应适当超过桩顶设计标高,以保证在凿除含有泥浆的桩段后,桩顶标高和质量能符合设计要求。

施工后的灌注桩的平面位置及垂直度都需满足规范的规定。灌注桩在施工前,宜进行试成孔。

(二)潜水钻机成孔

潜水钻机是一种旋转式钻孔机械,其动力、变速机构和钻头连在一起,加以密封,因而可以下放至孔中地下水位以下进行切削土壤成孔(图 2-19)。用正循环工艺输入泥浆,进行护壁和将钻下的土渣排出孔外。

潜水钻机成孔,亦需先埋设护筒,其他施工过程皆与回转钻机成孔相似。

(三)冲击钻成孔

冲击钻主要用于在岩层中成孔,成孔时将冲锥式钻头提升一定高度后以自由下落的冲击力来破碎岩层,然后用掏渣筒来掏取孔内的碎渣(图 2-20)。

还有一种冲抓锥(图 2-21),锥头内有重铁块和活动抓片,下落时松开卷扬机刹车,抓片张开,锥头自由下落冲入土中,然后开动卷扬机拉升锥头,此时抓片闭合抓土,将冲抓锥整体提升至地面卸土,依次循环成孔。

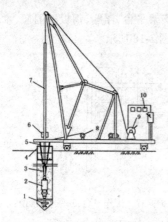

1—钻头;2—潜水钻机;3—电缆;　　　1—滑轮;2—主杆;3—拉索;　　图 2-21　冲抓锥

4—护筒;5—水管;6—滚轮支点;　　　4—斜撑;5—卷扬机;

7—钻杆;8—电缆盘;9—卷扬机;　　　6—垫木;7—钻头

10—控制箱　　　　　　　　图 2-20　冲击钻机

图 2-19　潜水钻机

三、套管成孔灌注桩

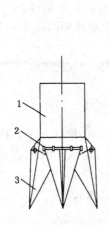

1—桩管;2—锁轴;3—活瓣

图 2-22　开启时的活瓣桩尖

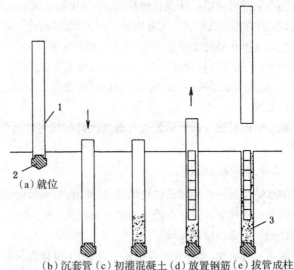

(a)就位

(b)沉套管 (c)初灌混凝土 (d)放置钢筋 (e)拔管成柱

土笼、灌注混凝

1—钢管;2—预制混凝土桩靴;3—桩

图 2-23　沉管灌注桩施工过程

套管成孔灌注桩是利用锤击打桩法或振动沉桩法,将带有活瓣式桩靴(图 2-22),或带有预制混凝土桩靴(图 2-23)的钢套管沉入土中,然后边拔套管边灌注混凝土而成。若配有钢筋时,则在浇注混凝土前先吊放钢筋骨架。利用锤击沉桩设备沉管、拔管,称为锤击沉管灌注桩;利用激振器的振动沉管、拔管,称为振动沉管灌注桩。如图 2-22 所示,是沉管灌注桩施工过程示意图。

(一)锤击沉管灌注桩

锤击沉管灌注桩施工时,用桩架吊起钢套管,关闭活瓣或套入预制混凝土桩靴。套管与桩靴连接处要垫以麻、草绳,以防止地下水渗入管内。然后缓缓放下套管,压进土中。套管上端扣上桩帽,检查套管与桩锤是否在同一垂直线上,套管偏斜不大于 0.5% 时,即可起锤沉管。先用低锤轻击,观察后如无偏移,才正常施打,直至符合设计要求的贯入度或沉入标高,并检查管内无泥浆或水进入,即可灌筑混凝土。套管内混凝土应尽量灌满,然后开始拔管。拔管要均匀,不宜拔管过高。拔管时应保持连续密锤低击不停。控制拔出速度,对一般土层,以不大于 1 m/min 为宜;在软弱土层及软硬土层交界处,应控制在 0.8 m/min 以内。桩锤冲击频率视锤的类型而定:单动汽锤采用倒打拔管,频率不低于 70 次/min;自由落锤轻击不得少于 50 次/min。在管底未拔到桩顶设计标高之前,倒打或轻击不得中断。拔管时还要经常探测混凝土落下的扩散情况,注意使管内的混凝土面保持略高于地面,这样一直到全管拔出为止。桩的中心距小于 5 倍桩管外径或小于 2 m 时,均应跳打。中间空出的桩须待邻桩混凝土达到设计强度的 50% 以后方可施打。以防止因挤土而使前面施工的桩发生桩身断裂。

为了提高桩的质量和承载能力,常采用复打夯扩灌注桩。其施工顺序如下:在第一次灌注桩施工完毕,拔出套管后,清除管外壁上的污泥和桩孔周围地面的浮土,立即在原桩位再埋预制桩靴或合好活瓣第二次复打沉套管,使未凝固的混凝土向四周挤压扩大桩径,然后第二次灌筑混凝土,拔管方法与初打时相同,也有采用内夯管进行夯扩的施工方法。复打施工时要注意:前、后两次沉管的轴线应重合;复打施工必须在第一次灌注的混凝土初凝之前进行。复打法第一次灌筑混凝土前不能放置钢筋笼,如桩配有钢筋,应在第二次灌筑混凝土前放置。

锤击灌注桩宜用于一般黏性土、淤泥质土、砂土和人工填土地基。

(二)振动沉管灌注桩

振动沉管灌注桩采用振动锤或振动冲击锤沉管,其设备如图 2-24 所示。施工前,先安装好桩机,将桩管下端活瓣闭合或套入桩靴,对准桩位,徐徐放下套管,压入土中,勿使偏斜,即可开动激振器沉管。桩管受振后与土体之间摩擦阻力减小,同时利用振动锤自重在套管上加压,套管即能

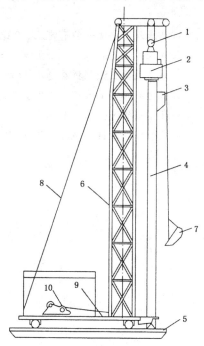

1—滑轮组;2—振动器;3—漏斗;
4—桩管;5—枕木;6—机架;7—吊斗;
8—拉索;9—架底;10—卷扬机

图 2-24 振动沉管灌注桩设备

沉入土中。

　　沉管时,必须严格控制最后的贯入速度,其值按设计要求,或根据试桩和当地的施工经验确定。

　　振动灌注桩可采用单打法、反插法或复打法施工。

　　单打施工时,在沉入土中的套管内灌满混凝土,开动激振器,振动 5～10 s,开始拔管,边振边拔。每拔 0.5～1 m,停拔振动 5～10 s,如此反复,直到套管全部拔出。在一般土层内拔管速度宜为 1.2～1.5 m/min,在较软弱土层中,拔管速度不得大于 0.8 m/min。

　　反插法施工时,在套管内灌满混凝土后,先振动再开始拔管,每次拔管高度 0.5～1.0 m,向下反插深度 0.3～0.5 m。如此反复进行并始终保持振动,直至套管全部拔出地面。反插法能使桩的截面增大,从而提高桩的承载能力,宜在较差的软土地基上应用。

　　复打法要求与锤击灌注桩相同。

　　振动灌注桩的适用范围除与锤击灌注桩相同外,还适用于稍密及中密的碎石土地基。

 思 考 题 ○○○

1. 地基处理方法一般有哪几种? 各有什么特点?

2. 浅埋式钢筋混凝土基础主要有哪几种?

3. 试述混凝土预制桩在起吊、运输、堆放等过程中的工艺要求。

4. 桩锤有哪些类型? 工程中如何选择锤重?

5. 预制桩的沉桩方法有哪些?

6. 套管成孔灌桩的施工流程如何? 复打法应注意哪些问题?

第三章 砌 筑 工 程

砌筑工程是指在建筑工程中使用普通黏土砖、承重黏土空心砖、蒸压灰砂砖、粉煤灰砖、各种中小型砌块和石材等材料进行砌筑的工程。砖砌体的砌筑方法有"三一"砌砖法、挤浆法、刮浆法和满口灰法。其中,"三一"砌砖法和挤浆法最为常用。

第一节 砌 筑 材 料

砌体工程所使用的材料包括块材与砂浆。砂浆通过胶结作用将块材结合形成砌体,以满足正常使用要求及承受结构的各种荷载。可以说,块材与砂浆的质量对砌体质量具有重要的决定意义。

一、块材

块材分为砖、砌块与石块三大类。

(一)砖

根据使用材料和制作方法的不同,砌筑用砖分为以下几种类型。

1. 烧结普通砖

烧结普通砖是以黏土、页岩、煤矸石和粉煤灰为主要原料,经过焙烧而成的实心或孔洞率不大于15%的砖。

烧结普通砖外形为直角六面体,其规格为240 mm×115 mm×53 mm(长×宽×高),即4块砖长加上4个灰缝,8块砖宽加上8个灰缝,16块砖厚加上16个灰缝(简称4顺、8丁、16线),均为1 m。

烧结普通砖的强度等级可以分为MU30,MU25,MU20,MU15,MU10。

2. 烧结多孔砖

烧结多孔砖是以黏土、页岩、煤矸石等为主要原料,经过焙烧而成的承重多孔砖。

烧结多孔砖根据其形状可分为方形多孔砖、矩形多孔砖,其规格有190 mm×190 mm×90 mm和240 mm×115 mm×90 mm两种。

烧结多孔砖根据抗压强度、变异系数分为MU30,MU25,MU20,MU15,MU10 五个强度等级。

3. 烧结空心砖

烧结空心砖是以黏土、页岩、煤矸石等为主要材料,经焙烧而成的空心砖。

烧结空心砖的长度有 240 mm,290 mm,宽度有 140 mm,180 mm,190 mm,高度有90 mm,115 mm。

烧结空心砖强度等级较低分为 MU5,MU3,MU2,因而一般用于非承重墙体。

4.煤渣砖

煤渣砖是以煤渣为主要原料,掺入适量石灰、石膏,经混合、压制成型,再经蒸养或蒸压而成的实心砖。

煤渣砖的规格为 240 mm×115 mm×53 mm(长×宽×高)。

根据抗压强度和抗折强度的不同,煤渣砖分为 MU20,MU15,MU10,MU7.5 四个强度等级。

(二)砌块

砌块代替黏土砖作为建筑物墙体材料,是墙体改革的一个重要途径。砌块是以天然材料或工业废料为原材料制作的,它的主要特点是施工方法非常简便,改变了手工砌砖的落后方式,减轻了工人的劳动强度,提高了生产效率。砌块大致分为以下几类。

砌块按使用目的可以分为承重砌块与非承重砌块(包括隔墙砌块和保温砌块)。

(1)按是否有孔洞可以分为实心砌块与空心砌块(包括单排孔砌块和多排孔砌块)。

(2)按砌块大小可以分为小型砌块(块材高度小于 380 mm)和中型砌块(块材高度 380 ~940 mm)。

(3)按使用的原材料可以分为普通混凝土砌块、粉煤灰硅酸盐砌块、煤矸石混凝土砌块、浮石混凝土砌块、火山渣混凝土砌块、蒸压加气混凝土砌块等。

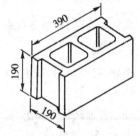

1.普通混凝土小型空心砌块

普通混凝土小型空心砌块是以水泥、砂、碎石或卵石、水为原料制成的。

普通混凝土小型空心砌块主规格尺寸为 390 mm×190 mm×190 mm,有两个方孔,最小外壁厚度应不小于30 mm,最小肋厚应不小于 25 mm,空心率应不小于25%。其外形如图3-1所示。

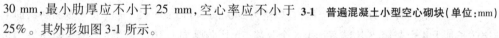
3-1 普遍混凝土小型空心砌块(单位:mm)

普通混凝土小型空心砌块按其强度分为 MU20,MU15,MU10,MU7.5,MU5,MU3.5 六个强度等级。

2.轻集料混凝土小型空心砌块

轻集料混凝土小型空心砌块是以水泥、轻集料、砂、水等预制而成的。其中轻集料品种包括粉煤灰、煤矸石、浮石、火山渣以及各种陶粒等。

3.加气混凝土砌块

加气混凝土砌块是以水泥、矿渣、砂、石灰等为主要原料,加入发气剂,经搅拌成型、蒸压养护而成的实心砌块。

(三)石块

砌筑用石有毛石和料石两类。

毛石又分为乱毛石和平毛石。乱毛石是指形状不规则的石块;平毛石是指形状不规则、但有两个平面大致平行的石块。毛石的中部厚度不宜小于 150 mm。

料石按其加工面的平整度分为细料石、粗料石和毛料石 3 种。料石的宽度、厚度均不宜小于 200 mm,长度不宜大于厚度的 4 倍。

因石材的大小和规格不一,通常用边长为 70 mm 的立方体试块进行抗压试验,取 3 个试块破坏强度的平均值作为确定石材强度等级的依据。石材的强度等级划分为 MU100,MU80,MU60,MLT50,MU40,MU30,MU20,MU15 和 MU10。

二、砂浆

(一)原材料要求

1. 水泥

水泥的强度等级应根据设计要求进行选择。水泥砂浆采用的水泥,其强度等级不宜大于 32.5 级;水泥混合砂浆采用的水泥,其强度等级不宜大于 42.5 级。

水泥进场使用前,应分批对其强度、安定性进行复验。检验批应以同一生产厂家、同一编号为一批。当在使用过程中对水泥质量有怀疑或水泥出厂超过 3 个月(快硬硅酸盐水泥超过 1 个月)时,应复验试验,并按其结果使用。

不同品种的水泥,不得混合使用。

2. 砂

砂宜采用中砂,其中毛石砌体宜用粗砂。

砂浆用砂不得含有有害杂物。砂的含泥量:对水泥砂浆和强度等级不小于 M5 的水泥混合砂浆,不应超过 5%;对强度等级小于 M5 的水泥混合砂浆,不应超过 10%。

3. 水

拌制砂浆必须采用不含有害物质的水,水质应符合国家现行标准《混凝土拌和用水标准》JGJ63 的规定。

4. 外掺料

砂浆中的外掺料包括石灰膏、黏土膏、电石膏和粉煤灰等。

采用混合砂浆时,应将生石灰熟化成石灰膏,并用滤网过滤,使其充分熟化,熟化时间不得少于 7 d;磨细生石灰粉的熟化时间不得少于 2 d。配制水泥石灰砂浆时,不得采用脱水硬化的石灰膏。

采用黏土或粉制黏土制备黏土膏时,宜用搅拌机加水搅拌,通过孔径不大于 3 mm × 3 mm 的网过筛。

电石膏为电石经水化形成的青灰色乳浆,然后泌水、去渣而成,可代替石灰膏。

粉煤灰为品质等级可用Ⅲ级,砂浆中的粉煤灰取代水泥率不宜超过 40%,取代石灰膏率不宜超过 50%。

5. 外加剂

凡在砂浆中掺入有机塑化剂、早强剂、缓凝剂、防冻剂等,应经检验和试配符合要求后,方可使用。有机塑化剂应有砌体强度的型式检验报告。

(二)砂浆的性能

砂浆的配合比应该通过计算和试配获得。根据砌筑砂浆使用原料与使用目的的不同，可以把砌筑砂浆分为3类：水泥砂浆、混合砂浆和非水泥砂浆。其性能与用途如下：

1. 水泥砂浆

由于水泥砂浆的保水性比较差，其砌体强度低于相同条件下用混合砂浆砌筑的砌体强度，所以水泥砂浆通常仅在要求高强度砂浆与砌体处于潮湿环境下使用。

2. 混合砂浆

由于混合砂浆掺入塑性外掺料(如石灰膏、黏土膏等)，既可节约水泥，又可提高砂浆的可塑性，是一般砌体中最常使用的砂浆类型。

3. 非水泥砂浆

这类砂浆包括石灰砂浆、黏土砂浆等，由于非水泥砂浆强度较低，通常仅用于强度要求不高的砌体，譬如临时设施、简易建筑等。

砂浆的强度是以边长为70.7 mm的立方体试块，在标准养护(温度20 ℃±5 ℃、正常湿度条件、室内不通风处)下，经过28 d龄期后的平均抗压强度值。强度等级划分为M15、M10、M7.5、M5、M2.5、M1和M0.4七个等级。

砂浆应具有良好的流动性和保水性。

流动性好的砂浆便于操作，使灰缝平整、密实，从而可以提高砌筑效率、保证砌体质量。砂浆的流动性是以稠度表示的，见表3-1。稠度的测定值是用标准锥体沉入砂浆的深度表示的，沉入度越大，稠度越大，流动性越好。一般来说，对于干燥及吸水性强的块体，砂浆稠度应采用较大值；对于潮湿、密实、吸水性差的块体宜采用较小值。

表 3-1　砌筑砂浆的稠度

序号	砌体类别	砂浆稠度/mm
1	烧结普通砖砌体	70～90
2	烧结多孔砖、空心砖砌体	60～80
3	轻集料混凝土、小型空心砌体砌体	60～90
4	烧结普通砖平拱式过梁、空斗墙、筒拱、普通混凝土小型空心砌块砌体、加气	50～70
5	石砌体	30～50

保水性是指当砂浆经搅拌后运送到使用地点后，砂浆中的水分与胶凝材料及集料分离快慢的程度，通俗来说就是指砂浆保持水分的性能。保水性差的砂浆，在运输过程中，容易产生泌水和离析现象从而降低其流动性，影响砌筑；在砌筑过程中，水分很快会被块材吸收，砂浆失水过多，不能保证砂浆的正常硬化，降低砂浆与块材的黏结力，从而会降低砌体的强度。砂浆的保水性测定值是以分层度来表示的，分层度不宜大于20 mm。

(三)砂浆的拌制

砌筑砂浆应采用机械搅拌，搅拌机械包括活门卸料式、倾翻卸料式或立式砂浆搅拌机，其出料容量一般为 200 L。

自投料完算起,搅拌时间应符合下列规定:

(1)水泥砂浆和水泥混合砂浆不得少于 2 min。

(2)水泥粉煤灰砂浆和掺用外加剂的砂浆不得少于 3 min。

(3)掺用有机塑化剂的砂浆,应为 3~5 min。

拌制水泥砂浆,应先将砂与水泥干拌均匀,再加水拌合均匀;拌制水泥混合砂浆,应先将砂与水泥干拌均匀,再加外掺料(如石灰膏、黏土膏)和水拌和均匀;拌制粉煤灰水泥砂浆,应先将水泥、粉煤灰、砂拌均匀,再加水拌和均匀;如掺用外加剂,应先将外加剂按规定浓度溶于水中,在拌和水投入时投入外加剂溶液,外加剂不得直接投入拌制的砂浆中。

(四)砂浆的使用

砂浆应随拌随用,水泥砂浆和水泥混合砂浆应分别在拌成后 3 h 和 4 h 内使用完毕;当施工期间最高气温超过 30 ℃时,必须分别在拌成后 2 h 和 3 h 内使用完毕;对掺用缓凝剂的砂浆,其使用时间可根据具体情况延长。

第二节　砌筑施工工艺

一、砌体的一般要求

砌体可分为:①砖砌体,主要有墙和柱;②砌块砌体,多用于定型设计的民用房屋及工业厂房的墙体;③石材砌体,多用于带形基础、挡土墙及某些墙体结构;④配筋砌体,在砌体水平灰缝中配置钢筋网片或在砌体外部的预留槽沟内设置竖向粗钢筋的组合砌体。

砌体除应采用符合质量要求的原材料外,还必须有良好的砌筑质量,以使砌体有良好的整体性、稳定性和良好的受力性能,一般要求灰缝横平竖直,砂浆饱满,厚薄均匀,砌块应上下错缝,内外搭砌,接槎牢固,墙面垂直;要预防不均匀沉降引起开裂;要注意施工中墙、柱的稳定性;冬期施工时还要采取相应的措施。

二、毛石基础与砖基础砌筑

(一)毛石基础

1. 毛石基础构造

毛石基础是用毛石与水泥砂浆或水泥混合砂浆砌成。所用毛石应质地坚硬、无裂纹、强度等级一般为 MU20 以上,砂浆宜用水泥砂浆,强度等级应不低于 M5。

毛石基础可作为墙下条形基础或柱下独立基础。按其断面形状有矩形、阶梯形和梯形等。基础顶面宽度比墙基底面宽度要大 200 mm 以上;基础底面宽度依设计计算而定。梯形基础坡角应大于 60°。阶梯形基础每阶高不小于 300 mm,每阶挑出宽度不大于 200 mm(图 3-2)。

2. 毛石基础施工要点

(1)基础砌筑前,应先行验槽并将表面的浮土和垃圾清除干净。

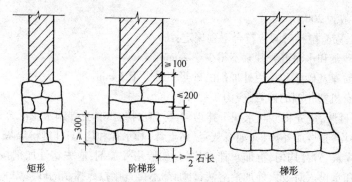

图 3-2　毛石基础(单位:mm)

(2)放出基础轴线及边线,其允许偏差应符合规范规定。

(3)毛石基础砌筑时,第一毛石块应坐浆,并大面向下;料石基础的第一毛石块应丁砌并坐浆。砌体应分皮卧砌,上下错缝,内外搭砌,不得采用先砌外面石块后中间填心的砌筑方法。

(4)石砌体的灰缝厚度:毛料石和粗料石砌体不宜大于 20 mm,细料石砌体不宜大于 5 mm。石块间较大的孔隙应先填塞砂浆后用碎石嵌实,不得采用先放碎石块后灌浆或干填碎石块的方法。

(5)为增加整体性和稳定性,应按规定设置拉结石。

(6)毛石基础的最上一皮及转角处、交接处和洞口处,应选用较大的平毛石砌筑。有高低台的毛石基础,应从低处砌起,并由高台向低台搭接,搭接长度不小于基础高度。

(7)阶梯形毛石基础,上阶的石块应至少压砌下阶石块的 1/2,相邻阶毛石应相互错缝搭接。

(8)毛石基础的转角处和交接处应同时砌筑。如果不能同时砌筑又必须留槎时,应砌成斜槎。基础每天可砌高度应不超过 1.2 m。

(二)砖基础

1. 砖基础构造

砖基础下部通常扩大,称为大放脚。大放脚有等高式和不等高式两种(图 3-3)。等高式大放脚是两皮一收,即每砌两皮砖,两边各收进 1/4 砖长;不等高式大放脚是两皮一收与一皮一收相间隔,即砌两皮砖,收进 1/4 砖长,再砌一皮砖,收进 1/4 砖长,如此往复。在相同底宽

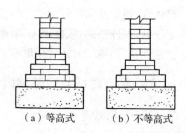

(a)等高式　　(b)不等高式

图 3-3　基础大放脚形式

的情况下,后者可减小基础高度,但为保证基础的强度,底层需用两皮一收砌筑。大放脚的底宽应根据计算而定,各层大放脚的宽度应为半砖长的整倍数(包括灰缝)。

在大放脚下面为基础地基,地基一般用灰土、碎砖三合土或混凝土等。在墙基顶面应设防潮层,防潮层宜用 1:2.5 水泥砂浆加适量的防水剂铺设,其厚度一般为 20 mm,位置在底层室内地面以下一皮砖处,即离底层室内地面下 60 mm 处。

2. 砖基础施工要点

(1)砌筑前,应将地基表面的浮土及垃圾清除干净。

（2）基础施工前，应在主要轴线部位设置引桩，以控制基础、墙身的轴线位置，并从中引出墙身轴线，而后向两边放出大放脚的底边线。在地基转角、交接及高低踏步处预先立好基础皮数杆。

（3）砌筑时，可依皮数杆先在转角及交接处砌几皮砖，然后在其间拉准线砌中间部分。内外墙砖基础应同时砌起，如不能同时砌筑时应留置斜槎，斜槎长度不应小于斜槎高度。

（4）基础底标高不同时，应从低处砌起，并由高处向低处搭接。如设计无要求，搭接长度不应小于大放脚的高度。

（5）大放脚部分一般采用一顺一丁砌筑形式。水平灰缝与竖向灰缝的宽度应控制在10 mm左右，水平灰缝的砂浆饱满度不得小于80%，竖缝要错开。要注意"丁"字及"十"字接头处砖块的搭接，在这些交接处，纵横墙要隔皮砌通。大放脚的最下一皮及每层的最上一皮应以丁砌为主。

（6）基础砌完验收合格后，应及时回填。回填土要在基础两侧同时进行，并分层夯实。

三、砖墙砌筑

（一）砌筑形式

普通砖墙的砌筑形式主要有5种：一顺一丁、三顺一丁、梅花丁、两平一侧和全顺式。

1. 一顺一丁

一顺一丁是一皮全部顺砖与一皮全部丁砖间隔砌成。上下皮竖缝相互错开1/4砖长（图3-4a）。这种砌法效率较高，适用于砌一砖、一砖半及二砖墙。

2. 三顺一丁

三顺一丁是三皮全部顺砖与一皮全部丁砖间隔砌成。上下皮顺砖间竖缝错开1/2砖长；上下皮顺砖与丁砖间竖缝错开1/4砖长（图3-4b）。这种砌法因顺砖较多效率较高，适用于砌一砖、一砖半墙。

3. 梅花丁

梅花丁是每皮中丁砖与顺砖相隔，上皮丁砖坐中于下皮顺砖，上下皮间竖缝相互错开1/4砖长（图3-16c）。这种砌法内外竖缝每皮都能避开，故整体性较好，灰缝整齐，比较美观，但砌筑效率较低。适用于砌一砖及一砖半墙。

4. 两平一侧

两平一侧采用两皮平砌砖与一皮侧砌的顺砖相隔砌成。当墙厚为3/4砖时，平砌砖均为顺砖，上下皮平砌顺砖间竖缝相互错开1/2砖长；上下皮平砌顺砖与侧砌顺砖间竖缝相互1/2砖长。当墙厚为5/4砖长时，上下皮平砌顺砖与侧砌顺砖间竖缝相互错开1/2砖长；上下皮平砌丁砖与侧砌顺砖间竖缝相互错开1/4砖长。这种形式适合于砌筑3/4砖及5/4砖墙。

5. 全顺式

全顺式是各皮砖均为顺砖，上下皮竖缝相互错开1/2砖长。这种形式仅适用于砌半砖墙。

为了使砖墙的转角处各皮间竖缝相互错开，必须在外角处砌七分头砖（3/4砖长）。当采用一顺一丁组砌时，七分头的顺面方向依次砌顺砖，丁面方向依次砌丁砖（图3-5a）。

砖墙的"丁"字接头处,应分皮相互砌通,内角相交处竖缝应错开1/4砖长,并在横墙端头处加砌七分头砖(图3-5b)。

砖墙的"十"字接头处,应分皮相互砌通,交角处的竖缝应相互错开1/4砖长(图3-5c)。

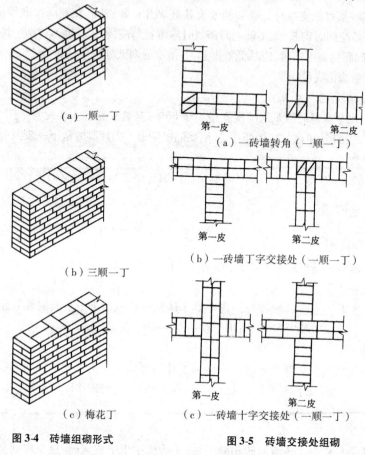

(a)一顺一丁

(b)三顺一丁

(c)梅花丁

图3-4 砖墙组砌形式

第一皮   第二皮

(a)一砖墙转角(一顺一丁)

第一皮   第二皮

(b)一砖墙丁字交接处(一顺一丁)

第一皮   第二皮

(c)一砖墙十字交接处(一顺一丁)

图3-5 砖墙交接处组砌

(二)砌筑工艺

砖墙的砌筑一般有抄平、放线、摆砖、立皮数杆、盘角、挂线、砌筑、勾缝、清理等工序。

1. 抄平、放线

砌墙前先在基础防潮层或楼面上定出各层标高,并用水泥砂浆或C10细石混凝土找平,然后根据龙门板上标志的轴线弹出墙身轴线、边线及门窗洞口位置。二楼以上墙的轴线可以用经纬仪或垂球将轴线引测上去。

2. 摆砖

摆砖,又称摆脚,是指在放线的基面上按选定的组砌方式用干砖试摆。目的是为了校对所放出的墨线在门窗洞口、附墙垛等处是否符合砖的模数,以尽可能减少砍砖,并使砌体灰缝均匀,组砌得当。一般在房屋外纵墙方向摆顺砖,在山墙方向摆丁砖,摆砖由一个大角摆到另一个大角,砖与砖留10 mm缝隙。

3.立皮数杆

皮数杆是指在其上划有每皮砖和灰缝厚度,以及门窗洞口、过梁、楼板等高度位置的一种木制标杆。砌筑时用来控制墙体竖向尺寸及各部位构件的竖向标高,并保证灰缝厚度的均匀性。

皮数杆一般设置在房屋的四大角以及纵横墙的交接处,如果墙面过长时,应每隔10～15 m立一根。皮数杆需用水平仪统一竖立,使皮数杆上的±0.00与建筑物的±0.00相吻合,以后就可以向上接皮数杆。

4.盘角、挂线

墙角是控制墙面横平竖直的主要依据,因此,一般砌筑时应先砌墙角,墙角砖层高度必须与皮数杆相符合,做到"三皮一吊,五皮一靠"。墙角必须双向垂直。

墙角砌好后,即可挂小线,作为砌筑中间墙体的依据,以保证墙面平整,一般一砖墙、一砖半墙可用单面挂线,一砖半墙以上则应用双面挂线。

5.砌筑、勾缝

砌筑操作方法各地不一,但应保证砌筑质量要求。通常采用"三一"砌砖法,即一块砖、一铲灰、一揉压,并随手将挤出的砂浆刮去的砌筑方法。这种砌法的优点是灰缝容易饱满、黏结力好、墙面整洁。

勾缝是砌清水墙的最后一道工序,可以用砂浆随砌随勾缝,叫作原浆勾缝;也可砌完墙后再用1∶1.5水泥砂浆或加色砂浆勾缝,称为加浆勾缝。勾缝具有保护墙面和增加墙面美观的作用,为了确保勾缝质量,勾缝前应清除墙面黏结的砂浆和杂物,并洒水润湿,在砌完墙后,应画出1 cm的灰槽,灰缝可勾成凹、平、斜或凸形状。勾缝完后尚应清扫墙面。

(三)施工要点

全部砖墙应平行砌筑,砖层必须水平,砖层正确位置用皮数杆控制,基础和每楼层砌完后必须校对一次水平、轴线和标高,在允许偏差范围内,其偏差值应在基础或楼板顶面调整。

砖墙的水平灰缝和竖向灰缝宽度一般为10 mm,但不小于8 mm,也不应大于12 mm。水平灰缝的砂浆饱满度不得低于80%,竖向灰缝宜采用挤浆或加浆方法,使其砂浆饱满,严禁用水冲浆灌缝。

砖墙的转角处和交接处应同时砌筑。对不能同时砌筑而又必须留槎时,应砌成斜槎,斜槎长度不应小于高度的2/3(图3-6)。非抗震设防及抗震设防烈度为6度、7度地区的临时间断处,当不能留斜槎时,除转角处外,可留直接,但必须做成凸槎,并加设拉结筋。拉结筋的数量为每120 mm墙厚放置1根$\phi 6$拉结钢筋(120 mm厚墙放置2根$\phi 6$)拉结钢筋,间距沿墙高不应超过500 mm,埋入长度从留槎处算起每边均不应小于500 mm,对抗震设防烈度为6度、7度的地区,不应小于1 000 mm,末端应有90°弯钩(图3-7)。抗震设防地区不得留直槎。

隔墙与承重墙如不同时砌起而又不留成斜槎时,可于承重墙中引出阳槎,并在其灰缝中预埋拉结筋,其构造与上述相同,但每道不少于2根。抗震设防地区的隔墙,除应留阳槎外,还应设置拉结筋。

砖墙接槎时,必须将接槎处的表面清理干净,浇水润湿,并应填实砂浆,保持灰缝平直。

每层承重墙的最上一皮砖、梁或梁垫的下面及挑檐、腰线等处,应是整砖丁砌。

砖墙中留置临时施工洞口时,其侧边离交接处的墙面不应小于 500 mm,洞口净宽度不应超过 1 m。

砖墙相邻工作段的高度差,不得超过一个楼层的高度,也不宜大于 4 m。工作段的分段位置应设在伸缩缝、沉降缝、防震缝或门窗洞口处。砖墙临时间断处的高度差,不得超过一步脚手架的高度。砖墙每天砌筑高度以不超过 1.8 m 为宜。

在下列墙体或部位中不得留设脚手眼:①120 mm 厚墙、料石清水墙和独立柱;②过梁上与过梁呈 60°角的三角形范围及过梁净跨度 1/2 的高度范围内;③宽度小于 1 m 的窗间墙;④砌体门窗洞口两侧 200 mm(石砌体为 300 mm)和转角处 450 mm(石砌体为 600 mm)范围内;⑤梁或梁垫下及其左右 500 mm 范围内;⑥设计不允许设置脚手眼的部位。

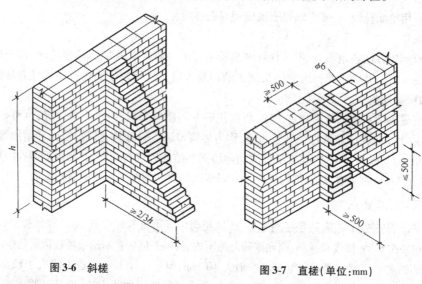

图 3-6　斜槎　　　　　　　　图 3-7　直槎(单位:mm)

四、配筋砌体

配筋砌体是由配置钢筋的砌体作为建筑物主要受力构件的结构。配筋砌体有网状配筋砌体柱、水平配筋砌体墙、砖砌体和钢筋混凝土面层或钢筋砂浆面层组合砌体柱(墙)、砖砌体和钢筋混凝土构造柱组合墙和配筋砌块砌体剪力墙。

(一)配筋砌体的构造要求

配筋砌体的基本构造与砖砌体相同,不再赘述。下面主要介绍构造的不同点。

1. 砖柱(墙)网状配筋的构造

砖柱(墙)网状配筋,是在砖柱(墙)的水平灰缝中配有钢筋网片。钢筋上、下保护层厚度不应小于 2 mm。所用砖的强度等级不低于 MU10,砂浆的强度等级不应低于 M7.5,采用钢筋网片时,宜采用焊接网片,钢筋直径宜采用 3~4 mm;采用连弯网片时,钢筋直径不应大于

8 mm,且网的钢筋方向应互相垂直,沿砌体高度方向交错设置。钢筋网中的钢筋的间距不应大于 120 mm,并不应小于 30 mm;钢筋网片竖向间距,不应大于 5 皮砖,并不应大于 400 mm。

2. 组合砖砌体的构造

组合砖砌体是指砖砌体和钢筋混凝土面层或钢筋砂浆面层的组合砌体构件,有组合砖柱、组合砖壁柱和组合砖墙等。

组合砖砌体构件的面层混凝土强度等级宜采用 C20,面层水泥砂浆强度等级不宜低于 M10,砖强度等级不宜低于 MU10,砌筑砂浆的强度等级不宜低于 M7.5。砂浆面层厚度宜采用 30～45 mm,当面层厚度大于 45 mm 时,其面层宜采用混凝土。

3. 砖砌体和钢筋混凝土构造柱组合墙

组合墙砌体宜用强度等级不低于 MU7.5 的普通砌墙砖与强度等级不低于 M5 的砂浆砌筑。

构造柱截面尺寸不宜小于 240 mm×240 mm,其厚度不应小于墙厚。砖砌体与构造柱的连接处应砌成马牙槎,并应沿墙高每隔 500 mm 设 2 根 $\phi6$ 拉结钢筋,且每边伸入墙内不宜小于 600 mm。柱内竖向受力钢筋一般采用 HPB235 级钢筋,对于中柱,不宜少于 4 根 $\phi12$;对于边柱不宜少于 4 根 $\phi14$,其箍筋一般采用 $\phi6@200$ mm,楼层上下 500 mm 范围内宜采用 $\phi6@100$mm。构造柱竖向受力钢筋应在基础梁和楼层圈梁中锚固。

组合砖墙的施工程序应先砌墙后浇混凝土构造桩。

4. 配筋砌块砌体构造要求

砌块强度等级不应低于 MU10;砌筑砂浆不应低于 Mb7.5;灌孔混凝土不应低于 Cb20。配筋砌块砌体柱边长不宜小于 400 mm;配筋砌块砌体剪力墙厚度连梁宽度不应小于 190 mm。

(二)配筋砌体的施工工艺

配筋砌体施工工艺的弹线、找平、排砖摆底、墙体盘角、选砖、立皮数杆、挂线、留槎等施工工艺与普通砖砌体要求相同,下面主要介绍其不同点。

1. 砌砖及放置水平钢筋

砌砖宜采用"三一"砌砖法,即"一块砖、一铲灰、一揉压",水平灰缝厚度和竖直灰缝宽度一般为 10 mm,但不应小于 8 mm,也不应大于 12 mm。砖墙(柱)的砌筑应达到上下错缝、内外搭砌、灰缝饱满、横平竖直的要求。皮数杆上要标明钢筋网片、箍筋或拉结筋的位置,钢筋安装完毕,并经隐蔽工程验收后方可砌上层砖,同时要保证钢筋上下至少各有 2 mm 保护层。

2. 砂浆(混凝土)面层施工

组合砖砌体面层施工前,应清除面层底部的杂物,并浇水湿润砖砌体表面。砂浆面层施工从下而上分层施工,一般应两次涂抹,第一次是刮底,使受力钢筋与砖砌体有一定保护层;第二次是抹面,使面层表面平整。混凝土面层施工应支设模板,每次支设高度一般为 50～60 cm,并分层浇筑,振捣密实,待混凝土强度达到 30% 以上才能拆除模板。

3. 构造柱施工

构造柱竖向受力钢筋,底层锚固在基础梁上,锚固长度不应小于 $35d$(d 为竖向钢筋直径),并保证位置正确。受力钢筋接长,可采用绑扎接头,搭接长度为 $35d$,绑扎接头处箍筋间距不应大于 200 mm。楼层上下 500 mm 范围内箍筋间距宜为 100。砖砌体与构造柱连接处应砌成马牙槎,从每层柱脚开始,先退后进,每一马牙槎沿高度方向的尺寸不宜超过 300 mm,并沿墙高每隔 500 mm 设 2 根 ϕ6 拉结钢筋,且每边伸入墙内不宜小于 1 m;预留的拉结钢筋应位置正确,施工中不得任意弯折。浇筑构造柱混凝土之前,必须将砖墙和模板浇水湿润(若为钢模板,不浇水,刷隔离剂),并将模板内落地灰、砖碴和其他杂物清理干净。浇筑混凝土可分段施工,每段高度不宜大于 2 m,或每个楼层分两次浇灌,应用插入式振动器,分层捣实。

构造柱钢筋竖向位移不应超过 100 mm,每一马牙槎沿高度方向尺寸不应超过 300 mm。钢筋竖向位移和马牙槎尺寸偏差每一构造柱不应超过 2 处。

五、砌块砌筑

用砌块代替烧结普通砖做墙体材料,是墙体改革的一个重要途径。近几年来,中小型砌块在我国得到了广泛应用。常用的砌块有粉煤灰硅酸盐砌块、混凝土小型空心砌块、煤矸石砌块等。砌块的规格不统一,中型砌块一般高度为 380 ~ 940 mm,长度为高度的 1.5 ~ 2.5倍,厚度为 180 ~ 300 mm,每块砌块的质量为 50 ~ 200 kg。

(一)砌块排列

由于中小型砌块体积较大、较重,不如砖可以随意搬动,多用专门设备进行吊装砌筑,且砌筑时必须使用整块,不像普通砖可随意砍凿,因此,在施工前,须根据工程平面图、立面图及门窗洞口的大小、楼层标高、构造要求等条件,绘制各墙的砌块排列图,以指导吊装砌筑施工。

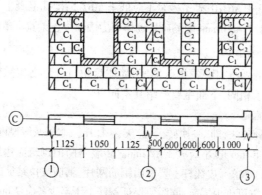

图 3-8 砌块排列图(单位:mm)

砌块排列图按每片纵横墙分别绘制(图 3-8)。其绘制方法是在立面上用 1:50 或 1:30的比例绘出纵横墙,然后将过梁、平板、大梁、楼梯、孔洞等在墙面上标出,由纵墙和横墙高度计算皮数,画出水平灰缝线,并保证砌体平面尺寸和高度是块体加灰缝尺寸的倍数,再按砌块错缝搭接的构造要求和竖缝大小进行排列。对砌块进行排列时,注意尽量以主规格砌块为主,辅助规格砌块为辅,减少镶砖。小砌块墙体应对孔错缝搭砌,搭接长度不应小于90 mm。墙体的个别部位不能满足上述要求时,应在灰缝中设置拉结钢筋或钢筋网片,但竖向通缝仍不得超过两皮小砌块。砌块中水平灰缝厚度一般为 10 ~ 20 mm,有配筋的水平灰缝厚度为 20 ~ 25 mm;竖缝的宽度为 15 ~ 20 mm,当竖缝宽度大于 30 mm 时,应用强度等级不低于 C20 的细石混凝土填实,当竖缝宽度 ≥150 mm 或楼层高不是砌块加灰缝的整数倍时,应用普通砖镶砌。

(二)砌块施工工序

砌块施工的主要工序:铺灰→砌块吊装就位→校正→灌缝→镶砖。

1. 铺灰

砌块墙体所采用的砂浆,应具有良好的和易性,其稠度以 50~70 mm 为宜,铺灰应平整饱满,每次铺灰长度一般不超过 5 m,炎热天气及严寒季节应适当缩短。

2. 砌块吊装就位

砌块安装通常采用两种方案:

(1)以轻型塔式起重机进行砌块、砂浆的运输,以及楼板等预制构件的吊装,由台灵架吊装砌块。

(2)以井架进行材料的垂直运输、杠杆车进行楼板吊装,所有预制构件及材料的水平运输则用砌块车和劳动车,台灵架负责砌块的吊装,前者适用于工程量大或两幢房屋对翻流水的情况,后者适用于工程量小的房屋。

砌块的吊装一般按施工段依次进行,其次序为先外后内,先远后近,先下后上,在相邻施工段之间留阶梯形斜槎。吊装时应从转角处或砌块定位处开始,采用摩擦式夹具,按砌块排列图将所需砌块吊装就位。

3. 校正

砌块吊装就位后,用托线板检查砌块的垂直度,拉准线检查水平度,并用撬棍、楔块调整偏差。

4. 灌缝

竖缝可用夹板在墙体内外夹住,然后灌砂浆,用竹片插或铁棒捣,使其密实。当砂浆吸水后用刮缝板把竖缝和水平缝刮齐。灌缝后,一般不应再撬动砌块,以防损坏砂浆黏结力。

5. 镶砖

当砌块间出现较大竖缝或过梁找平时,应镶砖。镶砖砌体的竖直缝和水平缝应控制在 15~30 mm 以内。镶砖工作应在砌块校正后即刻进行,镶砖时应注意使砖的竖缝灌密实。

(三)砌块砌体质量检查

砌块砌体质量应符合下列规定:

(1)砌块砌体砌筑的基本要求与砖砌体相同,但搭接长度不应少于 150 mm。

(2)外观检查应达到:墙面清洁,勾缝密实,深浅一致,交接平整。

(3)经试验检查,在每一楼层或 250 m³ 砌体中,一组试块(每组 3 块)同强度等级的砂浆或细石混凝土的平均强度不得低于设计强度最低值,对于砂浆不得低于设计强度的 75%;对于细石混凝土不得低于设计强度的 85%。

(4)预埋件、预留孔洞的位置应符合设计要求。

六、填充墙砌体工程施工

在框架结构的建筑中,墙体一般只起围护与分隔的作用,常用体轻、保温性能好的烧结空心砖或小型空心砌块砌筑,其施工方法与施工工艺与一般砌体施工有所不同。

砌体和块体材料的品种、规格、强度等级必须符合图纸设计要求,规格尺寸应一致,质量等级必须符合标准要求,并应有出厂合格证明、试验报告单;蒸压加气混凝土砌块和轻骨料混凝土小型砌块砌筑时的产品龄期应超过28 d。蒸压加气混凝土砌块和轻骨料混凝土小型砌块应符合《建筑放射性核素限量》的规定。

填充墙砌体应在主体结构及相关分部已施工完毕,并经有关部门验收合格后进行。砌筑前,应认真熟悉图纸以及相关构造及材料要求,核实门窗洞口位置和尺寸,计算出窗台及过梁圈梁顶部标高,并根据设计图纸及工程实际情况,编制出专项施工方案和施工技术交底。填充墙砌体施工工艺及要求有如下几点。

1. 基层清理

在砌筑砌体前应对基层进行清理,将基层上的浮浆灰尘清扫干净并浇水湿润。块材的湿润程度应符合规范及施工要求。

2. 施工放线

放出每一楼层的轴线、墙身控制线和门窗洞的位置线。在框架柱上弹出标高控制线以控制门窗上的标高及窗台高度。施工放线完成,经过验收合格后,方能进行墙体施工。

3. 墙体拉结钢筋

(1)墙体拉结钢筋有多种留置方式,目前主要采用预埋钢板再焊接拉结筋、用膨胀螺栓固定先焊在铁板上的预留拉结筋以及采用植筋方式埋设拉结筋等方式。

(2)采用焊接方式连接拉结筋,单面搭接焊的焊缝长度应不小于10倍钢筋直径,双面搭接焊的焊缝长度应不小于5倍钢筋直径。焊接不应有边、气孔等质量缺陷,并进行焊接质量检查验收。

(3)采用植筋方式埋设拉结筋,埋设的拉结筋位置较为准确,操作简单不伤结构,但应通过抗拔试验。

4. 构造柱钢筋

在填充墙施工前应先将构造柱钢筋绑扎完毕,构造柱竖向钢筋与原结构上预留插孔的搭接绑扎长度应满足设计要求。

5. 立皮数杆、排砖

(1)在皮数杆上标出砌块的皮数及灰缝厚度,并标出窗、洞及墙梁等构造标高。

(2)根据要砌筑的墙体长度、高度试排砖,摆出门、窗及孔洞的位置。

(3)外墙壁第一皮砖撂底时,横墙应排丁砖,梁及梁垫的下面一皮砖、窗台台阶水平面上一皮应用丁砖砌筑。

6. 填充墙砌筑

1)拌制砂浆

(1)砂浆配合比应用质量比,计量精度为水泥±2%,砂及掺合料±5%,砂应计入其含水量对配料的影响。

(2)宜用机械搅拌,投料顺序为砂→水泥→掺合料→水,搅拌时间不少于2 min。

(3)砂浆应随拌随用,水泥或水泥混合砂浆一般在拌合后3~4 h内用完,气温在30 ℃以上时,应在2~3 h内用完。

2)砖或砌块应提前1~2 d浇水湿润

湿润程度以达到水浸润砖体深度 15 mm 为宜,含水率为 10% ~ 15%。不宜在砌筑时临时浇水,严禁干砖上墙,严禁在砌筑后向墙体洒水。蒸压加气混凝土砌块因含水率大于35%,只能在砌筑时洒水湿润。

3)砌筑墙体

(1)砌筑蒸压加气混凝土砌块和轻骨料混凝土小型空心砌块填充墙时,墙底部应砌200 mm高烧结普通砖、多孔砖或普通混凝土空心砌块或浇筑 200 mm 高混凝土坎台,混凝土强度等级宜为 C20。

(2)填充墙砌筑必须内外搭接、上下错缝、灰缝平直、砂浆饱满。操作过程中要经常进行自检,如有偏差,应随时纠正,严禁事后采用撞砖纠正。

(3)填充墙砌筑时,除构造柱的部位外,墙体的转角处和交接处应同时砌筑,严禁无可靠措施的内外墙分砌施工。

(4)填充墙砌体的灰缝厚度和宽度应正确。空心砖、轻骨料混凝土小型空心砌块的砌体灰缝应为 8 ~ 12 mm,蒸压加气混凝土砌块砌体的水平灰缝厚度、竖向灰缝宽度分别为15 mm和 20 mm。

(5)墙体一般不留槎,如必须留置临时间断处,应砌成斜槎,斜槎长度不应小于高度的2/3。施工时不能留成斜槎时,除转角处外,可于墙中引出直凸槎(抗震设防地区不得留直槎)。直槎墙体每间隔高度≤500 mm,应在灰缝中加设拉结钢筋,拉结筋数量按 120 mm 墙厚放 1 根 φ6 的钢筋,埋入长度从墙的留槎处算起,两边均不应小于 500 mm,末端应有 90°弯钩。拉结筋不得穿过烟道和通气管。

(6)砌体接槎时,必须将接槎处的表面清理干净,浇水湿润,并应填实砂浆,保持灰缝平直。

(7)填充墙砌至近梁、板底时,应留一定空隙,待填充墙砌筑完并间隔 7 d 后,再将其补砌挤紧。

(8)木砖预埋:木砖经防腐处理,木纹应与钉子垂直,埋设数量按洞口高度确定;洞口高度≤2 m,每边放 2 块,高度在 2 ~ 3 m 时,每边放 3 ~ 4 块。预埋木砖的部位一般在洞口上下4 皮砖处开始,中间均匀分布或按设计预埋。

(9)设计墙体上有预埋、预留的构造,应随砌随留随复核,确保位置正确构造合理。不得在已砌筑好的墙体中打洞。墙体砌筑中,不得搁置脚手架。

(10)凡穿过砌块的水管,应严格防止渗水、漏水。在墙体内敷设暗管时,只能垂直埋设,不得水平开槽,敷设应在墙体砂浆达到强度后进行。混凝土空心砌块预埋管应提前专门做有预埋槽的砌块,不得墙上开槽。

(11)加气混凝土砌块切锯时应用专用工具,不得用斧子或瓦刀任意砍劈,洞口两侧应选用规则整齐的砌块砌筑。

7. 构造柱、圈梁

(1)有抗震要求的砌体填充墙按设计要求应设置构造柱、圈梁,构造柱的宽度由设计确定,厚度一般与墙壁等厚,圈梁宽度与墙等宽,高度不应小于 120 mm。圈梁、构造柱的插筋宜优先预埋在结构混凝土构件中或后植筋,预留长度符合设计要求。构造柱施工时按要求应留设马牙槎,马牙槎宜先退后进,进退尺寸不小于 60 mm,高度不宜超过 300 mm。当设计无要求时,构造柱应设置在填充墙的转角处、T 形交接处或端部;当墙长大于 5 m 时,应间隔设置。圈梁宜设在填充墙高度中部。

（2）支设构造柱、圈梁模板时，宜采用对拉栓式夹具，为了防止模板与砖墙接缝处漏浆，宜用双面胶条黏结。构造柱模板根部应留垃圾清扫孔。

（3）在浇灌构造柱、圈梁混凝土前，必须向柱或梁内砌体和模板浇水湿润，并将模板内的落地灰清除干净，先注入适量水泥砂浆，再浇灌混凝土。振捣时，振捣器应避免触碰墙体，严禁通过墙体传振。

第三节　砌体的冬期施工

当室外日平均气温连续 5 d 稳定低于 5 ℃时，砌体工程应采取冬期施工措施，并应在气温突然下降时及时采取防冻措施。

冬期施工所用的材料应符合如下规定：

（1）砖和石材在砌筑前，应清除冰霜，遭水浸冻后的砖或砌块不得使用。

（2）石灰膏、黏土膏和电石膏等应防止受冻，如遭冻结，应经融化后使用。

（3）拌制砂浆所用的砂，不得含有冰块和直径大于 10 mm 的冰结块。

（4）冬期施工不得使用无水泥配制的砂浆，砂浆宜采用普通硅酸盐水泥拌制，拌和砂浆宜采用两步投料法。水的温度不得超过 80 ℃，砂的温度不得超过 40 ℃。砂浆使用温度应符合表 3-2 的规定。

表 3-2　冬期施工砂浆使用温度

冬期施工方法		砂浆使用温度
掺外加剂法		≥ +5 ℃
氯盐砂浆法		
暖棚法		
冻结法	室外空气温度	
	0 ~ −10 ℃	≥ +10 ℃
	−11 ~ −25 ℃	≥ +15 ℃
	< −25 ℃	≥ +20 ℃

普通砖、多孔砖和空心砖在正温度条件下砌筑应适当浇水润湿；在负温度条件下砌筑时，可不浇水，但必须增大砂浆的稠度。

冬期施工砌体基础时还应注意基土的冻胀性。当基土无冻胀性时，地基冻结还可以进行基础的砌筑，但当基土有冻胀性时，应在未冻胀的地基土上砌筑。在施工期间和回填土前，还应防止地基遭受冻结。

砌体工程的冬期施工可以采用掺盐砂浆法。但对配筋砌体、有特殊装饰要求的砌体、处于潮湿环境的砌体、有绝缘要求的砌体以及经常处于地下水位变化范围内又无防水措施的砌体不得采用掺盐砂浆法，可采用掺外加剂法、暖棚法、冻结法等冬期施工方法。当采用掺盐砂浆法施工时，砂浆的强度宜比常温下设计强度提高一级。

冬期施工中,每日砌筑后应及时在砌体表面覆盖保温材料。

思 考 题 ○ ○ ○

1. 常用的建筑材料有哪些基本要求?

2. 简述砖、砌体的砌筑施工工艺。

3. 砖、石砌体的砌筑质量有何要求?

4. 砌体结构中,砂浆的作用是什么? 砂浆有哪些种类,适用范围如何?

5. 砖的砌筑工序中,为什么要在砌筑前摆砖样? 皮数杆的作用是什么? 什么是"三一"砌砖法? 为什么要推广这种砌筑工艺?

6. 如何绘制砌块排列图? 简述砌块的施工工艺。

7. 砌体的冬期施工要注意哪些问题?

第四章　混凝土结构工程

混凝土结构工程是指按设计要求将钢筋和混凝土两种材料,利用模板浇制而成的各种形状和大小的构件或结构。混凝土系水泥、粗骨料、水和外加剂按一定比例拌合而成的混合物,经硬化后而形成的一种人造石。钢筋混凝土结构是我国应用最广的一种结构形式,因此,在建筑施工领域里钢筋混凝土工程无论在人力、物资消耗和对工期的影响方面都占有极其重要的地位。

第一节　模 板 工 程

现浇混凝土结构施工用的模板是使混凝土构件按设计的几何尺寸浇筑成型的模型板,是混凝土构件成型的一个十分重要的组成部分。模板系统包括模板和支架两部分。模板的选材和构造的合理性,以及模板制作和安装的质量,都直接影响混凝土结构和构件的质量、成本和进度。

一、模板的基本要求与分类

1. 模板的基本要求

现浇混凝土结构施工用的模板要承受混凝土结构施工过程中的水平荷载(混凝土的侧压力)和竖向荷载(模板自重、结构材料的质量和施工荷载等)。为了保证钢筋混凝土结构施工的质量,对模板及其支架有如下要求:

(1)保证工程结构和构件各部分形状、尺寸和相互位置的正确。

(2)具有足够的强度、刚度和稳定性,能可靠地承受新浇混凝土的重力和侧压力,以及在施工过程中所产生的荷载。

(3)构造简单,装拆方便,并便于钢筋的绑扎与安装,符合混凝土的浇筑及养护等工艺要求。

(4)模板接缝应严密,不得漏浆。

2. 模板的分类

现浇混凝土结构用模板工程的造价约占钢筋混凝土工程总造价的30%,总用工量的50%。因此,采用先进的模板技术,对于提高工程质量、加快施工速度、提高劳动生产率、降低工程成本和实现文明施工,都具有十分重要的意义。混凝土新工艺的出现,大都伴随模板的革新,随着建设事业的飞速发展,现浇混凝土结构所用模板技术已迅速向工具化、定型化、多样化、体系化方向发展,除木模外,已形成组合式、工具式、永久式三大系列工业化模板体系。

模板有以下几种分类方法:

（1）按其所用的材料，分为木模板、钢模板和其他材料模板（胶合板模板、塑料模板、玻璃钢模板、压型钢模、钢木（竹）组合模板、装饰混凝土模板、预应力混凝土薄板等）。

（2）按施工方法，模板分为拆移式模板和活动式模板。拆移式模板由预制配件组成，现场组装，拆模后稍加清理和修理可再周转使用，常用的木模板和组合钢模板以及大型的工具式定型模板，如大模板、台模、隧道模等皆属拆移式模板。活动式模板是指按结构的形状制作成工具式模板，组装后随工程的进展而进行垂直或水平移动，直至工程结束才拆除，如滑升模板、提升模板、移动式模板等。

现浇混凝土结构中采用高强、耐用、定型化、工具化的新型模板，有利于多次周转使用，安拆方便，是提高工程质量、降低成本、加快进度、取得较好的经济效益的重要的施工措施。

二、模板的构造

（一）组合式模板

组合式模板，是指适用性和通用性较强的模板，用它进行混凝土结构成型，既可按照设计要求先进行预拼装整体安装、整体拆除，也可采取散支散拆的方法，工艺灵活简便。常用的组合式模板有以下几种。

1. 木模板

木模板通常事先由工厂或木工棚加工成拼板或定型板形式的基本构件，再把它们进行拼装形成所需要的模板系统。拼板一般用宽度小于 200 mm 的木板，再用 25 mm×35 mm 的拼条钉成，由于使用位置不同，荷载差异较大，拼板的厚度也不一致。作梁侧模使用时，荷载较小，一般采用 25 mm 厚的木板制作；做承受较大荷载的梁底模使用时，拼板厚度加大到 40～50 mm。拼板的尺寸应与混凝土构件的尺寸相适应，同时考虑拼接时相互搭接的情况，应对一部分拼板增加长度或宽度。对于木模板，设法增加其周转次数是十分重要的。

2. 组合钢模板

组合钢模板系统由两部分组成：一是模板部分，包括平面模板、转角模板及将它们连接成整体模板的连接件；二是支承件，包括梁卡具、柱箍、桁架、支柱、斜撑等。

钢模板由边框、面板和纵横肋组成。边框和面板常采用 2.5～3.0 mm 厚的钢板轧制而成，纵横肋则采用 3 mm 厚扁钢与面板及边框焊接而成。钢模的厚度均为 55 mm。为便于钢模之间的连接，边框上都有连接孔，且无论长短孔距均保持一致，以便拼接顺利。组合钢模板的规格见表 4-1。

表 4-1　组合钢模板规格　　　　　　　　　　　　　　　　　　mm

规格	平面模板	阴角模板	阳角模板	连接角膜
宽度	600,550,500,450,400,350 300,250,200,150,100	150×150 50×50	150×150 50×50	50×50
长度	1800,1500,1200,900,750,600,450			
肋高	55			

组合钢模板有尺寸适中、组装灵活、加工精度高、接缝严密、尺寸准确、表面平整、强度和刚度好、不易变形等优点,使用寿命长。如果保养良好可周转使用100次以上,可以拼出各种形状和尺寸,以适应多种类型建筑物的柱、梁、板、墙、基础和设备基础等模板的需要,它还可拼成大模板、台模等大型工具式模板。但组合钢模板也有一些不足之处:一次投资大,模板需周转使用50次才能收回成本。

3. 钢框木(竹)胶合板模板

钢框木(竹)胶合板模板,是以热轧异型钢为钢框架,以木、竹胶合板等作面板,而组合成的一种组合式模板。制作时,面板表面应作一定的防水处理,模板面板与边框的连接构造有明框型和暗框型两种。明框型的框边与面板平齐,暗框型的边框位于面板之下。

钢框木(竹)胶合板模板的规格最长为2400 mm,最宽为1200 mm。因此,它和组合钢模板相比具有以下特点:自重轻(比组合钢模板约轻1/3);用钢量少(比组合钢模板约少1/2);单块模板面积大(比相同质量的单块组合钢模板可增大40%),故拼装工作量小,可以减少模板的拼缝,有利于提高混凝土结构浇筑后的表面质量;周转率高,板面为双面覆膜,可以两面使用,使周转次数可达50次以上;保温性能好,板面材料的热传导率仅为组合钢模板的1/400左右,故有利于冬期施工;模板维修方便,面板损伤后可用修补剂修补;施工效果好,模板刚度大,表面平整光滑附着力小,支拆方便。

4. 无框模板

无框模板主要由面板、纵肋、边肋3个主要构件组成。这3种构件均为定型构件,可以灵活组合,适用于各种不同平面和高度的建筑物、构筑物模板工程,具有广泛的通用性能。横向围檩,一般可采用 $\phi 48 \times 3.5$ 钢管和通用扣件在现场进行组装,可组装成精度较高的整装、整拆的片模。施工中模板损坏时,可在现场更换。

面板有覆膜胶合板、覆膜高强竹胶合板和覆膜复合板3种面板。基本面板共有4种规格:1200 mm×2400 mm,900 mm×2400 mm,600 mm×2400 mm,150 mm×2400 mm。基本面板按受力性能带有固定拉杆孔位置,并镶嵌强力PVC塑胶加强套。纵肋采用Q235热轧钢板在专用设备上一次压制成型,为了提高纵肋的耐用性能和便于清理,表面采用耐腐蚀的酸洗除锈后喷塑工艺,它是无框模板主要受力构件。纵肋的高度有45 mm(承受侧压力为60 kN/m²)和70 mm(承受侧压力为100 kN/m²)两种,纵肋按建筑物、构筑物不同层高需要,有2700 mm,3000 mm,330 mm,3600 mm,3900 mm五种不同长度。边肋是无框模板组合时的联结构件,用热轧钢板折弯成形,表面采用酸洗除锈喷塑处理。边肋的高度和长度同纵肋。

(二)大模板

大模板一般是一面墙面用一块模板的大型工具式模板,其装拆均需机械化施工,是目前我国高层建筑施工中用得最多的一种模板。大模板建筑具有整体性好、抗震性强、机械化施工程度高等优点,并可在模板上设置不同衬模形成不同的花纹、线形与图案。但也存在着通用性差、钢材用量较大等缺点。

1.常用大模板的结构类型

1)全现浇的大模板建筑

内外墙全用大模板现浇钢筋混凝土墙体。结构整体性好,但外墙模板支设复杂,工期长。

2)内浇外挂大模板建筑

内墙采用大模板现浇钢筋混凝土墙体,外墙采用预制装配式大型墙板。

3)内浇外砌大模板建筑

内墙采用大模板现浇钢筋混凝土墙体,外墙为砖或砌块砌体。

以上3种结构类型的楼板可采用现浇楼板、预制楼板或叠合板。

2.大模板的构造

大模板是由面板、加劲肋、竖棱、支撑桁架、稳定机构和附件组成的(图4-1)。

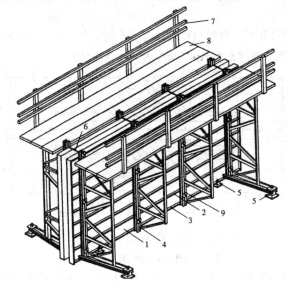

1—面板;2—水平加劲肋;3—支撑桁架;4—竖肋;
5—调整用的千斤顶螺旋;6—卡具;7—栏杆;8—脚手板;9—穿墙螺栓

图4-1　大模板构造

1)面板

面板常用钢板或胶合板制成,表面平整光滑,并应有足够的刚度,拆模后墙表面可不再抹灰。胶合板可刻制装饰图案,可以减少后期的装饰工作量。

2)加劲肋

加劲肋的作用是固定模板,保证模板的刚度并将力传递到竖棱上去,面板若按单向板设计则只有水平(或垂直)加劲肋,若按双向板设计则水平和垂直方向均有加劲肋。加劲肋一般用 L65 角钢或 65 槽钢制作,加劲肋与钢面板焊接固定。加劲肋间距一般为 300 ~

500 mm,计算简图为以竖棱为支点的连续梁。

3)竖棱

竖棱的作用是保证模板刚度,并作为穿墙螺栓的固定点,承受模板传来的水平力和垂直力,一般用背靠背的 2 根 $\phi 65$ 或 $\phi 80$ 的槽钢制作,间距为 $1 \sim 1.2$ m,其计算简图是以穿墙螺栓为支点的连续梁。

4)支撑桁架

支撑桁架的作用是承受水平荷载,防止模板倾覆。桁架用螺栓或焊接方法与竖棱连接起来。

5)稳定机构

稳定机构的作用是调整模板的垂直度,并保证模板的稳定性。一般通过调整桁架底部的螺钉以达到调整模板垂直度的目的。

6)穿墙螺栓

穿墙螺栓的主要作用是承受竖棱传来的混凝土侧压力并控制模板的间距。为保证抽拆方便,穿墙螺栓外部套一根硬塑料管,其长度为墙体厚度(图 4-2)。

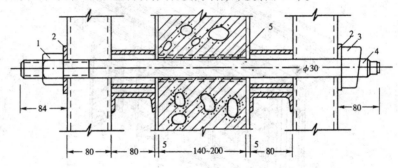

1—螺母;2—垫板;3—板销;4—螺杆;5—套管

图 4-2　穿墙螺栓的连接构造(单位:mm)

内墙相对的两块平模是靠穿墙螺栓固定位置,顶部的穿墙螺栓可用卡具代替。

外墙的外侧模板位置可利用槽钢将其悬挂在内侧模板上(图 4-3),也可安装在附墙脚手架上(图 4-4)。

大模板在安装之前放置时,应注意其稳定性,设计模板时应考虑其自稳角度的计算,应避免因高空作业、风力造成模板倾覆伤人。

3.大模板的组合方案

根据不同的结构体系可采取不同的大模板组合方案,对内浇外挂或内浇外砌结构体系多采用平模方案,即一面墙用一块平模。对内外墙全现

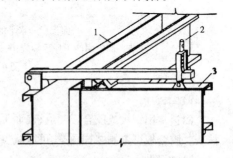

1—外墙的外模;2—外墙的内模;3—内模墙板

图 4-3　悬挂式外模

浇结构体系可采用小角模方案,即平模为主,转角处用 L100 × 10 角钢为小角模(图 4-5),亦可采用大角模方案,即内模板采用 4 个大角模,或大角模中间配以小平模的形式(图 4-6)。

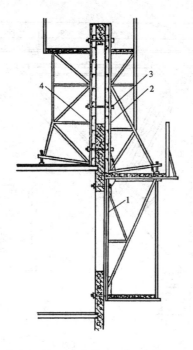

1—附墙脚手架;2—外模;3—穿墙螺栓;4—内模

图4-4　外模板支撑在附墙脚手架上

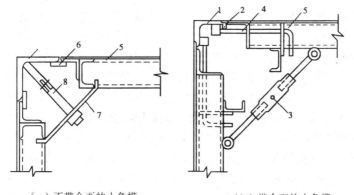

（a）不带合页的小角模　　　　（b）带合页的小角模

1—小角模;2—合页;3—花篮螺钉;4—转动铁拐;

5—平模;6—偏铁;7—压板;8—转动拉杆

图4-5　小角模构造示意图

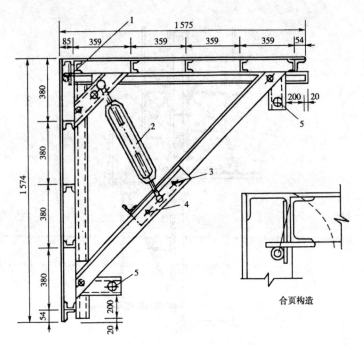

1—合页;2—花篮螺钉;3—固定销子;4—活动销子;5—调整用螺旋千斤顶

图4-6　大角模构造示意图(单位:mm)

(三)滑升模板

滑升模板是一种工具式模板,最适于现场浇筑高耸的圆形、矩形、筒壁结构。如筒仓、储煤塔、竖井等。近年来,滑升模板施工技术有了进一步的发展,不但适用浇筑高耸的变截载面结构,如烟囱、双曲线冷却塔,而且应用于剪力墙、筒体结构等高层建筑的施工。

滑升模板施工的特点,是在建筑物或构筑物底部,沿其墙、柱、梁等构件的周边组装高1.2 m左右的模板。随着在模板内不断向浇筑混凝土和不断向上绑扎钢筋的同时,利用一套提升设备,将模板装置不断向上提升,使混凝土连续成型,直到需要浇筑的高度为止。

用滑升模板可以节约大量的模板和脚手架,节省劳动力,施工速度快,工程费用低,结构整体性好,但模板一次投资多,耗钢量大,对建筑的立面和造型有一定的限制。

滑升模板是由模板系统、操作平台系统和提升机具系统三部分组成。模板系统包括模板、围圈和提升架等,它的作用主要是成型混凝土。操作平台系统包括操作平台、辅助平台和外吊脚手架等,是施工操作的场所。提升机具系统包括支撑杆、千斤顶和提升操纵装置等,是滑升的动力。这三部分通过提升架连成整体,构成整套滑升模板装置,如图4-7所示。

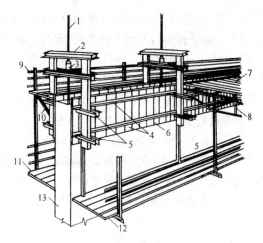

1—支撑杆;2—提升架;3—液压千斤顶;4—围圈;5—围圈支托;
6—模板;7—操作平台;8—平台桁架;9—栏杆;10—外排三角架;
11—外吊脚手;12—内吊脚手;13—混凝土墙体

图4-7 滑升模板组成示意图

滑升模板装置的全部荷载是通过提升架传递给千斤顶,再由千斤顶传递给支撑杆承受。

千斤顶是使滑升模板装置沿支撑杆向上滑升的主要设备,形式很多,目前常用的是HQ-30型液压千斤顶,其主要由活塞、缸筒、底座、上卡头、下卡头和排油弹簧等部件组成(图4-8)。它是一种穿心式单作用液压千斤顶,支撑杆从千斤顶的中心通过,千斤顶只能沿支撑杆向上爬升,不能下降。起重质量为30 kN,工作行程为30 mm。

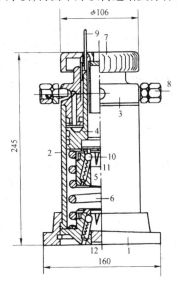

1—底座;2—缸筒;3—缸盖;4—活塞;
5—上卡头;6—排油弹簧;7—行程调整帽;
8—油嘴;9—行程指示杆;10—钢球;
11—卡头小弹簧;12—下卡头

图4-8 HQ-30液压千斤顶(单位:mm)

施工时,用螺栓将千斤顶固定在提升架的横梁上,支撑杆插入千斤顶的中心孔内。由于千斤顶的上、下卡头中分别有7个小钢球,在卡内呈环状排列,支撑在7个斜孔内的卡头小弹簧上,当支撑杆插入时,即被上、下卡头的钢珠夹紧。当需要提升时,开动油泵,将油液从千斤顶的进油口压入油缸,在活塞与缸盖间加压,这时油液下压活塞,上压缸盖。由于活塞与上卡头是连成一体的,所以当活塞受油压作用被下压时,即上卡头受到下压力的作用,产生下滑趋势,此时卡头内钢球在支撑杆的摩擦力作用下便沿斜孔向上滚动,使7个钢球所组成的圆周缩小,从而夹紧支撑杆,使上卡头与支撑杆锁紧,不能向下运动,因此活塞也不能向下运动。与此同时缸盖受到油液上压力的作用,使下卡头受到一向上的力的作用,须向上运动,因而使下卡头内的钢球在支撑杆摩擦力作用下压缩卡头小弹簧,沿斜孔向下滚动,使 7 个钢球所组成的圆周扩大,下卡头与支撑杆松脱,从而缸盖、缸筒、底座和下卡头在油压力作用下向上运动,相应地带动提升架等整个滑升模板装置上升,一直上升到下卡头顶紧时为止,这样千斤顶便上升了一个工作行程。这时排油弹簧呈压缩状态,上卡头锁住支撑杆,承受滑升模板装置的全部荷载。回油时,油液压力被解除,在排油弹簧和模板装置荷载作用下,下卡头又由于小钢球的作用与支撑杆锁紧,接替并支撑上卡头所承受的荷载,因而缸筒和底座不能下降。上卡头则由于排油弹簧的作用使支撑杆松脱,并与活塞一起被推举向上运动,直到活塞与缸盖顶紧为止,与此同时,油缸内的油液便被排回油箱。这时千斤顶便完成一次上升循环。一个工作循环中千斤顶只上升一次,行程约 30 mm。回油时,千斤顶不上升,也不下降。通过不断地进油重复工作循环,千斤顶也就沿着支撑杆向上爬升,模板被带着不断向上滑升。

液压千斤顶的进油、回油是由油泵、油箱、电动机、换向阀、溢流阀等集中安装在一起的液压控制台操纵进行的。液压控制台放在操作平台上,随滑升模板装置一起同时上升。

(四)爬升模板

爬升模板简称爬模,是施工剪力墙和筒体结构的混凝土结构高层建筑和桥墩、桥塔等的一种有效的模板体系,我国已推广应用。由于模板能自爬,不需起重运输机械吊运,减少了施工中的起重运输机械的工作量,能避免大模板受大风的影响。由于自爬的模板上还可悬挂脚手架,所以可省去结构施工阶段的外脚手架,因此其经济效益较好。

爬模分为有爬架爬模和无爬架爬模两类。有爬架爬模由爬升模板、爬架和爬升设备 3 部分组成(图 4-9)。

爬架是格构式钢架,用来提升外爬模,由下部附墙架和上部支撑架两部分组成,总高度应大于每次爬升高度的 3 倍。附墙架用螺栓固定在下层墙壁上;上部支撑架高度大于两层模板的高度,坐落在附墙架上,与之成为整体。支撑架上端有挑横梁,用以悬吊提升爬升模板用的提升动力机构(如手拉葫芦、千斤顶等),通过提升动力机构提升模板。

模板顶端装有提升外爬架用的提升动力,在模板固定后,通过它提升爬架。由此,爬架与模板

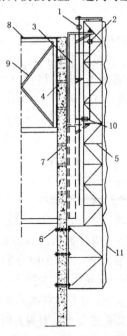

1—提升外模板的动力机构;2—提升外爬架
的动力机构;3—外爬升模板;4—预留孔;
5—外爬架(包括支撑架和附墙架);
6—螺栓;7—外墙;8—楼板模板;
9—楼板模板支撑;10—模板校正器;
11—安全网

图 4-9 有爬架爬模

相互提升,向上施工。爬升模板的背面还可悬挂外脚手架。

提升动力可为手拉葫芦、电动葫芦或液压千斤顶和电动千斤顶。手拉葫芦简单易行,由人力操纵。例如,用液压千斤顶,则爬架、爬升模板各用一台油泵供油。爬杆用 φ25 圆钢,用螺帽和垫板固定在模板或爬架的挑横梁上。

桥墩和桥塔混凝土浇筑用的模板,也可用有爬架的爬模,如桥墩和桥塔为斜向的,则爬架与爬升模板也应斜向布置,进行斜向爬升以适应桥墩和桥塔的倾斜及截面变化的需要。

无爬架爬模取消了爬架,模板由甲、乙两类模板组成。爬升时,两类模板间隔布置、互为依托,通过提升设备使两类相邻模板交替爬升。

甲、乙两类模板中,甲型模板为窄板,高度大于两个提升高度;乙型模板按混凝土浇筑高度配置,与下层墙体应有搭接,以免漏浆。两类模板交替布置,甲型模板布置在转角处,或较长的墙中部。内、外模板用对销螺栓拉结固定。

爬升装置由三角爬架、爬杆和液压千斤顶组成。三角爬架插在模板上口两端的套筒内,套筒与背棱连接,三角爬架可自由回转,用以支撑爬杆。爬杆为 φ25 mm 的圆钢,上端固定在三角爬架上。每块模板上装有两台液压千斤顶,乙型模板装在模板上口两端,甲型模板安装在模板中间偏上处。

爬升时,先放松穿墙螺栓,并使墙外侧的甲型模板与混凝土脱离。调整乙型模板上三角爬架的角度,装上爬杆,爬杆下端穿入甲型模板中间的液压千斤顶中,然后拆除甲型模板的穿墙螺栓,起动千斤顶将甲型模板爬升至预定高度,待甲型模板爬升结束并固定后,再用甲型模板爬升乙型模板(图 4-10)。

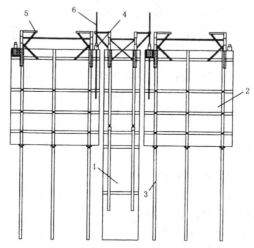

1—甲型模板;2—乙型模板;3—背棱;
4—液压千斤顶;5—三角爬架;6—爬杆
图 4-10 无爬架爬模的构造

(五)其他模板

近年来,随着各种土木工程和施工机械化的发展,新型模板不断出现,除前文所述外,国内外目前常用的还有下述几种模板。

1. 台模(飞模、桌模)

台模是一种大型工具式模板,主要用于浇筑平板式或带边梁的水平结构,如用于建筑施工的楼面模板,它是一个房间用一块台模,有时甚至更大。按台模的支撑形式分为支腿式(图4-11)和无支腿式两类。前者又有伸缩式支腿和折叠式支腿之分;后者是悬架于墙上或柱顶,故也称悬架式。支腿式台模由面板(胶合板或钢板)、支撑框架、檩条等组成。支撑框架的支腿底部一般带有轮子,以便移动。浇筑后待混凝土达到规定强度,落下台面,将台模推出墙面放在临时挑台上,再用起重机整体吊运至上层或其他施工段。亦可不用挑台,推出墙面后直接吊运。

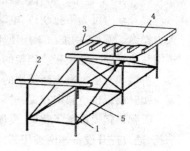

1—支腿;2—可伸缩的横梁;
3—檩条;4—面板;5—斜撑

图4-11 台模

2. 隧道模

隧道模是用于可以同时整体浇筑竖向结构和水平结构的大型工具式模板,用于建筑物墙与楼板的同步施工,它能将各开间沿水平方向逐段整体浇筑,故施工的结构整体性好,抗震性能好,施工速度快。但模板的一次性投资大,模板起吊和转运需较大的起重机。

隧道模有全隧道模(整体式隧道模)和双拼式隧道模(图4-12)两种。前者自重大,推移时多需铺设轨道,目前逐渐少用。后者由两个半隧道模对拼而成,两个半隧道模的宽度可以不同,再增加一块插板,即可以组合成各种开间需要的宽度。

混凝土浇筑后强度达到 7 N/mm^2 左右,即可先拆除半边的隧道模,推出墙面放在临时挑台上,再用起重机转运至上层或其他施工段。拆除模板处的楼板临时用竖撑加以支撑,再养护一段时间(视气温和养护条件而定),待混凝土强度约达到 20 N/mm^2 以上时,再拆除另一半边的隧道模,但保留中间的竖撑,以减小施工期间楼板的弯矩。

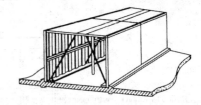

图4-12 隧道模

3. 永久式模板

永久式模板是一些在施工时起模板作用而在浇筑混凝土后又是结构本身组成部分之一的预制模板。目前国内外常用的有异形(波形、密肋形等)金属薄板(亦称压形钢板)、预应力混凝土薄板、玻璃纤维水泥模板、小梁填块(小梁为倒 T 形,填块放在梁底凸缘上,再浇筑混凝土)、钢桁架型混凝土板等。预应力混凝土薄板在我国已在一些高层建筑中应用,铺设后稍加支撑,然后在其上铺放钢筋浇筑混凝土形成楼板,施工简便,效果较好。压形金属薄板在我国土木工程施工中亦有应用,施工简便,速度快,但耗钢量较大。

模板是混凝土工程中的一个重要组成部分,国内外都十分重视,新型模板亦不断出现,除上述各种类型模板外,还有各种玻璃钢模板、塑料模板、提模、艺术模板和专门用途的模板等。

三、模板设计

定型模板和常用的模板拼板,在其适用范围内一般不需要进行设计或验算。但对于一些特殊结构、新型体系的模板,或超出适用范围的一般模板则应进行设计和验算。

根据我国规范规定,模板及其支架应根据工程结构形式、荷载大小、地基土类别、施工设备和材料供应等条件进行设计。

模板和支架的设计,包括选型、选材、荷载计算、结构计算、拟定制作、安装和拆除方案、绘制模板图等。

(一)荷载及荷载组合

在设计和验算模板、支架时应考虑下列荷载。

1. 模板及支架自重力

模板及其支架的自重力,可根据模板设计图纸确定。肋形楼板模板及无梁楼板模板的自重力可参考表4-2确定。

表4-2　楼板模板自重力标准值

模板构件	组合钢模板	木模板
平板模板及小楞自重力/(kN·m^{-2})	0.5	0.3
楼板模板(包括梁模板)自重力/(kN·m^{-2})	0.75	0.5
楼板模板及其支架(楼层高度4 m以下)自重力/(kN·m^{-2})	1.1	0.75

2. 新浇混凝土的自重标准值

普通混凝土可采用24 kN/m^3,其他混凝土可根据实际重力密度确定。

3. 钢筋自重标准值

根据设计图纸确定。对一般梁板结构每立方米钢筋混凝土结构的钢筋自重标准值可采用下列数值:楼板1.1 kN;梁1.5 kN。

4. 施工人员及设备荷载标准值

(1)计算模板及直接支撑模板的小楞时,均布活荷载为2.5 N/m^2,另应以集中荷载2.5 kN进行验算,取两者中较大的弯矩值。

(2)计算支撑小楞的构件时,均布活荷载为1.5 N/m^2。

(3)计算支架立柱及其他支撑结构构件时,均布活荷载为1.0 N/m^2。

对大型浇筑设备如上料平台、混凝土输送泵等按实际情况计算;木模板板条宽度小于150 mm时,集中荷载可以考虑由相邻两块板共同承受;如果混凝土堆集料的高度超过100 mm时,则按实际高度计算。

5. 振捣混凝土时产生的荷载标准值

水平面模板为2.0 kN/m^2;垂直面模板为4.0 kN/m^2(作用范围在新浇混凝土侧压力的有效压头高度之内)。

6.新浇筑混凝土对模板侧面的压力标准值

新浇筑混凝土对模板侧压力的影响因素很多,如水泥品种与用量、骨料种类、水灰比、外加剂等混凝土原材料和混凝土的浇筑速度、混凝土的温度、振捣方式等外界施工条件及模板情况、构件厚度、钢筋用量及排放位置等,都是影响混凝土对模板侧压力的因素。其中,混凝土的容重、混凝土的浇筑速度、混凝土的温度以及振捣方式等影响较大,它们是计算新浇筑混凝土对模板侧面的压力的控制因素。

当采用内部振动器时,新浇筑的混凝土对模板的最大侧压力,可按下列两式计算,并取两式中的较小值作为侧压力的最大值:

$$F = 0.22\lambda_c t_o \beta_1 \beta_2 V^{\frac{1}{2}} \tag{4-1}$$

$$F = \lambda_c H \tag{4-2}$$

式中 F——新浇混凝土对模板的最大侧压力,kN/m²;

λ_c——混凝土的重力密度,kN/m³;

t_o——新浇混凝土的初凝时间(可按实测确定),h,当缺乏试验资料时,可采用 $t_o = 200/(T+15)$ 计算(T 为混凝土的温度,℃);

V——混凝土的浇筑速度,m/h;

H——混凝土侧压力计算位置处至新浇筑混凝土顶面的总高度,m;

β_1——外加剂影响修正系数,不掺外加剂时取 1.0,掺具有缓凝作用的外加剂时取 1.2;

β_2——混凝土坍落度影响修正系数(当坍落度小于 300 mm 时,取 0.85,当坍落度为 50 ~ 90 m,取 1.0,当坍落度为 110 ~ 150 mm 时,取 1.15。)

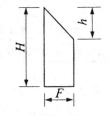

图 4-13 混凝土侧压力的计算分布图

混凝土侧压力的计算分布图形如图 4-13 所示。图中 h 为有效压头高度(m),可按 $h = F/24$ 计算。

7.倾倒混凝土时产生的水平荷载标准值

倾倒混凝土时对垂直面模板产生的水平荷载标准值,见表 4-3。

表 4-3   向模板中倾倒混凝土时产生的水平荷载标准值

项次	水平荷载标准值/(kN·m⁻²)	
1	用溜槽、串筒或由导管输出	2
2	用容量小于 0.2 m³ 的运输器倾倒	2
3	用容量为 0.2 ~ 0.8 m³ 的运输器具倾倒	4
4	用容量大于 0.8 m³ 的运输器具倾倒	6

注:作用范围在有效压头高度以内。

计算滑升模板、水平移动式模板等特种模板时,荷载应按专门的规定计算。对于利用模板张拉和锚固预应力筋等产生的荷载亦应另行计算。

计算模板及其支架时的荷载设计值,应采用荷载标准值乘以相应的荷载分项系数求得,荷载分项系数见表 4-4。

表 4-4　荷载分项系数

项次	荷载类别	分项系数
1	模板及支架自重	
2	新浇筑混凝土自重	1.2
3	钢筋自重	
4	施工人员及施工设备荷载	
5	振捣混凝土时产生的荷载	1.4
6	新浇筑混凝土对模板侧面的压力	1.2
7	倾倒混凝土时产生的荷载	1.4

参与模板及其支架荷载效应组合的各项荷载,见表 4-5。

表 4-5　参与模板及其支架荷载效应组合的各项荷载

模板类别	参与组合的荷载项	
	计算承载能力	验算刚度
平板和薄壳的模板及支架	1,2,3,4	1,2,3
梁和拱模板的底板及支架	1,2,3,5	1,2,3
梁、拱、柱(边长≤300 mm)、墙(厚≤100 mm)的侧面模板	5,6	6
大体积结构、柱(边长>300 mm)、墙(厚>100 mm)的侧面模板	6,7	6

(二)计算规定

计算钢模板、木模板及支架时都要遵守相应结构的设计规范。

验算模板及其支架的刚度时,其最大变形值不得超过下列允许值:对结构表面外露的模板,为模板构件计算跨度的 $1/400$;对结构表面隐蔽的模板,为模板构件计算跨度的 $1/250$,对支架的压缩变形值或弹性挠度,为相应的结构计算跨度的 $l/1\,000$。

支架的立柱或桁架应保持稳定,并用撑拉杆件固定。验算模板及其支架在自重和风荷载作用下的抗倾倒稳定性时,应符合有关规定。

四、模板拆除

在进行模板设计时,就应考虑模板的拆除顺序和拆除时间,以便提高模板的周转率,减少模板用量,降低工程成本。

(一)拆模要求

现浇结构的模板及其支架拆除时的混凝土强度应符合设计要求,当设计无具体要求时应符合下列规定:

(1)侧模应在混凝土强度所保证其表面及棱角不因拆除模版而受损坏时,方可拆除。

(2)底模应在与结构同条件养护的试块达到表 4-6 的规定强度时,方可拆除。

表 4-6　拆模要求的规定强度

结构类型	构件跨度/m	达到设计的混凝土立方体抗压强度标准值的百分率/%
板	≤2	≥50
	>2,≤8	≥75
	>8	≥100
梁、拱、壳	≤8	≥100
	>8	≥100
悬臂构件		≥100

(二)拆模顺序

拆模应按一定的顺序进行,一般应遵循先支后拆、后支先拆、先非承重部位后承重部位以及自上而下的原则。重大复杂模板的拆除,事前应制订拆除方案。

(三)拆模时注意事项

(1)拆模时,操作人员应站在安全处,以免发生安全事故。

(2)拆模时应尽量不要用力过猛过急,严禁用大锤和撬棍硬砸硬撬,以避免混凝土表面或模板受到损坏。

(3)拆下的模板及配件,严禁抛扔,要有人接应传递、按指定地点堆放,并做到及时维修和涂好隔离剂,以备待用。

(4)在拆除模板过程中,当发现混凝土有影响结构安全的质量问题时,应暂停拆除,经过处理后,方可继续拆除。对已拆除模板及其支撑的结构,应在混凝土强度达到设计混凝土强度等级的要求后,才允许承受全部使用荷载。

(5)拆模后如发现有缺陷,应及时修补,对数量不多的小蜂窝或露石的结构,可先用钢丝刷或压力水清洗,然后用 1∶2～1∶2.5 的水泥砂浆抹平。对蜂窝和露筋,应凿去全部深度内的薄弱混凝土层和个别突出的骨料,用钢丝刷和压力水冲洗后,用比原强度等级高一级的细骨料混凝土填塞,并仔细捣实。对影响结构承重性能的缺陷,要会同有关单位研究后慎重处理。

第二节　钢筋工程

土木工程结构中常用的钢材有钢筋、钢丝和钢绞线三类。

钢筋按其强度分为 HPB235,HRB335,HRB400,RRB400 四种等级。钢筋的强度和硬度逐级提高,但塑性则逐级降低。HPB235 为热轧光圆钢筋,HRB335 和 HRB400 为热轧带肋钢筋,RRB400 为余热处理钢筋。

常用的钢丝有光面钢丝、三面刻痕钢丝和螺旋肋钢丝三类。

钢绞线一般由 3 根或 7 根圆钢丝捻成,钢丝均为高强钢丝。

目前我国重点发展屈服强度标准值为 400 MPa 的新型钢筋和屈服强度为 1570～1860 MPa 的低松弛、高强度钢丝的钢绞线,同时辅以小直径(4～12 mm)的冷轧带肋螺纹钢筋。同时,我国还大力推广焊接钢筋网和以普通低碳钢热轧盘条经冷轧扭工艺制成的冷轧扭钢筋。

钢筋出厂应有出厂质量证明书或试验报告单。每捆(盘)钢筋均应有标牌。运至工地后应分别堆存,并按规定抽取试样对钢筋进行力学性能检验。对热轧钢筋的级别有怀疑时,除作力学性能试验外,尚需进行钢筋的化学成分分析。使用中如发生脆断、焊接性能不良和机械性能异常时,应进行化学成分检验或其他专项检验。对国外进口钢筋,应按国家的有关规定进行力学性能和化学成分的检验。

钢筋一般在钢筋车间或工地的钢筋加工棚内进行加工,然后运至现场安装或绑扎。钢筋加工过程取决于成品种类,一般的加工过程有冷拔、调直、剪切、镦头、弯曲、焊接、绑扎等。本节着重介绍钢筋冷拔及钢筋的连接。

一、钢筋冷拔

冷拔是用热轧钢筋(直径为 8 mm 以下)通过钨合金的拔丝模(图 4-14)进行强力拉拔。钢筋通过拔丝模时,受到轴向拉伸与径向压缩的作用,使钢筋内部晶格变形而产生塑性变形,因而抗拉强度提高(可提高 50%～90%),塑性降低,呈硬钢性质。光圆钢筋经冷拔后称"冷拔低碳钢丝"。

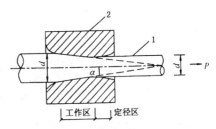

1—钢筋;2—拔丝模

图 4-14　钢筋冷拔示意图

钢筋冷拔的工艺过程:轧头→剥壳→通过润滑剂进入拔丝模冷拔。

钢筋表面常有一硬渣层,易损坏拔丝模,并使钢筋表面产生沟纹,因而冷拔前要进行剥壳,方法是使钢筋通过 3～6 个上下排列的辊子以剥除渣壳。润滑剂常用石灰、动植物油、肥皂、白蜡等与水按一定配比制成。

冷拔用的拔丝机有立式(图 4-15)和卧式两种。其鼓筒直径一般为 500 mm,冷拔速度约为 0.2～0.3 m/s,速度过大易断丝。

影响冷拔低碳钢丝质量的主要因素是原材料的质量和冷拔总压缩率。

冷拔低碳钢丝都是用普通低碳热轧光圆钢筋拔制的,按国家标准《普通低碳钢热轧圆盘条》GB 701—92 的规定,光圆钢筋都是用 1～3 号乙类钢轧制的,因而强度变化较大,直接影响冷拔低碳钢丝的质量,为此应严格控制原材料。冷拔低碳钢丝分甲、乙两级。对主要用作预应力筋的甲级冷拔低碳钢丝,宜用符合 I 级钢标准的 3 号钢圆盘条进行拔制。

冷拔总压缩率 β 是光圆钢筋拔成钢丝时的横截面缩减率。若原材料光圆钢筋直径为 d_0,冷拔后成品钢丝直径为 d,则总压缩率 $\beta = \dfrac{d_0^2 - d^2}{d_0^2}$。总压缩率越大,则抗拉强度提高越多,而塑性下降越多,故 β 不宜过大。直径为 5 mm 的冷拔低碳钢丝,宜用直径为 8 mm 的圆盘条拔制;直径为 4 mm 和小于 4 mm 者,宜用直径为 6.5 mm 的圆盘条拔制。

冷拔低碳钢丝有时是经过多次冷拔而成,一般不是一次冷拔就达到总压缩率。每次冷拔的压缩率也不宜太大,否则拔丝机的功率较大,拔丝模易损耗,且易断丝。一般前道钢丝和后道钢丝的直径之比以 1∶0.87 为宜。冷拔次数亦不宜过多,否则易使钢丝变脆。

冷拔低碳钢丝经调直机调直后,抗拉强度降低 8%~10%,塑性有所改善,使用时应注意。

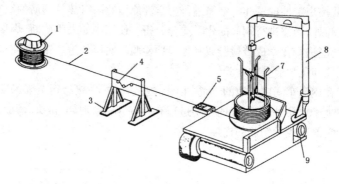

1—盘圆架;2—钢筋;3—剥壳装置;4—槽轮;5—拔丝模;
6—滑轮;7—绕丝筒;8—支架;9—电动机

图 4-15   立式单鼓筒冷拔机

二、钢筋的连接

钢筋的连接方法有绑扎连接、焊接连接和机械连接。绑扎连接和焊接连接是传统的连接方法,与绑扎连接相比,焊接连接可节约钢材,改善结构受力性能,提高工效,降低成本,目前对直径大于 28 mm 的受拉钢筋和直径大于 32 mm 的受压钢筋已不推荐采用绑扎连接。机械连接由于其具有连接可靠,作业不受气候影响,连接速度快等优点,目前已广泛应用于粗钢筋的连接。

(一)绑扎连接

钢筋可在现场进行绑扎,或预制成钢筋骨架(网)后在现场进行安装。钢筋绑扎一般采用 20~22 号铁丝或镀锌铁丝。

纵向受力钢筋绑扎搭接接头的最小搭接长度按《混凝土结构工程施工质量验收规范》的规定执行。同一构件中相邻纵向受力钢筋的绑扎搭接接头易相互错开。绑扎搭接接头中钢筋的横向净距不应小于钢筋直径,且不应小于 25 mm。钢筋绑扎搭接接头连接区段的长度为 $1.3l_1$(l_1 为搭接长度),凡搭接接头中点位于该连接区段长度内的搭接接头均属于同一连接区段。同一连接区段内,纵向受拉钢筋搭接接头面积百分率(为该区段内有搭接接头的纵向受力钢筋截面面积与全部纵向受力钢筋截面面积的比值)应符合设计要求;当设计无具体要求时,应符合下列规定:对梁类、板类及墙类构件,不宜大于 25%;对柱类构件,不宜大于 50%;当工程中确有必要增大接头面积百分率时,对梁类构件,不应大于 50%;对其他构件,可根据实际情况放宽。

(二)焊接连接

钢筋常用的焊接方法有闪光对焊、电弧焊、电渣压力焊、电阻点焊、气压焊等。钢筋的焊接效果除与钢材的可焊性(与钢材的含碳量及含合金元素的量)有关外,还与焊接工艺有关。采用适宜的焊接工艺,即使焊接焊性较差的钢材,也可获得良好的焊接质量。因此,改善焊接工艺是提高焊接质量的有效措施。

1.闪光对焊

闪光对焊用于钢筋的接长及预应力筋与螺丝端杆的焊接。如图 4-16 所示,利用对焊机使需焊的两段钢筋接触,通以低电压的强电流,把电能转化为热能,使钢筋加热至白热状态,随即施加轴向压力顶锻,使钢筋焊合,接头冷却后便形成对焊接头。焊接时,由于钢筋端部不平,轻微接触,开始只有一点或数点接触,接触面小,电流密度和接触电阻大,接触点很快熔化,产生金属蒸汽飞溅,形成闪光形象,故名闪光对焊。

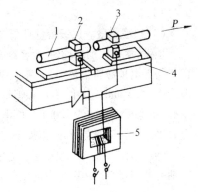

1—钢筋;2—固定电极;3—可动电极;
4—机座;5—焊接变压器
图 4-16　钢舟车对焊原理图

1)闪光对焊工艺

闪光对焊根据工艺的不同可以分为连续闪光焊、预热闪光焊和闪光—预热—闪光焊 3 种。

(1)连续闪光焊。采用连续闪光焊时,先闭合电源,然后使两钢筋端面轻微接触,形成闪光。闪光一旦开始,就慢慢移动钢筋,使钢筋继续接触,形成连续闪光现象,待钢筋达到一定的烧化留量后,迅速加压顶锻并立即断开电源,使两根钢筋焊合。连续闪光焊最适宜焊接直径较小的钢筋,宜用于直径为 25 mm 以下的 Ⅰ～Ⅲ级钢筋的焊接。

(2)预热闪光焊。当钢筋直径较大,端面比较平整时宜采用预热闪光焊。它是在连续闪光焊前增加一个预热的过程,以扩大焊接热影响区,使钢筋端部受热均匀以保证焊接接头质量。当接通电源后闪光一开始,便将接头做周期性的接触和断开,使得钢筋接触处出现间断的闪光现象,形成预热过程。在钢筋烧化到规定的预热留量后,再进行连续闪光和加压顶锻,形成焊接接头。

(3)闪光—预热—闪光焊,适用于端部不平整的粗钢筋。在预热闪光焊前加一次闪光过程,目的是使不平整的钢筋端面烧化平整。接通电源后,两根钢筋端部连续接触,出现连续闪光现象,使端部不平部分熔化掉,然后再进行断续闪光,预热钢筋,接着进行连续闪光,最后加压顶锻。

2)闪光对焊参数

钢筋的焊接质量与对焊参数有关,对焊参数主要有调伸长度、预热留量、烧化留量、顶锻留量、烧化速度(闪光速度)、顶锻速度及变压器级数等(图 4-17)。

(1)调伸长度。调伸长度是指焊接前钢筋从电极钳口伸出的长度。其数值取决于钢筋的品种和直径,应能使接头加热均匀,且顶锻时钢筋不致弯曲。调伸长度的取值:Ⅰ级钢筋为 0.75 d ~ 1.25 d;Ⅱ ~ Ⅲ级钢筋为 1.0d ~ 1.5d(d 为钢筋直径);直径小的钢筋取大值。

(2)烧化留量与预热留量。烧化留量与预热留量是指在闪光和预热过程中烧化的钢筋长度。连续闪光焊烧化留量长度等于两段钢筋切断时刀口严重压伤部分之和另加 8 mm;预热闪光焊的预热留量为 4 ~ 7 mm,烧化留量为 8 ~ 10 mm;闪光—预热—闪光焊的一次烧化留量等于两段钢筋切断时刀口严重压伤部分之和,预热留量为 2 ~ 7 mm,二次烧化留量为 8 ~ 10 mm。

(3)顶锻留量。顶锻留量是指接头顶压挤出而消耗的钢筋长度。顶锻时,先在有电流作用下顶锻,使接头加热均匀、紧密结合,然后在断电情况下顶锻而后结束,因此分为有电顶锻留量与无电顶锻留量两部分。顶锻留量随着钢筋直径的增大和钢筋级别的提高而增大,一般为 4 ~ 6.5 mm。其中,有电顶锻留量约占 1/3,无电顶锻留量约占 2/3。顶锻时速度越快越好,有电顶锻时间约为 0.1 s,断电后继续顶锻至要求的顶锻留量,这样可使接头处熔化的金属迅速闭合而避免氧化,以保证接头连接良好并有适当的镦粗变形。

(4)变压器级数。变压器级数用来调节焊接电流的大小,根据钢筋直径来选择,直径大级别高的钢筋需采用级数大的变压器。

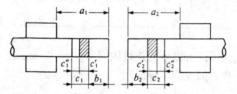

a_1,a_2—左、右钢筋调伸长度;$b_1 + b_2$—闪光留量;

($c_1 + c_2$)—顶锻留量;($c_1' + c_2'$)—有电锻留量;

$c_1'' + c_2''$—无电顶锻留量

图 4-17   调伸长度、闪光留量及顶锻留量

3)对焊接头质量检查

(1)外观检查。外观检查时,每批抽查 10% 的闪光对焊接头,并不少于 10 个。每次以不大于 200 个同类型、同工艺、同焊工的焊接接头为一批,且时间不超过 1 周。外观检查时有如下内容:①钢筋表面不得有横向裂纹;②Ⅰ级,Ⅱ级,Ⅲ级钢筋表面不得有明显的烧伤,Ⅳ级钢筋不得有烧伤;③接头处弯折应不大于 4°;④接头处两根钢筋轴线偏差不得超过 10% 钢筋直径,且不大于 2 mm。

(2)机械性能试验。钢筋闪光对焊接头的机械性能试验包括拉力试验和弯曲试验,应从每批接头中抽取 6 个试件进行试验,其中 3 个作拉力试验,3 个作弯曲试验。

作拉力试验时,应满足:3 个试件的抗拉强度均不低于该强度等级钢筋的抗拉强度标准值;3 个试件中至少有两个试件的断口位于焊接影响区外,并表现为塑性断裂。做弯曲试验时,要求对焊接头外侧不得出现宽度超过 0.15 mm 的横向裂缝。

2. 电弧焊

电弧焊(图 4-18),是利用弧焊机在焊条与焊件之间产生高温电弧,使得焊条和电弧燃烧范围内的金属焊件很快熔化,金属冷却后,形成焊接接头,其中电弧是指焊条与焊件金属之间空气介质出现的强烈持久的放电现象。电弧焊的应用非常广泛,常用于钢筋的接头、钢筋与钢板的焊接、装配式钢筋混凝土结构接头的焊接、钢筋骨架的焊接及各种钢结构的焊接等。电弧焊使用的弧焊机有交流弧焊机、直流弧焊机两种,常用的为交流弧焊机。钢筋电弧焊常用的接头形式有帮条焊、搭接焊、坡口焊等。

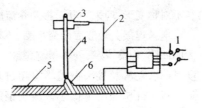

1—变压器;2—导线;3—焊钳;
4—焊条;5—焊件;6—电弧
图4-18　电弧焊示意图

1)搭接焊

搭接焊适用于Ⅰ~Ⅱ级钢筋的焊接,其接头形式如图4-19所示,可分为双面焊缝和单面焊缝两种。双面焊缝受力性能较好,应尽可能双面施焊,不能双面施焊时,才采用单面焊接。图中括号内数值适用于Ⅱ级钢筋。

2)帮条焊

帮条焊适用于Ⅰ~Ⅲ级钢筋的焊接。其接头形式如图4-20所示,亦可分为单面焊接和双面焊接两种,一般宜优先采用双面焊缝。帮条焊宜用与主筋同级别、同直径的钢筋。如帮条级别与主筋相同时,帮条直径可比主筋直径小一个规格;如帮条直径与主筋相同时,帮条级别可比主筋低一个级别。

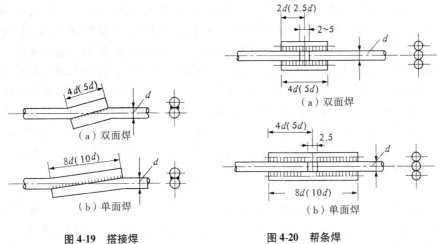

图4-19　搭接焊　　　　**图4-20　帮条焊**

3)坡口焊

坡口焊耗钢材少、热影响区小,适应于现场焊接装配式结构中直径18~40 mm的Ⅰ~Ⅲ级钢筋。坡口焊接头如图4-21所示,分平焊和立焊两种形式。钢筋端部必须先剖成如图4-21所示的坡口,然后加钢垫板施焊。

钢筋焊接时,为了防止烧伤主筋,焊接地线应与主筋接触良好,并不应在主筋上引弧。焊接过程中应及时清渣。帮条焊或搭接焊,其焊缝厚度 h 不应小于钢筋直径的1/3,焊缝宽度不小于钢筋直径的0.7倍。装配式结构接头焊接,为了防止钢筋过热引起较大的热应力和不对称变形,应采用几个接头轮流施焊。

电弧焊接头焊缝表面应平整,不应有较大的凹陷、焊窝,接头处不得有裂纹,咬边深度、气孔、夹渣及接头偏差不得超过规范规定。接头抗拉强度不低于该级别钢筋的规定抗拉强度值,且 3 个试件中至少有两个呈塑性断裂。

3. 电渣压力焊

电渣压力焊(图4-22),是利用电流通过渣池产生的电阻热将钢筋端部熔化,然后施加压力使钢筋焊接在一起。电渣压力焊的操作简单、易掌握、工作效率高、成本较低、施工条件比较好,主要用于现浇钢筋混凝土结构中竖向或斜向钢筋的接长,适用于直径为 14 ~ 40 mm 的 Ⅰ ~ Ⅱ 级钢筋。

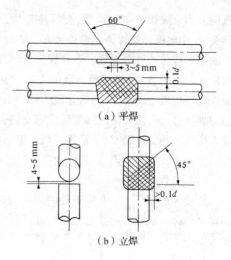

（a）平焊

（b）立焊

图 4-21　坡口焊

焊接前先将钢筋端部 120 mm 范围内的铁锈、污物等杂质清除干净,将夹具的下夹头夹牢下钢筋,再将上钢筋扶直并夹牢于活动电极中,使上下钢筋在同一轴线上;然后在上下钢筋间安装引弧导电铁丝圈(可采用12 ~ 14 号无锈火烧丝,圈高 10 ~ 12 mm);最后安放焊剂盒,用石棉布塞封焊剂盒下口,同时装满焊剂。通电后,将上钢筋上提 2 ~ 4 mm 引弧,用人工直接引弧继续上提钢筋 5 ~ 7 mm,使电弧稳定燃烧。随着钢筋的熔化,上钢筋逐渐插入渣池中,此时电弧熄灭,转为电渣过程,焊接电流通过渣池而产生大量的电阻热,使钢筋端部继续熔化。待钢筋端部熔化到一定程度后,在切断电流的同时,迅速进行顶压形成接头并持续几秒钟,以免接头偏斜或结合不良,冷却1 ~ 3 min 后,即可打开焊剂盒,回收焊剂卸下夹具。

电渣压力焊的工艺参数为焊接电流、渣池电压和通电时间,根据钢筋直径选择,钢筋直径不同时,根据较小直径的钢筋选择参数。电渣压力焊的接头,亦应按规定检查外观质量和进行试件拉伸试验。

4. 电阻点焊

电阻点焊用于交叉钢筋的焊接。如图 4-23 所示,就是将钢筋的交叉点放在电焊机的两电极间,通电时,由于交叉钢筋的接触点只有一点,且接触电阻较大,在接触的瞬间,电流产生的全部热量都集中在一点上,因而使金属受热而熔化,同时在电极加压下使焊点金属得到焊合。

利用点焊机进行交叉钢筋焊接,使单根钢筋成型为各种网片、骨架,以代替人工绑扎,是实现生产机械化、提高工效、节约劳动力和材料(钢筋端部不需弯钩)、保证质量、降低成本的一种有效措施。而且采用焊接骨架或焊接网,可使钢筋在混凝土中能更好地锚固,可提高构件的抗裂性,因此钢筋骨架成型应优先采用点焊。

常用的点焊机有单点点焊机、多头点焊机(一次可焊数点,用于焊接宽大的钢筋网)、悬挂式点焊机(可焊钢筋骨架或钢筋网)、手提式点焊机(用于施工现场)。

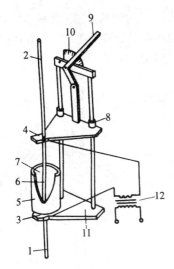

1,2—钢筋;3—固定电极;4—活动电极;
5—焊剂盒;6—导电剂;7—焊剂;8—滑动架;
9—操动杆;10—标尺;11—固定架;12—变压器
图4-22　手动电渣压力焊示意图

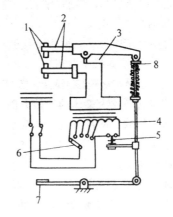

1—电极;2—电极臂;3—变压器的次级线圈;
4—变压器的初级线圈;5—断路器;
6—变压器调节级数开关;7—踏板;8—压紧机构
图4-23　点焊机工作示意图

为了保证点焊的质量,应正确选择点焊参数。电阻点焊的主要工艺参数为变压器缓数、通电时间和电极压力。在焊接过程中,应保持一定的预压和锻压时间。

通电时间根据钢筋直径和变压器级数而定,电极压力则根据钢筋级别和直径选择。

电阻点焊不同直径钢筋时,如果较小钢筋的直径小于10 mm时,大、小钢筋直径之比不宜大于3;如果较小钢筋的直径为12 mm或14 mm时,大、小钢筋直径之比则不宜大于2。应根据较小直径的钢筋选择焊接工艺参数。

焊点应进行外观检查和强度试验。点焊焊点应无脱落、漏焊、裂纹、多孔性缺陷及明显烧伤现象,焊点处熔化金属均匀并有适量的压入深度。热轧钢筋的焊点应进行抗剪试验。冷轧工钢筋的焊点除进行抗剪试验外,还应进行拉伸试验。

(三)钢筋机械连接

钢筋机械连接是通过机械手段将两根钢筋进行对接,它具有工艺简单、技术易掌握、节约钢材、施工速度快、质量稳定等优点。近年来,钢筋机械在我国得到推广,尤其是在大直径钢筋现场连接中被广泛采用。常用方法有套筒挤压连接和螺纹套筒连接。

1. 套筒挤压连接

套筒挤压连接是我国最早出现的一种钢筋机械连接方法。按挤压方向不同,分为套筒径向挤压连接和套筒轴向挤压连接两种,多用套筒径向挤压连接。

1) 套筒径向挤压连接

套筒径向挤压连接是将两根待接钢筋插入优质钢套筒,用挤压设备沿径向挤压钢套筒,使之产生塑性变形,依靠变形后的钢套筒与被连接钢筋纵、横肋产生的机械咬合作用使套筒与钢筋成为整体的连接方法,如图4-24所示。这种方法适用于直径18~40 mm的带肋钢筋的连接,所连接的两根钢筋的直径之差不宜大于 5 mm。该方法具有工艺简单、可靠程度高、不受气候的影响、连接速度快、安全、无明火、节能、对钢筋化学成分要求不如焊接时严格等优点。但设备笨重,工人劳动强度大,不适合在高密度布筋的场合适用。

2)套筒轴向挤压连接

套筒轴向挤压连接是将两根待接钢筋插入优质钢套筒,用挤压设备沿轴向挤压钢套筒,使之产生塑性变形,依靠变形后的钢套筒与被连接钢筋纵、横肋产生的机械咬合作用使套筒与钢筋成为整体的连接方法。这种方法一般用于直径为25 ~ 32 mm的同直径或相差一个型号直径的带肋钢筋连接。

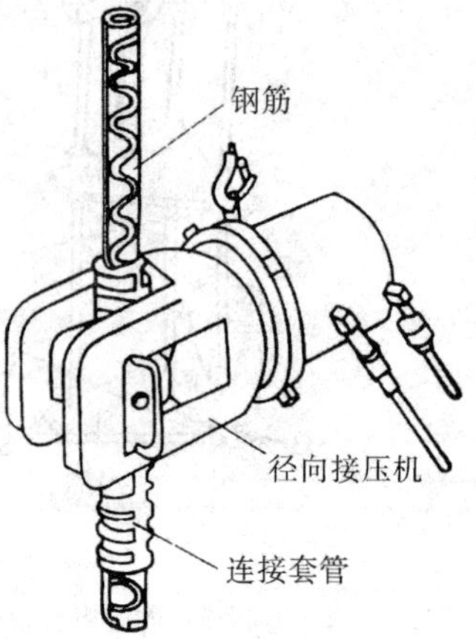

2. 螺纹套筒连接

螺纹套筒连接是将需连接的钢筋端部加工出螺纹,然后通过一个内壁加工有螺纹的套管将钢筋连接在一起。它分锥螺纹套筒连接与直螺纹套筒连接两种。

1)锥螺纹套筒连接

锥螺纹套筒连接是将两根待接钢筋端头用套丝机做

钢筋

径向接压机

连接套管

图 4-24　冷压连接工艺原理图

出锥形丝扣,然后用带锥形内丝的钢套筒将钢筋两端拧紧的连接方法,如图 4-25 所示。这种方法适用于直径为 16 ~ 40 mm 的各种钢筋的竖向、水平或任何倾角的连接,所连接钢筋的直径之差不宜大于9 mm。该方法具有接头可靠、工艺简单、不用电源、全天候施工、对中性好、施工速度快等优点。

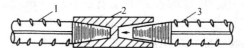

1—已连接的钢筋;2—锥螺纹套筒;3—未连接的钢筋

图 4-25　钢筋锥螺纹套筒连接

钢筋锥螺纹的加工是在钢筋套丝机上进行,可在施工现场或预制加工厂进行预制。为保证丝扣精度,对已加工的丝扣端要用牙形规和卡规逐个进行自检,要求钢筋丝扣的牙形必须与牙形规吻合,小端直径不超过卡规的允许误差,丝扣完整牙数不得小于规定值,不合格者切掉重新加工。锥螺纹套筒的加工宜在专业工厂进行,以保证产品质量。

钢筋锥螺纹连接预先将套筒拧入钢筋的一端,在施工现场再拧入待接钢筋。连接钢筋前,将钢筋未拧套筒的一端的塑料保护帽拧下来露出丝扣,并将丝扣上的污物清理干净。连接钢筋时,将已拧套筒的钢筋拧到被连接的钢筋上,并用扭力扳手按规定的力矩值拧紧钢筋接头,便完成钢筋的连接。

2)直螺纹套筒连接

直螺纹套筒连接有两种形式:一种是在钢筋端头先采用对辊滚压,将钢筋端头的纵横肋滚掉,而后采用冷压螺纹(滚丝)工艺加工成钢筋直螺纹端头,套筒采用快速成孔切削成内螺纹钢套筒,简称为滚压直螺纹接头或滚压切削直螺纹接头;另一种是在钢筋端头先采用设备顶、压增径(墩头),而后采用套丝工艺加工成等直径螺纹端头,套筒采用快速成孔切削成内螺纹钢套筒,简称为墩头直螺纹接头或墩粗切削直螺纹接头。这两种方法都能有效地增加钢筋端头母材强度,可等同于钢筋母材强度而设计的直螺纹接头。这种接头形式使结构强度的安全度和地震情况下的延性具有更大的保证,大大地方便了设计与施工,接头施工仅采用普通扳手旋紧即可,对丝扣少旋 1～2 扣不影响接头强度,省去了锥螺纹力矩扳手检测和疏密质量检测的繁杂程序,可提高施工工效。套筒丝距比锥螺纹套筒丝距少,可节省套筒钢材。此外,尚有设备简单、经济合理等优点,是目前工程应用最广泛的粗钢筋连接方法。

三、钢筋的配料与代换

(一)钢筋配料

钢筋配料是钢筋工程施工的重要一环,应由识图能力强、熟悉钢筋加工工艺的人员完成。钢筋加工前应根据设计图纸和会审记录按不同构件编制配料单(表4-11),然后进行备料加工。

1. 钢筋弯曲调整值计算

钢筋下料长度计算是钢筋配料的关键。设计图中注明的钢筋尺寸是钢筋的外轮廓尺寸(从钢筋外皮到外皮量得的尺寸),称为钢筋的外包尺寸。当钢筋加工时,也按外包尺寸进行验收。钢筋弯曲后的特点:在钢筋弯曲处,内皮缩短,外皮延伸,而中心线尺寸不变,故钢筋的下料长度即中心线尺寸。钢筋成型后量度尺寸都是沿直线量外皮尺寸;同时弯曲处又成圆弧,因此弯曲钢筋的尺寸大于下料尺寸,两者之间的差值称为"弯曲调整值",即当下料时,下料长度应用量度尺寸减去弯曲调整值。

钢筋弯曲常用形式及调整值计算简图如图4-26所示。

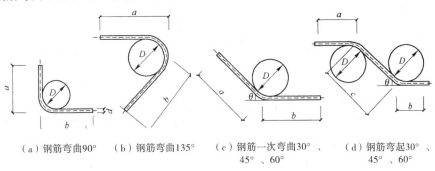

(a)钢筋弯曲90°　　(b)钢筋弯曲135°　　(c)钢筋一次弯曲30°、　　(d)钢筋弯起30°、
　　　　　　　　　　　　　　　　　　　　　　45°、60°　　　　　　　　45°、60°

a,b——量度尺寸;l_x——钢筋下料长度

图4-26　钢筋弯曲常见形式及调整值计算简图

1)钢筋弯曲直径的有关规定

(1)受力钢筋的弯钩和弯弧规定:HPB235 级钢筋末端应做180°弯钩,弯弧内直径 $D \geqslant 2.5d$(钢筋直径),弯钩的弯后平直部分长度≥3d(钢筋直径);当设计要求钢筋末端作135°弯折时,HRB335 级、HRB400 级钢筋的弯弧内直径 $D \geqslant 4d$(钢筋直径),弯钩弯后的平直部分长度应符合设计要求;钢筋作不大于90°的弯折时,弯折处的弯弧内直径 $D \geqslant 5d$(钢筋直径)。

(2)箍筋的弯钩和弯弧规定:除焊接封闭环式箍筋外,箍筋末端应做弯钩,弯钩形式应符合设计要求。当设计无要求时,应符合下面规定:箍筋弯钩的弯弧内直径除应满足上述中的规定外,尚应不小于受力钢筋直径;箍筋弯钩的弯折角度,对一般结构不应小于90°,对有抗震要求的结构应为135°;箍筋弯后平直部分的长度,对一般结构不宜小于箍筋直径的5倍,对有抗震要求的结构不应小于箍筋直径的10倍。

  2)钢筋弯折各种角度时的弯曲调整值计算

  (1)钢筋弯折各种角度时的弯曲调整值。弯曲调整值的计算简图如图4-26a、图4-26b、图4-26c所示,弯曲调整值计算式及取值见表4-7。

表4-7 钢筋弯折各种角度时的弯曲调整值

弯折角度	钢筋级别	弯曲调整值δ		弯弧直径
		计算式	取值	
30°	HPB235 HRB335 HRB400	$\delta = 0.006D + 0.274d$	$0.3d$	$D = 5d$
45°		$\delta = 0.022D + 0.436d$	$0.55d$	
60°		$\delta = 0.054D + 0.631d$	$0.9d$	
90°		$\delta = 0.215D + 1.215d$	$0.29d$	
135°	HPB235	$\delta = 0.822D - 0.178d$	$1.88d$	$D = 2.5d$
	HRB335、HRB400		$3.11d$	$D = 4d$

  (2)弯起钢筋弯曲30°、45°、60°的弯曲调整值。弯曲调整值的计算简图如图4-26d所示,弯曲调整值计算式及取值见表4-8。

表4-8 变起钢筋弯曲30°、45°、60°的弯曲调整值

弯折角度	钢筋级别	弯曲调整值δ		弯弧直径
		计算式	取值	
30°	HPB235	$\delta = 0.012D + 0.28d$	$0.34d$	$D = 5d$
45°	HRB335	$\delta = 0.043D + 0.457d$	$0.67d$	
60°	HRB400	$\delta = 0.108D + 0.685d$	$1.23d$	

  (3)钢筋180°弯钩长度增加值。根据规范规定,HPB235级钢筋两端做180°弯钩,其弯曲直径$D = 2.5d$,平直部分长度为$3d$,如图4-27所示。度量方法为以外包尺寸度量,其每个弯钩长度增加值为$6.25d$。

  箍筋做180°弯钩时,其平直部分长度为$5d$,则其每个弯钩增加长度为$8.25d$。

  2. 钢筋下料长度计算

  1)一般钢筋下料长度计算

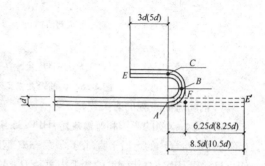

图4-27 180°变钩长度增加值计算简图

  (1)直钢筋下料长度=构件长度-混凝土保护层厚度+弯钩增加长度(混凝土保护层

厚度按教材规定查用)。

（2）弯起钢筋下料长度 = 直段长度 + 斜段长度 − 弯曲调整值 + 弯钩增加长度。

（3）箍筋下料长度 = 直段长度 + 弯钩增加长度 − 弯曲调整值（或箍筋下料长度 = 箍筋周长 + 箍筋长度调整值）。

（4）曲线钢筋（环形钢筋、螺旋箍筋、抛物线钢筋等）下料长度计算公式：下料长度 = 钢筋长度计算值 + 弯钩增加长度。

2）箍筋弯钩增加长度计算

由于箍筋弯钩型式较多,下料长度计算比其他类型钢筋较为复杂,常用的箍筋形式如图 4-28 所示。箍筋的弯钩形式有 3 种,即半圆弯(180°)、直弯钩(90°)、斜弯钩(135°)。图4-28a、图 4-28b 是一般形式箍筋,图4-28c是有抗震要求和受扭构件的箍筋。不同箍筋形式弯钩长度增加长度值计算见表4-9,不同形式箍筋下料长度计算式见表4-10。

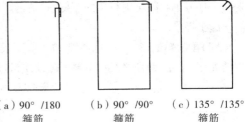

(a) 90°/180 箍筋　　(b) 90°/90° 箍筋　　(c) 135°/135° 箍筋

图 4-28　常用的箍筋形式

表 4-9　箍筋弯钩增加长度计算

弯钩形式	箍筋钩增加长度 I_Z 的计算公式	平直段长度 I_P	箍筋弯钩增加长度 I_Z	
			HPB235	HRB335
半圆变钩(180°)	$I_Z = 1.071D + 0.57D + I_P$	$5d$	$9.1d$	
直弯钩(90°)	$I_Z = 0.285D + 0.215D + I_P$	$7.5d$	$7.5d$	
斜弯钩(135°)	$I_Z = 0.678D + 0.178D + I_P$	$10d$	$12d$	

注:表中90°弯钩:HPB236,HRB335 缘钢筋均取 $D = 5d$;135°,180°弯钩 HRB235 级钢筋取 $D = 2.5d$。

表 4-10　箍筋下料长度计算式

序号	简图	钢筋级别	弯钩类型	下料长度计算式 l_x
1		HRB235 级	180°/180°	$l_x = a + 2b + (6 − 2 × 2.29 + 2 × 8.25)d$ 或 $l_x = a + 2b + 17.9d$
2			90°/180°	$l_x = 2a + 2b + (8 − 3 × 2.29 + 8.25 + 6.2)d$ 或 $l_x = 2a + 2b + 15.6d$
3			90°/90°	$l_x = 2a + 2b + (8 − 3 × 2.29 + 2 × 6.2)d$ 或 $l_x = 2a + 2b + 13.5d$
4			135°/135°	$l_x = 2a + 2b + (8 − 3 × 2.29 + 2 × 12)d$ 或 $l_x = 2a + 2b + 25.1d$
5				$l_x = (a + 2b) + (− 2 × 2.29)d$ 或 $l_x = a + 2b + 0.6d$
6			90°/90°	$l_x = (2a + 2b) + (8 − 3 × 2.29 + 2 × 6.2)d$ 或 $l_x = 2a + 2b + 13.5d$

3.钢筋配料单及料牌的填写

1)钢筋配料单的作用及形式

钢筋配料单是根据施工设计图纸标定钢筋的品种、规格及外形尺寸、数量进行编号,并计算下料长度,用表格形式表达的技术文件。

(1)钢筋配料单的作用。钢筋配料单是确定钢筋下料加工的依据,提出了材料计划,签发施工任务单和限额领料单的依据,它是钢筋施工的重要工序,合理的配料单,能节约材料、简化施工操作。

(2)配料单的形式。钢筋配料单一般用表格的形式反映,其内容由构件名称、钢筋编号、钢筋简图、尺寸、钢号、数量、下料长度及质量等内容组成,见表4-11。

表 4-11　钢筋配料单

构件名称	钢筋编号	简图/mm	直径/mm	钢筋级别	下料长度/mm	单位根数/根	合计根数/根	质量/kg
L_1梁共5根	①	⊢—— 6 190 ——⊣	10	ϕ	6 315	2	10	39.0
	②	250 ⌐—— 6 190 ——⌐	25	Φ	6 575	2	10	253.1
	③	265 250⌐\ 4 560 /⌐	25	Φ	6 962	2	10	266.1
	④	550 200⌐——⌐	6	ϕ	1 651	32	160	58.6

2)钢筋配料单的编制方法及步骤

(1)熟悉构件配筋图,弄清每一编号钢筋的直径、规格、种类、形状和数量,以及在构件中的位置和相互关系。

(2)绘制钢筋简图。

(3)计算每种规格的钢筋下料长度。

(4)填写钢筋配料单。

(5)填写钢筋料牌。

3)钢筋的标牌与标识

钢筋除填写配料单外,还需将每一编号的钢筋制作相应的标牌与标识,也即料牌,作为钢筋加工的依据,并在安装中作为区别、核实工程项目钢筋的标志。钢筋料牌的形式如图4-29所示。

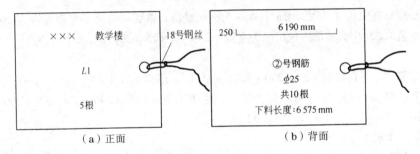

图 4-29　钢筋料牌的形式

【例 4-1】某教学楼第一层楼共有 5 根 L_1 梁,梁的钢筋如图 4-30 所示,梁混凝土保护层厚度取 25 mm,箍筋为 135°斜弯钩,试编制该梁的钢筋配料单(HRB335 级钢筋末端为 90°弯钩,弯起直段长度为 250 mm)。

解

(1)熟悉构件配筋图,绘出各钢筋简图(表 4-11)。

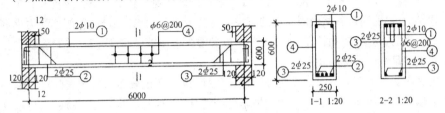

图 4-30　L-1 梁(共 5 根)(单位:mm)

(2)计算各钢筋下料长度。

①号钢筋为 HPB 235 级钢筋,两端需做 180°弯钩,每个弯钩长度增加值为 $6.25d$,端头保护层厚为 25 mm,则钢筋外包尺寸为 $6240 - 2 \times 25 = 6190$ mm。根据公式:钢筋下料长度 = 构件长 − 两端保护层厚度 + 弯钩增加长度,即①号钢筋下料长度 $= 6190 + 2 \times 6.25 \times 10 = 6190 + 125 = 6315$mm。

②号钢筋为 HRB335 级钢筋(钢筋下料长度计算式同前),钢筋弯折调整值查表 4-7,弯折 90°时取 $2.29d$,下料长度为 $6240 - 2 \times 25 + 2 \times 250 - 2 \times 2.29d = 6190 + 500 - 115 = 6575$mm。

③号钢筋为弯起钢筋,钢筋下料长度计算式:弯起钢筋下料长度 = 直段长度 + 斜段长度 − 弯曲调整值 + 弯钩增加长度。分段计算其长度:端部平直段长 $= 240 + 50 - 25 = 265$ mm,斜段长 $=$ (梁高 −2 倍保护层厚度)$\times 1.41 =$ ($600 - 2 \times 25$)$\times 1.41 = 550 \times 1.41 = 775.5$(mm)(1.41 是钢筋弯 45°斜长增加系数),中间直线段长 $= 6240 - 2 \times 25 - 2 \times 265 - 2 \times 550 = 6240 - 1680 = 4560$mm。

HRB335 级钢筋锚固长度为 250 mm,末端无弯钩,钢筋的弯曲调整值查表 4-8,弯起 45°时取 $0.67d$;钢筋的弯折调整值查表 4-7,弯折 90°时取 $2.29d$。钢筋下料长度为 $2 \times (250 + 265 + 777) + 4560 - 4 \times 0.67d - 2 \times 2.29d = 7144 - 182 = 6962$mm。

④号钢筋为箍筋(按表 4-10,计算式为 $l_x = 2a + 2b + 25.1d$),钢筋下料长度计算式为箍

筋下料长度 = 直段长度 + 弯钩增加长度 − 弯曲调整值。箍筋两端做135°斜弯钩,查表4-10,弯钩增加值取25.1d。箍筋内包尺寸为宽度 = 250 − 2 × 25 = 200 mm,高度 = 600 − 2 × 25 = 550 mm。

④号箍筋的下料长度 = 2 × (200 + 550) + 25.1d = 1500 + 25.1 × 6 = 1650.6mm。

箍筋数量 = (构件长 − 两端保护层) ÷ 箍筋间距 + 1 = (6240 − 2 × 25) ÷ 200 + 1 = 6190 ÷ 200 + 1 = 30.95 + 1 = 31.95,取32根。

计算结果汇总于表4-11。

(3)填写钢筋料牌,如图4-29所示。图中仅填写了④号钢筋的料牌,其余同此。

(二)钢筋代换

1. 钢筋代换原则

在施工中,已确认工地不可能供应设计图要求的钢筋品种和规格时,在征得设计单位的同意并办理设计变更文件后,才允许根据库存条件进行钢筋代换。代换前,必须充分了解设计意图、构件特征和代换钢筋性能,严格遵守国家现行设计规范和施工验收规范及有关技术规定。代换后,仍能满足各类极限状态的有关计算要求以及配筋构造规定,例如受力钢筋和箍筋的最小直筋、间距、锚固长度、配筋百分率以及混凝土保护层厚度等。一般情况下,代换钢筋还必须满足截面对称的要求。

梁内纵向受力钢筋与弯起钢筋应分别进行代换,以保证正截面与斜截面强度。偏心受压构件或偏心受拉构件(如框架柱、承受吊车荷载的柱、屋架上弦等)钢筋代换时,应按受力方向(受压或受拉)分别代换,不得取整个截面配筋量计算。吊车梁等承受反复荷载作用的构件,必要时,应在钢筋代换后进行疲劳验算。同一截面内配置不同种类和直径的钢筋代换时,每根钢筋拉力差不宜过大(同类型钢筋直径差一般不大于5 mm),以免构件受力不匀。钢筋代换应避免出现大材小用,优材劣用,或不符合专料专用等现象。钢筋代换后,其用量不宜大于原设计用量的5%,也不应低于原设计用量的2%。

对抗裂性要求高的构件(如吊车梁、薄腹梁、屋架下弦等),不宜用 HPB235 级钢筋代换 HRB335、HRB400 级带肋钢筋,以免裂缝开展过宽。当构件受裂缝宽度控制时,代换后应进行裂缝宽度验算。例如,代换后裂缝宽度有一定大(但不超过允许的最大裂缝宽度),还应对构件作挠度验算。

进行钢筋代换的效果,除应考虑代换后仍能满足结构各项技术性能要求之外,同时还要保证用料的经济性和加工操作的方便。

2. 钢筋代换方法

(1)等强度代换。当结构构件按强度控制时,可按强度相等的原则代换,称"等强度代换"。即代换前后钢筋的"钢筋抗力"不小于施工图纸上原设计配筋的钢筋抗力。

$$A_{s2}f_{y2} \geq A_s f_{y1} \tag{4-3}$$

将圆面积公式 $A_s = \dfrac{\pi d^2}{4}$ 代入式(4-3),有

$$n_2 d_2^2 f_{y1} \geq n_1 d_1^2 f_{y1} \tag{4-4}$$

当原设计钢筋与拟代换的钢筋直径相同时（即 $d_1 = d_2$），有

$$n_2 f_{y1} \geq n_1 f_{y1} \tag{4-5}$$

当原设计钢筋与拟代换的钢筋级别相同时（即 $f_{y1} = f_{y2}$），有

$$n_2 d_2^2 \geq n_1 d_1^2 \tag{4-6}$$

式中　f_{y1}，f_{y2}——原设计钢筋和拟代换用钢筋的抗拉强度设计值，N/mm^2；

　　　A_{s1}，A_{s2}——原设计钢筋和拟代换钢筋的计算截面面积，mm^2；

　　　n_1，n_2——原设计钢筋和拟代换钢筋的根数，根；

　　　d_1，d_2——原设计钢筋和拟代换钢筋的直径，mm；

$A_{s1} f_{y1}$，$A_{s2} f_{y2}$——原设计钢筋和拟代换钢筋的钢筋抗力，N。

（2）等面积代换。当构件按最小配筋率配筋时，可按钢筋面积相等的原则进行代换，称为"等面积代换"。

$$\left. \begin{array}{r} A_{s1} = A_{s2} \\ n_2 d_2^2 \geq n_1 d_1^2 \end{array} \right\} \tag{4-7}$$

式中　A_{s1}，n_1，d_1——原设计钢筋的计算截面面积，mm^2；根数，根；直径，mm；

　　　A_{s2}，n_2，d_2——拟代换钢筋的计算截面面积，mm^2；根数，根；直径 mm。

（3）当构件受裂缝宽度或抗裂性要求控制时，代换后应进行裂缝或抗裂性验算。代换后，还应满足构造方面的要求（如钢筋间距、最少直径、最少根数、锚固长度、对称性等）及设计中提出的其他要求。

四、钢筋的绑扎安装与验收

加工完毕的钢筋即可运到施工现场进行安装、绑扎。钢筋绑扎一般采用 20～22 号钢丝或镀锌钢丝，钢丝过硬时，可经过退火处理。钢筋绑扎时其交叉点主要采用钢丝扎牢。板和墙的钢筋网，除靠近外围两排钢筋的交叉点全部扎牢外，中间部分交叉点可间隔交错扎牢，但必须保证受力钢筋不发生位置偏移。双向受力的钢筋，其交叉点应全部扎牢。梁柱箍筋，除设计有特殊要求外，应与受力钢筋垂直设置，箍筋弯钩叠合处，应沿受力主筋方向错开设置。柱中竖向钢筋搭接时，角部钢筋的弯钩平面与模板面的夹角，对矩形柱应为 45°角，对多边形柱应为模板内角的平分角，对圆形柱钢筋的弯钩平面应与模板的切平面垂直。中间钢筋的弯钩面应与模板面垂直。当采用插入式振捣器浇筑小型截面柱时，弯钩平面与模板面的夹角不得小于 15°。

钢筋的安装绑扎应该与模板安装相配合，柱筋的安装一般在柱模板安装前进行。而梁的施工顺序正好相反，一般是先安装好梁模，再安装梁筋，当梁高较大时，可先留下一面侧模不安，待钢筋绑扎完毕，再支余下一面侧模，以方便施工。楼板模板安装好后，即可安装板筋。

为了保证钢筋的保护层厚度，工地上常采用预制的水泥砂浆块垫在模板与钢筋间，垫块的厚度即为保护层厚度。垫块一般布置成梅花形，间距不超过 1 m。构件中有双层钢筋时，上层钢筋一般是通过绑扎短筋或设置垫块来固定。对于基础或楼板的双层筋，固定时一般

采用钢筋撑脚来保证钢筋位置,间距 1 m。特别是雨篷、阳台等部位的悬臂板,更需严格控制负筋位置,以防悬臂板断裂。

绑扎钢筋时,配置的钢筋级别、直径、根数和间距均应符合设计要求;绑扎或焊接的钢筋网和钢筋骨架,不得有变形、松脱和开焊等现象。绑扎完毕后,应符合表 4-12 的规定。

表 4-12　钢筋安装位置的允许偏差和检验方法

项目			允许偏差/mm	检验方法
绑扎钢筋网	长、宽		±10	钢尺检查
	网眼尺寸		±20	钢尺量连续三档,取最大值
绑扎钢筋骨架	长		±10	钢尺检查
	宽、高		±5	钢尺检查
受力钢筋	间距		±10	钢尺量两端、中间各一点,取最大值
	排距		±5	
	受力钢筋	基础	±10	钢尺检查
		柱、梁	±5	钢尺检查
		板、墙、壳	±3	钢尺检查
绑扎箍筋、横向钢筋间距			±20	钢尺量连续三档,取最大值
钢筋弯起点位置			20	钢尺检查
预埋件	中心线位置		5	钢尺检查
	水平高差		+3.0	钢尺和塞尺检查

第三节　混凝土工程

一、混凝土的制备

(一)混凝土配制强度的确定

为达到 95% 的保证率,首先应根据设计的混凝土强度标准值按下式确定混凝土的配制强度:

$$f_{cu,o} = f_{cu,k} + 1.645\sigma \tag{4-8}$$

式中　$f_{cu,o}$——混凝土的施工配制强度,MPa;

　　　$f_{cu,k}$——设计的混凝土强度标准值,MPa;

　　　σ——施工单位的混凝土强度标准差,MPa。

当施工单位具有近期的同一品种混凝土强度资料时,其混凝土强度标准差应按下式计算:

$$\sigma = \sqrt{\frac{\sum_{i=1}^{M} f_{cu,i}^2 - N\mu_{fcu}^2}{N-1}} \tag{4-9}$$

式中　$f_{cu,i}$——统计周期内同一品种混凝土第 N 组试件的强度值,MPa;

μ_{fcu}——统计周期内同一品种混凝土 N 组强度的平均值,MPa;

N——统计周期内同一品种混凝土试件的总组数,$N \geqslant 25$。

当混凝土强度等级为 C20 或 C25 时,如计算得到的 $\sigma < 2.5$ MPa,取 $d = 2.5$ MPa;当混凝土强度等级高于 C25 时,如计算得到的 $\sigma < 3.0$ MPa,取 $\sigma = 3.0$ MPa。

对预拌混凝土厂和预拌混凝土构件厂,统计周期可取 1 个月;对现场拌制混凝土的施工单位,统计周期可根据实际情况确定,但不宜超过 3 个月。

当施工单位不具有近期的同一品种混凝土强度资料时,其混凝土强度标准差 σ 可按表4-13 取用。

表 4-13　σ 值选用表

混凝土强度等级	≤C15	C20 ~ C35	≥C40
σ/MPa	4.0	5.0	6.0

(二)混凝土施工配合比

混凝土的施工配合比是指在施工现场的实际投料比例,是根据实验室提供的纯料(不含水)配合比及考虑现场砂石的含水率而确定的。

假设实验室配合比为水泥:砂:石子 $= 1 : x : y$;水灰比为 W/C。

现测得砂含水率为 W_x,石子含水率为 W_y,则施工配合比为

水泥:砂:石子 $= 1 : x(1 + W_x) : y(1 + W_y)$

水灰比 W/C 不变,但用水量应扣除砂石中所含水的质量。

【例 4-2】　某工程混凝土实验室配合比为 $1 : 2.26 : 4.48$,水灰比 $W/C = 0.61$,每 1 m³ 混凝土水泥用量 $C = 295$ kg,现场实测砂含水率为 3%,石子含水率为 1%,求施工配合比。如采用出料容量为 250 L 的搅拌机,求搅拌每盘混凝土的各种材料投料量。

解　施工配合比为

水泥:砂:石子 $= 1 : x(1 + W_x) : y(1 + W_y) = 1 : 2.26(1 + 3\%) : 4.48(1 + 1\%) =$
$\qquad 1 : 2.33 : 4.52$

250 L 搅拌机每盘投料量为

水泥:$295 \times 0.25 = 73.75$ kg(取 75 kg,即一袋半)

砂:$75 \times 2.33 = 174.75$ kg

石子:$75 \times 4.52 = 339$ kg

水:$75 \times 0.61 - 75 \times 2.26 \times 3\% - 75 \times 4.48 \times 1\% = 45.75 - 5.085 - 3.36 = 37.31$ kg

混凝土原材料的偏差,不得超过以下数值:水泥、混合材料 ±2%;粗细集料 ±3%;水、外加剂 ±2%。

（三）混凝土搅拌机选择

1.搅拌机的选择

混凝土搅拌是将各种组成材料拌制成质地均匀、颜色一致、具备一定流动性的混凝土拌和物。如果混凝土搅拌得不均匀就不能获得密实的混凝土,就会影响混凝土的质量,因此搅拌是混凝土施工工艺中很重要的一道工序。由于人工搅拌混凝土质量差,消耗水泥多,而且劳动强度大,所以只有在工程量很小时才用人工搅拌,一般均采用机械搅拌。

混凝土搅拌机按其搅拌原理分为自落式和强制式两类(图4-31)。

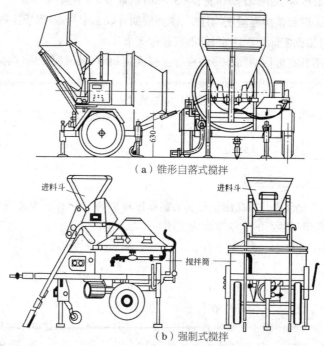

（a）锥形自落式搅拌

（b）强制式搅拌

图4-31　混凝土搅拌机

自落式搅拌机的搅拌筒内壁焊有弧形叶片,当搅拌筒绕水平轴旋转时,叶片不断将物料提升到一定高度,利用重力的作用自由落下。由于各物料颗粒下落的时间、速度、落点和滚动距离不同,从而使物料颗粒达到混合的目的。自落式搅拌机宜于搅拌塑性混凝土和低流动性混凝土。

锥形反转出料搅拌机是自落式搅拌机中较好的一种,由于它的主副叶片分别与拌筒轴线成45°和40°夹角,故搅拌时叶片使物料做轴向窜动,因此搅拌运动比较强烈。它正转搅拌,反转出料,功率消耗大。这种搅拌机构造简单,质量轻,搅拌效率高,出料干净,维修保养方便。

强制式搅拌机利用运动着的叶片强迫物料颗粒朝环向、径向和竖向各个方面产生运动,使各物料均匀混合。强制式搅拌机作用比自落式强烈,宜于搅拌干硬性混凝土和轻骨料混凝土。

强制式搅拌机分立轴式和卧轴式,立轴式又分涡浆式和行星式。1965年,我国研制出构造简单的JW涡浆式搅拌机,尽管这种搅拌机生产的混凝土质量、搅拌时间、搅拌效率等明显优于鼓筒型搅拌机,但也存在一些缺点,例如动力消耗大、叶片和衬板磨损大、混凝土骨料尺寸大,易把叶片卡住而损坏机器等。卧轴式又分 JD 单卧轴搅拌机和 JS 双卧轴搅拌机,由旋转的搅拌叶片强制搅动,兼有自落和强制搅拌两种机能,搅拌强烈,搅拌的混凝土质量好,搅拌时间短,生产效率高。卧轴式搅拌机在我国是 1980 年才出现的,但发展很快,已形成了系列产品,并有一些新结构出现。

我国规定混凝土搅拌机以其出料容量(m³)×1000 标定规格,现行混凝土搅拌机的系列为 50,150,250,350,500,750,1000,1500 和 3000。

选择搅拌机时,要根据工程量大小、混凝土的坍落度、骨料尺寸等而定,既要满足技术上的要求,亦要考虑经济效果和节约能源。

2. 搅拌制度的确定

为了获得质量优良的混凝土拌和物,除正确选择搅拌机外,还必须正确确定搅拌制度,即搅拌时间、投料顺序等。

1)搅拌时间

搅拌时间是影响混凝土质量及搅拌机生产率的重要因素之一,时间过短,搅拌不均匀,会降低混凝土的强度及和易性;时间过长,不仅会影响搅拌机的生产率,而且会使混凝土和易性降低或产生分层离析现象。搅拌时间与搅拌机的类型、鼓筒尺寸、骨料的品种和粒径以及混凝土的坍落度等有关,混凝土搅拌的最短时间(自全部材料装入搅拌筒中起到卸料止)见表 4-14。

表 4-14　混凝土搅拌的最短时间

混凝土坍落度/mm	搅拌机机型	搅拌机出料容量		
		<250 L	250~500 L	>500 L
≤30	自落式	90 s	120 s	150 s
	强制式	60 s	90 s	120 s
>30	自落式	90 s	90 s	120 s
	强制式	60 s	60 s	90 s

注:1. 掺有外加剂时,搅拌时间应适当延长。

　　2. 全轻混凝土、砂轻混凝土搅拌时间应延长 60~90s

2)投料顺序

投料顺序应从提高搅拌质量,减少叶片、衬板的磨损,减少拌和物与搅拌筒的黏结,减少水泥飞扬改善工作条件等方面综合考虑确定。常用方法有以下几种。

(1)一次投料法。在上料斗中先装石子,再加水泥和砂,然后一次投入搅拌机,在鼓筒内先加水或在料斗提升进料的同时加水。这种上料顺序使水泥夹在石子和砂中间,上料时不致飞扬,又不致黏住斗底,且水泥和砂先进入搅拌筒形成水泥砂浆,可缩短包裹石子的时间。

(2)二次投料法。二次投料法又分为预拌水泥砂浆法和预拌水泥净浆法。预拌水泥砂浆法是先将水泥、砂和水加入搅拌筒内进行充分搅拌,成为均匀的水泥砂浆,再投入石子搅拌成均匀的混凝土。二次投料法搅拌的混凝土与一次投料法相比较,混凝土强度提高约

15%，在强度相同的情况下，可节约水泥 15% ~ 20%。

（3）水泥裹砂法。水泥裹砂法又称为 SEC 法。采用这种方法拌制的混凝土称为 SEC 温凝土，也称作造壳混凝土。其搅拌程序是先加一定量的水，将砂表面的含水量调节到某一规定的数值后，再将石子加入与湿砂拌匀，然后将全部水泥投入，与润湿后的砂、石拌和，使水泥在砂、石表面形成一层低水灰比的水泥浆壳（此过程称为"成壳"），最后将剩余的水和外加剂加入，搅拌成混凝土。采用 SEC 法制备的混凝土与一次投料法相比，强度可提高 20% ~ 30%，且混凝土不易产生离析现象，泌水少，工作性能好。

使用搅拌机时，必须注意安全。在鼓筒正常转动之后才能装料入筒。在运转时，不得将头、手或工具伸入筒内。在因故（如停电）停机时，要立即设法将筒内的混凝土取出，以免凝结。当搅拌工作结束时，也应立即清洗豉筒内、外。叶片磨损面积如超过 10%，就应按原样修补或更换。

（三）混凝土搅拌站

混凝土拌和物在搅拌站集中拌制，可以做到自动上料、自动称量、自动出料和集中操作控制，机械化、自动化程度大大提高，劳动强度大大降低，使混凝土质量得到改善，可以取得较好的技术经济效果。施工现场可根据工程任务的大小、现场的具体条件、机具设备的情况，因地制宜的选用，例如采用移动式混凝土搅拌站等。

为了适应我国基本建设事业飞速发展的需要，一些大城市已开始建立混凝土集中搅拌站，目前的供应半径为 15 ~ 20 km。搅拌站的机械化及自动化水平一般较高，用自卸汽车直接供应搅拌好的混凝土，然后直接浇筑入模。这种供应"商品混凝土"的生产方式，在改进混凝土的供应，提高混凝土的质量以及节约水泥、骨料等方面有很多优点。

（四）搅拌制度确定

为了获得质量优良的混凝土拌和物，除正确选择搅拌机外，还必须正确确定搅拌制度，即搅拌时间、投料顺序和进料容量等。

1. 搅拌时间

搅拌时间是指从原材料全部投入搅拌筒时起，到开始卸料时为止所经历的时间。它与搅拌质量密切相关。它随搅拌机类型和混凝土的和易性的不同而变化。在一定范围内随搅拌时间的延长而强度有所提高，但过长时间的搅拌既不经济也不合理。因为搅拌时间过长，不坚硬的粗骨料在大容量搅拌机中会因脱角、破碎等而影响混凝土的质量。加气混凝土也会因搅拌时间过长而使含气量下降。为了保证混凝土的质量，应控制混凝土搅拌的最短时间（表 4-14）。该最短时间是按一般常用搅拌机的回转速度确定的，不允许用超过混凝土搅拌机规定的回转速度进行搅拌以缩短搅拌延续时间。

2. 投料顺序

投料顺序应从提高搅拌质量、减少叶片和衬板的磨损、减少拌和物与搅拌筒的黏结、减少水泥飞扬、改善工作环境等方面综合考虑确定。常用的有一次投料法和两次投料法：一次投料法是在上料斗中先装石子，再加水泥和砂，然后一次投入搅拌机。对自落式搅拌机要在搅拌筒内先加部分水，投料时石子盖住水泥，水泥不致飞扬，且水泥和砂先进入搅拌筒形成水泥砂浆,可缩短包裹石子的时间。对立轴强制式搅拌机,因出料口在下部,不能先加水,应在投入原料的同时,缓慢均匀分散地加水。

两次投料法经过我国的研究和实践形成了"裹砂石法混凝土搅拌工艺",它是在日本研究的造壳混凝土(简称 SEC 混凝土)的基础上结合我国的国情研究成功的,它分两次加水,两次搅拌。用这种工艺搅拌时,先将全部的石子、砂和 70% 的拌合水倒入搅拌机,拌合 15 s 使骨料湿润,再倒入全部水泥进行造壳搅拌 30 s 左右,然后加入 30% 的拌和水再进行糊化搅拌 60 s 左右即完成。与普通搅拌工艺相比,用裹砂石法搅拌工艺可使混凝土强度提高 10% ~ 20%,或节约水泥 5% ~ 10%。在我国推广这种新工艺,有巨大的经济效益。此外,我国还对净浆法、净浆裹石法、裹砂法、先拌砂浆法等各种两次投料法进行了试验和研究。

3. 进料容量

进料容量是将搅拌前各种材料的体积累积起来的容量,又称干料容量。进料容量 V_j 与搅拌机搅拌筒的几何容量 V_g 有一定的比例关系,一般情况下,$V_j/V_g = 0.22 ~ 0.40$。如果任意超载(进料容量超过 10% 以上),就会使材料在搅拌筒内无充分的空间进行掺和,影响混凝土拌和物的均匀性。反之,如装料过少,则又不能充分发挥搅拌机的效能。

对拌制好的混凝土,应经常检查其均匀性与和易性,如有异常情况,应检查其配合比和搅拌情况,及时加以纠正。

预拌(商品)混凝土能保证混凝土的质量,节约材料,减少施工临时用地,实现文明施工,是今后的发展方向。国内一些大中城市已推广应用,不少城市已有相当的规模,有的城市已规定在一定范围内必须采用商品混凝土,不得现场拌制。

(五)混凝土泵送运输

混凝土泵送运输是以混凝土泵为动力,通过管道、布料杆,将混凝土直接运至浇筑地点,兼顾垂直运输与水平运输。它装在汽车上便成为混凝土泵车,与混凝土运输车相配合,利用商品混凝土,可迅速地完成混凝土运输、浇筑任务。混凝土泵按其是否能移动及移动方式,可分为固定式、牵引式和车载式。

目前,混凝土泵常用的液压活塞泵基本上是液压双缸式,是利用液压控制两个往复运动柱塞,交替地将混凝土吸入和压出,达到连续稳定地输送混凝土。其工作原理如图 4-32 所示。

混凝土输送管一般为钢管,直径为 75 ~ 200 mm,每段直管的标准长度有 4 m,3 m,2 m,1 m,0.5 m 等数种,并配有 90°、45°、30°、15° 等不同角度的弯管,以便管道转折时使用。当两种不同管径的输送管需要连接时,中间需用锥形管连接。弯管、锥形管和软管的流动阻力大,计算输送距离时应换算成水平距离。垂直运输时,立管的底部应设止逆阀,以防止停泵时立管中的混凝土倒流。

为充分发挥混凝土泵的效益,降低劳动强度,在浇筑地点应设与输送管道直接连接的布料杆,以将输送来的混凝土直接进行摊铺入模,布料杆有立柱式和汽车式两大类。

立柱式布料杆有固定式和移置式(图 4-33),其臂架和末端输送管都能做 360° 回转。移置式有利用塔吊移置的,或将布料杆附装在塔式起重机上,还有把混凝土泵和三段折叠式布料杆都装在一台汽车上的汽车式布料杆。汽车式布料杆转动灵活,布料杆可做360°全回转,可在其作业范围内进行混凝土的运输与浇筑(图4-34)。

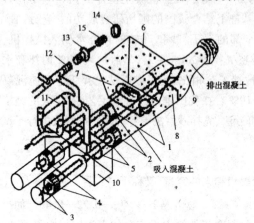

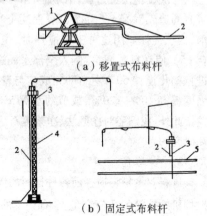

（a）移置式布料杆

（b）固定式布料杆

1—转盘;2—输送管;
3—支柱;4—塔架;5—楼面

图4-33 立柱式布料杆示意图

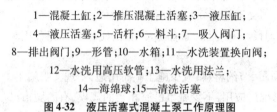

1—混凝土缸;2—推压混凝土活塞;3—液压缸;
4—液压活塞;5—活杆;6—料斗;7—吸入阀门;
8—排出阀门;9—形管;10—水箱;11—水洗装置换向阀;
12—水洗用高压软管;13—水洗用法兰;
14—海绵球;15—清洗活塞

图4-32 液压活塞式混凝土泵工作原理图

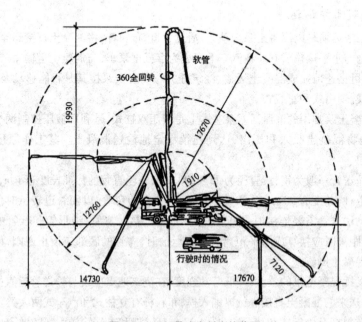

图4-34 三折叠式布料浇筑范围

泵送混凝土的配合比应符合下列规定,集料最大粒径与输送管内径之比,碎石不宜大于 1∶3,卵石不宜大于 1∶2.5;通过 0.315 筛孔的砂不应少于 15%;砂率宜控制在 40%~50%; 最小水泥用量宜为 300 kg/m³;混凝土的坍落度宜为 80~180 mm;混凝土内宜掺加适量的外加剂以改善混凝土的流动性。

采用混凝土泵施工时,如管道向下倾斜应防止混入空气产生阻塞,输送管线宜直,转弯宜缓,接头严密。混凝土供应应尽量保证混凝土泵的连续工作。中途停顿时间过长,将致使砂浆黏附管壁,形成管道堵塞。如预计泵送中断超过 45 min,应立即用压力水或其他方法冲洗管道。冲洗时管口处不得站人,防止混凝土喷出伤人。

泵送混凝土浇筑速度快,对模板侧压力较大,模板系统要有足够的强度和稳定性。泵送混凝土的水泥用量较大,要注意浇筑后的养护,以防止龟裂。

二、混凝土的浇筑

(一)浇筑前的准备工作

混凝土浇筑前应做好必要的准备工作,对模板及其支架、钢筋、预埋件和预埋管线必须进行检查,并做好隐蔽工程的验收,符合设计要求后方能浇筑混凝土。

在地基或基土上浇筑混凝土时,应清除淤泥和杂物,并应有排水和防水措施。对干燥的非黏性土,应用水湿润;对未风化的岩石,应用水清洗,但其表面不得有积水。

在浇筑混凝土之前,将模板内的杂物和钢筋上的油污等应清理干净;对模板的缝隙及孔洞立即堵严;对木模板应浇水湿润,但不得有积水。

(二)浇筑混凝土的一般规定

混凝土自高处自由倾落的高度不应超过 2 m,当浇筑竖向结构混凝土时,倾落高度不应超过 3 m,否则应采用串筒、溜管、斜槽或振动溜管等下料,以防粗集料下落动能大,积聚在结构底部,造成混凝土分层离析。

当降雨雪时,不宜露天浇筑混凝土,当需浇筑时,应采取有效措施,以确保混凝土质量。

混凝土必须分层浇筑,浇筑层的厚度应符合表 4-15 的要求。

表 4-15　混凝土浇筑层厚度　　　　　　　　　　　　　　　　　　　　　　　mm

捣实混凝土的方法		浇筑层的厚度
插入式振捣		振捣器作用部分长度的 1.25 倍
表面振捣		200
人工捣固	在基础、无筋混凝土或配筋稀疏的结构中	250
	在梁、墙板、柱结构中	200
	在配筋密列的结构中	150
轻集料混凝土	插入式振捣	300
	表面振动(振动时需加荷)	200

浇筑混凝土应连续进行,当必须间歇时,其间歇时间宜短,并应在前层混凝土凝结之前将次层混凝土浇筑完毕。

混凝土运输、浇筑及间歇的全部时间不得超过表4-16的规定。当超过时应留置施工缝。

表 4-16　混凝土运输、浇筑和间歇的允许时间　　　　　　　　　　　　　　min

混凝土强度等级	气温	
	不高于 25 ℃	高于 25 ℃
不高于 C30	210	180
高于 C30	180	150

施工缝的位置应在混凝土浇筑之前确定,并宜留置在结构受剪力较小且便于施工的部位。施工缝的留置位置应符合下列规定:

(1)柱宜留置在基础的顶面、梁或吊车梁牛腿的下面、吊车梁的上面、无梁楼板柱帽的下面(图4-35)。

(2)与板连成整体的大截面梁,留置在板底面以下 20～30 mm 处。当板下有梁托时,留置在梁托下部。

(3)单向板,留置在平行于短边的任何位置。

(4)有主次梁的楼板宜顺着次梁方向浇筑,施工缝应留置在次梁跨度中间 1/3 范围内(图4-36)。

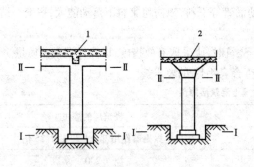

I—I,II—II表示施工缝位置

1—肋形楼板;2—无梁楼盖

图 4-35　浇筑柱的施工缝位置图

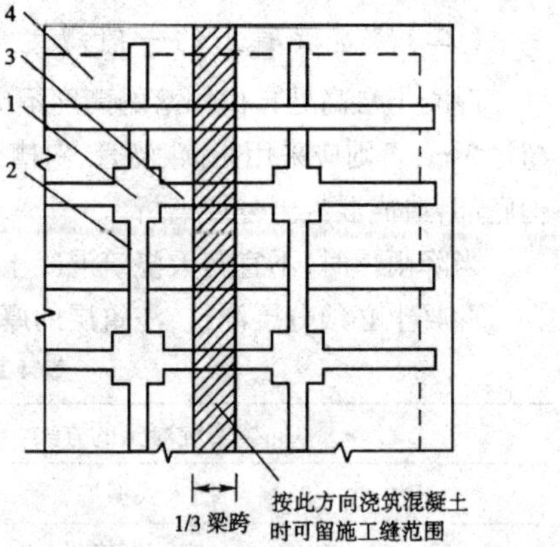

1—柱;2—主梁;3—次梁;4—楼板

图 4-36　浇筑有主次梁楼板的施工缝位置图

在施工缝处继续浇筑混凝土时,应符合下列规定:

(1)已浇筑的混凝土,其抗压强度不应小于 1.2 N/mm²。

(2)在已硬化的混凝土表面上,应清除水泥薄膜和松动石子以及软弱混凝土层,并加以充分湿润和冲洗干净,且不得有积水。

(3)在浇筑混凝土前,宜先在施工缝处铺一层水泥浆或与混凝土内成分相同的水泥砂浆。

(4)混凝土应细致捣实,使新旧混凝土紧密结合。

混凝土浇筑后,当强度达到 1.2 N/mm² 后,方可上人施工。

(三)多层框架剪力墙结构的浇筑

1.柱子的浇筑

同一施工段内每排柱子应由外向内对称地顺序浇筑,不要由一端向另一端顺序推进,以防止柱子模板受推向一侧倾斜,造成误差积累过大而难以纠正。为防止柱子根部出现蜂窝麻面,柱子底部应先浇筑一层厚 50～100 mm 与所浇筑混凝土内砂浆成分相同的水泥砂浆或水泥浆,然后再浇入混凝土。并应加强根部振捣,使新旧混凝土紧密结合,应控制住每次投入模板内的混凝土数量,以保证不超过规定的每层浇筑厚度。如柱子和梁分两次浇筑,在柱子顶端留施工缝。当处理施工缝时,应将柱顶处厚度较大的浮浆层处理掉。如柱子和梁一次浇筑完毕,不留施工缝,那么在柱子浇注完毕后应间隔 1～1.5 h,待混凝土沉实后,再继续浇筑上面的梁板结构。

2.剪力墙

框架结构中的剪力墙亦应分层浇筑,其根部浇筑方法与柱子相同。当浇筑到顶部时因浮浆积聚太多,应适当减少混凝土配合比中的用水量。对有窗口的剪力墙应在窗口两侧对称下料,以防压斜窗口模板,对墙口下部的混凝土应加强振捣,以防出现孔洞。墙体浇筑后间歇 1～1.5 h 后待混凝土沉实,方可浇筑上部梁板结构。

梁和板宜同时浇筑,当梁高度大于 1 m 时方可将梁单独浇筑。

当采用预制楼板、硬架支模时,应加强梁部混凝土的振捣和下料,严防出现孔洞。并加强楼板的支撑系统,以确保模板体系的稳定性。当有叠合构件时,对现浇的叠合部位应随时用铁插尺检查混凝土厚度。

当梁柱混凝土标号不同时,应先用与柱同标号的混凝土浇筑柱子与梁相交的结点处,用铁丝网将结点与梁端隔开,在混凝土凝结前,及时浇筑梁的混凝土,不要在梁的根部留施工缝。

(四)大体积混凝土结构浇筑

大体积混凝土工程在水利工程中比较多见,在工业与民用建筑中多为设备基础、桩基承台或基础底板等,其整体性要求高,施工中往往不允许留施工缝。

大体积混凝土基础的整体性要求高,一般要求混凝土连续浇筑,一气呵成。施工工艺上应做到分层浇筑、分层捣实,但又必须保证上下层混凝土在初凝之前结合好,不致形成施工缝。在特殊的情况下可以留有基础后浇带,即在大体积混凝土基础中预留有一条后浇的施工缝,将整块大体积混凝土分成两块或若干块浇筑,待所浇筑的混凝土经一段时间的养护干缩后,再在预留的后浇带中浇筑补偿收缩混凝土,使分块的混凝土连成一个整体。

大体积混凝土结构的浇筑方案可分为全面分层、分段分层和斜面分层 3 种(图 4-37)。

全面分层法要求混凝土的浇筑速度较快,分段分层法次之,斜面分层法最慢。

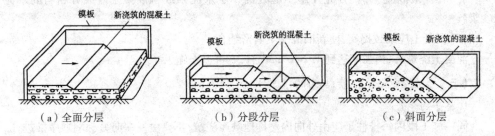

（a）全面分层   （b）分段分层   （c）斜面分层

图 4-37 大体积基础浇筑方案

浇筑方案应根据整体性要求、结构大小、钢筋疏密、混凝土供应等具体情况进行选用。

(1)全面分层(图 4-37a)。在整个基础内全面分层浇筑混凝土,要做到第一层全面浇筑完毕回来浇筑第二层时,第一层浇筑的混凝土还未初凝,如此逐层进行,直至浇筑完毕。这种方案适用于结构的平面尺寸不太大,施工时从短边开始,沿长边进行较适宜。必要时亦可分为两段,从中间向两端或从两端向中间同时进行。

(2)分段分层(图 4-37b)。分段分层适宜于厚度不太大而面积或长度较大的结构,混凝土从底层开始浇筑,进行一定距离后回来浇筑第二层,如此依次向前浇筑以上各分层。

(3)斜面分层(图 4-37c)。斜面分层适用于结构的长度超过厚度的 3 倍。振捣工作应从浇筑层的下端开始,逐渐上移,以保证混凝土施工质量。

分层的厚度决定于振动器的棒长和振动力的大小,也要考虑混凝土的供应量大小和可能浇筑量的多少,一般为 20～30 cm。

大体积混凝土浇筑的关键问题是水泥的水化热量大,积聚在内部造成内部温度升高,而结构表面散热较快,由于内外温差大,所以在混凝土表面产生裂纹。还有一种裂纹是当混凝土内部散热后,体积收缩,由于基底或前期浇筑的混凝土与其不能同步收缩,而造成对上部混凝土的约束,接触面处会产生很大的拉应力,当超过混凝土的极限拉应力时,混凝土结构会产生裂缝。此种裂缝严重者会贯穿整个混凝土截面。

要防止大体积混凝土浇筑后产生裂缝,就要尽量避免水泥水化热的积聚,使混凝土内外温差不超过 25 ℃。为此,首先应选用低水化热的矿渣水泥、火山灰水泥或粉煤灰水泥;掺入适量的粉煤灰以降低水泥用量;扩大浇筑面和散热面,降低浇筑速度或减小浇筑厚度。必要时采取人工降温措施,如采用风冷却,或向搅拌用水中投冰块以降低水温,但不得将冰块直接投入搅拌机。实在不行,可在混凝土内部埋设冷却水管,用循环水来降低混凝土温度。在炎热的夏季,混凝土浇筑时的温度不宜超过 28 ℃。最好选择在夜间气温较低时浇筑,必要时,经过计算并征得设计单位同意可留施工缝而分层浇筑。

虽然降低浇筑速度可以减少水化热的积聚,但为保证结构的整体性,尚应保证下层混凝土初凝前,上层混凝土就应振捣完毕。因此,混凝土必须按不小于下式中 Q 的浇筑速度进行浇筑。

$$Q = \frac{FH}{T} \tag{4-10}$$

式中   Q——混凝土最小浇筑速度,m³/h;

F——混凝土浇筑区的面积，m^2；

H——浇筑层厚度（取决于振捣工具），m；

T——每层混凝土从开始浇筑到初凝的延续时间。

1. 水下浇筑混凝土

深基础、地下连续墙、沉井及钻孔灌注桩等常需在水下或泥浆中浇筑混凝土。水下或泥浆中浇筑混凝土时，应保证水或泥浆不混入混凝土内，水泥浆不被水带走，混凝土能借三力挤压密实。水下浇筑混凝土常采用导管法。

导管法如图 4-38 所示，导管直径为 250～300 mm，且不小于骨料粒径的 8 倍，每节管长 3 m，用法兰密封连接，顶部有漏斗，导管用起重机吊住，可以升降。浇筑前，用铅丝吊生球塞堵住导管下口，然后将管内灌满混凝土，并使导管下口距地基约 300 mm，距离太小，容易堵管，距离太大，则开管时冲出的混凝土不能及时封埋管口下端，而导致水或泥浆参入混凝土内。漏斗及导管内应有足够的混凝土，以保证混凝土下落后能将导管下端埋入混凝土内 0.5～0.6 m。剪断铅丝后，混凝土在自重作用下冲出管口，并迅速将管口下端埋住。此后，一面不断灌筑混凝土，一面缓缓提起导管，且始终保持导管在混凝土内有一定的埋深 h_2，埋深越大则挤压作用越大，混凝土越密实，但也越不易浇筑，一般埋深 h_2 为 0.5～0.8 m。这样，最先浇筑的混凝土始终处于最外层，与水接触，且随混凝土的不断挤入而不断上升，故水或泥浆不会混入混凝土内，水泥浆不会被带走，而混凝土又能在压力下自行挤密。为保证与水接触的表层混凝土能呈塑性状态上升，每一灌注点应在混凝土初凝前浇至设计标高。混凝土应连续浇筑，导管内应始终注满混凝土，以防空气混入，并应防止堵管，如果堵管超过半小时，则应立即换插备用管进行浇筑。一般情况下，每一导管灌筑范围以 4 m×4 m 为限，面积更大时，可用几根导管同时浇筑，或待一浇筑点浇筑完毕后再将导管换插到另一浇筑点进行浇筑，而不应在一浇筑点将导管作水平移动以扩大浇筑范围。浇筑完毕后，应清除与水接触的表层厚约 0.2 m 的松软混凝土。

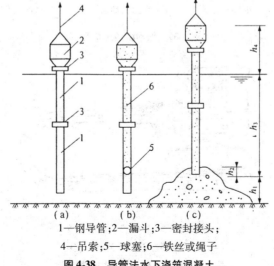

1—钢导管；2—漏斗；3—密封接头；

4—吊索；5—球塞；6—铁丝或绳子

图 4-38　导管法水下浇筑混凝土

2. 混凝土密实成型

混凝土浇入模板以后,其内部是疏松的,有一定体积的空洞和气泡,还需经密实成型,才能达到要求的密实度,满足其强度、抗冻性、抗渗性和耐久性等设计要求。混凝土密实成型途径:①借助于机械外力(如机械振动)来克服拌和物的剪应力而使之液化;②在拌和物中适当多加水分以提高其流动性,使之便于成型,成型后用离心法、真空抽吸法将多余的水分和空气排出;③在拌和物中掺高效减水剂,使其坍落度大大增加,以自流浇注成型。目前现场常用机械振捣成型方法。

1)混凝土机械捣实原理

混凝土机械捣实的原理是由混凝土振动机械产生简谐振动,并把振动力传给混凝土,使其发生强迫振动,破坏混凝土拌和物的凝聚结构,使水泥浆的黏结力和骨料间的摩阻力显著减小,流动性增加,骨料在重力作用下下沉,水泥浆则均匀分布填充骨料间的空隙,气泡逸出,孔隙减少,游离水分挤压上升,且使混凝土充满模板内,提高密实度。振动停止后,混凝土又重新恢复其凝聚结构并逐渐凝结硬化。

2)振捣机械的选择

振捣机械按其工作方式分为内部振动器、表面振动器、外部振动器和振动台(图4-39)。

(1)内部振动器。内部振动器又称插入式振动器,它由电动机、软轴和振动棒3部分组成,如图4-40所示,工作时依靠振动棒插入混凝土产生振动力而捣实混凝土。

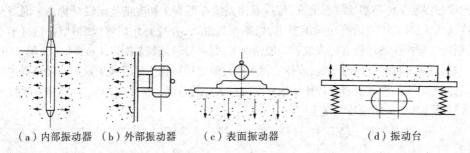

（a）内部振动器　（b）外部振动器　（c）表面振动器　　　（d）振动台

图 4-39　振动机械示意图

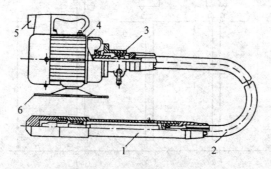

1—振动棒;2—软轴;3—防逆装置;
4—电动机;5—电器开关;6—支座
图 4-40　电动软轴行星式内部振动器

插入式振动器常用于振捣基础、柱、梁、墙及大体积结构混凝土。使用时,一般应垂直插入,并插到下层尚未初凝的混凝土中 50～100 mm(图4-41),以使上、下层互相结合。操作时,要做到快插慢抽。如果插入速度慢,就会先将表面混凝土振实,与下部混凝土发生分层离析现象;如果拔出速度过快,则由于混凝土来不及填补而在振动器抽出的位置形成空洞。振动器的插点要均匀排列,排列方式有行列式和交错式两种(图4-42)。插点间距不宜大于 1.5R(R 为振动器的作用半径)。振动器距离模板不应大于 0.5 R,并避免碰振钢筋、模板、吊环及预埋件等。每一插点的振捣时间一般为 20～30 s,用高频振动器时不应少于10 s,过短不易捣实,过长可能使混凝土分层离析,一般振捣至混凝土表面呈现浮浆,不再显著下沉为止。

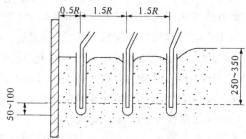

图4-41　插入式振动器插入深度(单位:mm)

(2)表面振动器。表面振动器又称平板振动器,它将一个带有偏心块的电动振动器安装在一块平板上,通过平板与混凝土表面接触将振动力传给混凝土达到捣实的目的。由于平板振动器是放在混凝土表面进行振捣,其作用深度较小(150～250 mm),因此仅适用于表面积大而平整、厚度小的结构或预制件,如楼地面、屋面等。

(3)外部振动器。外部振动器又称附着式振动器,它是直接安装在模板外侧的横档或竖档上,利用偏心块旋转时所产生的振动力通过模板传递给混凝土,使之振实。附着式振动器体积小、结构简单、操作方便,可以改制成平板振动器。它的缺点是振动作用的深度小(约250 mm),因此仅适用于钢筋较密、厚度较小以及不宜使用插入式振动器的结构和构件中,并要求模板有足够的刚度。一般要求混凝土的水灰比比内部振动器的大一些。

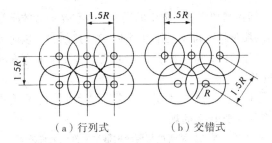

图4-42　插点布置

(4)振动台。振动台是一个支撑在弹性支座上的工作平台,在平台下面装有振动机构,当振动机构运转时,即带动工作台做强迫振动,从而使在工作台上制作构件的混凝土得到振实。振动台是成型工艺中生产效率较高的一种设备,是预制构件常用的振动机械。利用振动台生产构件,当混凝土厚度小于 200 mm 时,可将混凝土一次装满振捣;如果厚度大于 200 mm,则可分层浇筑,每层厚度不大于 200 mm,亦可随浇随振。

3. 混凝土养护

混凝土养护包括人工养护和自然养护,现场施工多采用自然养护。混凝土浇捣后之所以能逐渐硬化,主要是因为水泥水化作用的结果,而水化作用则需要适当的温度和湿度条件。所谓混凝土的自然养护,即在平均气温高于 +5 ℃ 的条件下于一定时间内使混凝土保持湿润状态。

混凝土浇筑后,如天气炎热、空气干燥,不及时进行养护,混凝土中的水分会蒸发过快,出现脱水现象,使已形成凝胶体的水泥颗粒不能充分水化,不能转化为稳定的结晶,缺乏足够的黏结力,从而会在混凝土表面出现片状或粉状剥落,影响混凝土的强度。此外,当混凝土尚未具备足够的强度时,其中水分过早的蒸发还会产生较大的收缩变形,出现干缩裂纹,影响混凝土的整体性和耐久性。因此,混凝土浇筑后初期阶段的养护非常重要。混凝土浇筑完毕 12 h 以内就应开始养护,干硬性混凝土应于浇筑完毕后立即进行养护。

自然养护,分洒水养护和喷涂薄膜养生液养护两种。

洒水养护,即用草帘等将混凝土覆盖,经常洒水使其保持湿润。养护时间长短取决于水泥品种,对普通硅酸盐水泥和矿渣硅酸盐水泥拌制的混凝土,应不少于 7 d;掺有缓凝型外加剂或有抗渗要求的混凝土,应不少于 14 d。洒水次数以能保证湿润状态为宜。

喷涂薄膜养生液养护适用于不易洒水养护的高耸构筑物和大面积混凝土结构。它是将过氯乙烯树脂塑料溶液用喷枪喷涂在混凝土表面上,溶液挥发后在混凝土表面形成一层塑料薄膜,将混凝土与空气隔绝,阻止其中水分的蒸发以保证水化作用的正常进行。有的薄膜在养护完成后能自行老化脱落,否则,不宜于喷洒在以后要做粉刷的混凝土表面上。在夏季,薄膜成型后要防晒,否则易产生裂纹。

地下建筑或基础,可在其表面涂刷沥青乳液以防止混凝土内水分蒸发。

混凝土必须养护至其强度达到 1.2 N/mm² 以上,可以在其上行人或安装模板和支架。

4. 混凝土质量的检查

混凝土质量检查包括拌制和浇筑过程中的质量检查和养护后的质量检查。在拌制和浇筑过程中,对组成材料的质量检查每一工作班至少 2 次;拌制和浇筑地点坍落度的检查每一工作班至少 2 次;每一工作班内,如混凝土配合比由于外界影响而有变动时,应及时检查;对混凝土搅拌时间应随时检查。

对预拌(商品)混凝土,应在商定的交货地点进行坍落度检查,混凝土的坍落度与要求坍落度之间的允许偏差应附合表 4-17 的规定。

表 4-17　混凝土坍落度与要求坍落度之间的允许偏差

混凝土要求坍落度/mm	<50	50~90	>90
允许偏差/mm	±10	±20	±30

混凝土养护后的质量检查,主要指抗压强度检查,如设计上有特殊要求时,还需对其抗冻性、抗渗性等进行检查。混凝土的抗压强度是根据 150 mm 边长标准立方体试块在标准条件下(20 ℃ ±3 ℃的温度和相对湿度 90% 以上)养护 28 d 的抗压强度来确定。评定强度的试块,应在浇筑处或制备处随机抽样制成,不得挑选或特殊制作。建筑工程中目前确定的试块组数如下:

(1)每拌制 100 盘且不超过 100 m³ 的相同配合比的混凝土,取样不得少于 1 次。

(2)每工作班拌制同一配合比的混凝土不足 100 盘时,取样不得少于 1 次。

(3)当一次连续浇筑超过 1000 m³ 时,同一配合比的混凝土每 200 m³ 取样不得少于 1 次。

(4)每一楼层、同一配合比的混凝土,取样不得少于 1 次。

(5)每次取样应至少留置一组标准养护试件,同条件养护试件的留置组数应根据实际需要确定。

若有其他需要,如为了检查结构或构件的拆模、出池、出厂、吊装、张拉、放张及施工期间临时负荷的需要等,尚应留置与结构或构件同条件养护的试件,试件组数按实际需要确定。试验组的 3 个试件应在同盘混凝土中取样制作。

混凝土强度应分批验收。同一验收批次的混凝土应由强度等级相同、龄期相同以及生产工艺和配合比基本相同的混凝土组成。按单位工程的验收项目划分验收批,每个验收项目应按有关规定确定。同一验收批的混凝土强度,应以同批内全部标准试件的强度代表值评定。

当混凝土的生产条件在长时间内能保持一致,且同一品种混凝土的强度变异性能保持稳定时,由连续 3 组试件代表一个验收批,其强度应同时满足下列要求:

$$m_{f_{cu}} \geqslant f_{cu,k} + 0.7\sigma_0 \qquad (4\text{-}11)$$

$$f_{cu,min} \geqslant f_{cu,k} - 0.7\sigma_0 \qquad (4\text{-}12)$$

当混凝土强度等级不高于 C20 时,强度的最小值尚应满足下式要求:

$$f_{cu,min} \geqslant 0.85 f_{cu,k} \qquad (4\text{-}13)$$

当混凝土强度等级高于 C20 时,强度的最小值则应满足下式要求:

$$f_{cu,min} \geqslant 0.9 f_{cu,k} \qquad (4\text{-}14)$$

式中　mf_{cu}——同一验收批混凝土强度的平均值,N/mm²;

$f_{cu,k}$——混凝土设计强度标准值,N/mm²;

σ_0——验收批混凝土强度的标准差,N/mm²;

$f_{cu,min}$——同一验收批混凝土强度的最小值,N/mm²。

验收批混凝土强度的标准差,应根据前一个检验期内同一品种混凝土试件的强度数据,按下式计算:

$$\sigma_0 = \frac{0.59}{m} \sum \Delta f_{cu,i} \qquad (4\text{-}15)$$

式中　$\Delta f_{cu,i}$——前一批检验期内第 i 验收批混凝土试件强度中最大值与最小值之差;

m——前一检验期内验收批总批数。

每个检验期不应超过 3 个月,且在该期间内验收总批数不得少于 15 组。

当混凝土的生产条件不满足上述规定时,或在前一个检验期内的同一品种混凝土没有足够的数据来确定验收批混凝土强度标准差时,应由不少于 10 组的试件代表一个验收批,其强度应同时满足下列要求:

$$m_{f_{cu}} - \lambda_1 S_{f_{cu}} \geq 0.9 f_{cu,k} \tag{4-16}$$

$$f_{cu,min} \geq \lambda_2 f_{cu,k} \tag{4-17}$$

式中　λ_1, λ_2——合格判定系数,按表 4-18 取值;

　　　$S_{f_{cu}}$——验收批混凝土强度的标准差,N/mm²。

$S_{f_{cu}}$ 可按下式计算:

$$S_{f_{cu}} = \sqrt{\sum_{i=1}^{n} f_{cu,i}^2 - n m_{fcu}^2} \tag{4-18}$$

式中　$f_{cu,i}$——验收批内第 i 组混凝土试件的强度值,N/mm²;

　　　n——验收批内混凝土试件的总组数。

当 $S_{f_{cu}}$ 的计算值小于 $0.06 f_{cu,k}$ 时,取 $S_{f_{cu,k}}$。

表 4-18　合格判定系数

试件组数	10 ~ 14	15 ~ 24	≥25
λ_1	1.70	1.65	1.60
λ_2	0.90	0.85	

对零星生产的预制构件混凝土或现场搅拌的批量不大的混凝土,可不采用上述统计法评定,而采用非统计法评定。此时,验收批混凝土的强度必须同时满足下述要求:

$$m_{f_{cu}} \geq 1.15 f_{cu,k} \tag{4-19}$$

$$f_{cu,min} \geq 0.95 f_{cu,k} \tag{4-20}$$

式中符号同前。

非统计法的检验效率较差,存在将合格产品误判为不合格产品,或将不合格产品误判为合格产品的可能性。

如由于施工质量不良、管理不善、试件与结构中混凝土质量不一致,或对试件检验结果有怀疑时,可采用从结构或构件中钻取芯样的方法,或采用非破损检验方法,按有关规定对结构或构件混凝土的强度进行推定,作为处理混凝土质量问题的一个重要依据。

5. 混凝土冬期施工

1)混凝土冬期施工原理

混凝土所以能凝结、硬化并取得强度,是由于水泥和水进行水化作用的结果。水化作用的速度在一定湿度条件下主要取决于温度,温度越高,强度增长也越快,反之则慢。当温度降至 0 ℃以下时,水化作用基本停止,温度再继续降至 −2 ~ −4 ℃,混凝土内的水开始结冰,水结冰后体积增大 8% ~ 9%,在混凝土内部产生冰晶应力,使强度很低的水泥石结构内部产生微裂纹,同时减弱了水泥与砂石和钢筋之间的黏结力,从而使混凝土后期强度降低。

受冻的混凝土在解冻后,其强度虽然能继续增长,但已不能达到原设计的强度等级。试验证明,混凝土遭受冻结带来的危害,与遭冻的时间早晚、水灰比等有关,遭冻时间越早,水灰比越大,则强度损失越多,反之则损失少。

经过试验得知,混凝土经过预先养护达到一定强度后再遭冻结,其后期抗压强度损失就会减少。一般把遭冻结其后期抗压强度损失在5%以内的预养强度值定为"混凝土受冻临界强度"。

通过试验得知,混凝土受冻临界强度与水泥品种、混凝土强度等级有关。对普通硅酸盐水泥和硅酸盐水泥配制的混凝土,受冻临界强度定为设计的混凝土强度标准值的30%;对矿渣硅酸盐水泥配制的混凝土,受冻临界强度定为设计的混凝土强度标准值的40%,但不大于C10的混凝土,不得低于 5 N/mm²。

混凝土冬期施工除上述早期冻害之外,还需注意拆模不当带来的冻害。混凝土构件拆模后表面急剧降温,由于内外温差较大会产生较大的温度应力,亦会使表面产生裂纹,在冬期施工中亦应力求避免这种冻害。

根据当地多年气温资料,室外日平均气温连续 5 d 稳定低于 + 5 ℃时,就应采取冬期施工的技术措施进行混凝土施工。因为从混凝土增长的情况看,新拌混凝土在 + 5 ℃的环境下养护,其强度增长很慢。而且在日平均气温低于 + 5 ℃时,一般最低气温已低于 0 ～ – 1 ℃,混凝土已有可能受冻。

2)混凝土冬期施工方法的选择

混凝土冬期施工方法分为 3 类:混凝土养护期间不加热的方法、混凝土养护期间加热的方法和综合方法。混凝土养护期间不加热的方法包括蓄热法、掺化学外加剂法;混凝土养护期间加热的方法包括电极加热法、电器加热法、感应加热法、蒸汽加热法和暖棚法;综合方法即把上述两类方法综合应用,如目前最常用的综合蓄热法,即在蓄热法基础上掺加外加剂(早强剂或防冻剂)或进行短时加热等综合措施。

选择混凝土冬期施工方法,要考虑自然气温、结构类型和特点、原材料、工期限制、能源情况和经济指标。对工期不紧和无特殊限制的工程,从节约能源和降低冬期施工费用考虑,应优先选用养护期间不加热的施工方法或综合方法。在工期紧张、施工条件又允许时才考虑选用混凝土养护期间的加热方法,一般要经过技术经济比较确定。一个理想的冬期施工方案,应当是在杜绝混凝土早期受冻的前提下,用最低的冬期施工费用,在最短的施工期限内,获得优良的施工质量。

3)混凝土冬期施工方法

(1)蓄热法。①蓄热法原理。蓄热法是利用加热原材料(水泥除外)或混凝土(热拌混凝土)所预加的热量及水泥水化热,再利用适当的保温材料覆盖,防止热量过快散失,延缓混凝土的冷却速度,使混凝土在正温条件下增长强度以达到预定值,使其不小于混凝土受冻临界强度。室外最低气温不低于 – 15 ℃,地面以下的工程或表面系数不大于 15 m⁻¹ 的结构,应优先采用蓄热法。

②原材料加热方法及热工计算。水的比热容比砂石大,且水的加热设备简单,故应首先考虑加热水。如水加热至极限温度而热量尚嫌不足时,再考虑加热砂石。水的加热极限温度视水泥标号和品种而定,当水泥标号小于525 号时,不得超过 80 ℃;当水泥标号等于或大

于 525 号时,不得超过 60 ℃,如果加热温度超过此值,则搅拌时应先与砂石拌和,然后加入水泥以防止水泥假凝。骨料加热可用将蒸汽直接通到骨料中的直接加热法或在骨料堆、贮料斗中安设蒸汽盘管进行间接加热。工程量小也可放在铁板上用火烘烤。砂石加热的极限温度亦与水泥标号和品种有关,对于标号小于 525 号的水泥,不应超过 60 ℃;对标号大于或等于 525 号的水泥,则不应超过 40 ℃。当骨料不需加热时,也必须除去骨料中的冰棱后再进行搅拌。

水泥绝对不允许加热。

为保证混凝土在冬期施工中能达到混凝土受冻临界强度,应对原材料的加热、搅拌、运输、浇筑和养护进行热工计算。此处不介绍具体计算方法,但其计算步骤如下:混凝土拌和物的温度→拌和物的出机温度→混凝土在成型完成时的温度→混凝土蓄热养护过程中任一时刻的温度及从蓄热养护开始至任一时刻的平均温度→混凝土蓄热养护至冷却至 0 ℃ 的时间。

根据混凝土强度增长曲线求出混凝土在此养护过程中能达到的强度,看其是否满足混凝土受冻临界强度的要求,如果满足,则制订施工方案,否则,应采取下列措施:

a. 提高混凝土的热量,即提高水、砂、石的加热温度,但不能超过规定的最高值。

b. 改善蓄热法用的保温措施,更换或加厚保温材料,使混凝土热量散发较慢,以提高混凝土的平均养护温度。

c. 掺加外加剂,使混凝土早强、防冻。

d. 混凝土浇筑后对其进行短期加热,提高混凝土热量和延长其冷却至 0 ℃ 的时间。

(2)掺外加剂法。掺外加剂法是一种只需要在混凝土中掺入外加剂,不需采取加热措施就能使混凝土在负温条件下继续硬化的方法。在负温条件下,混凝土拌和物中的水要结冰,随着温度的降低,固相逐渐增加,一方面增加了冰晶应力,使水泥石内部结构产生微裂缝;另一方面由于液相减少,使水泥水化反应变得十分缓慢而处于休眠状态。

掺外加剂的作用,就是使之产生抗冻、早强、催化、减水等效用。降低混凝土的冰点,使之在负温下加速硬化以达到要求的强度。常用的抗冻、早强的外加剂有氯化钠、氯化钙、硫酸钠、亚硝酸钠、碳酸钾、三乙醇胺、硫代硫酸钠、重铬酸钾、氨水、尿素等,其中氯化钠具有抗冻、早强作用,且价廉易得,早从 20 世纪 50 年代开始就得到应用,对其掺量应有限制,否则会引起钢筋锈蚀。氯盐除去掺量有限制外,在高湿度环境、预应力混凝土结构等情况下禁止使用。

外加剂种类的选择取决于施工要求和材料供应,而掺量应由试验确定,但混凝土的凝结速度不得超过其运输和浇筑时间,且混凝土的后期强度损失不得大于 5%,其他物理力学性能不得低于普通混凝土。随着新型外加剂的不断出现,其效果越来越好。目前掺加外加剂多从单一型向复合型发展,外加剂也从无机化合物向有机化合物方向发展。

(3)蒸汽加热法。蒸汽加热法即利用低压(不高于 0.07 MPa)饱和蒸汽对新浇注的混凝土构件进行加热养护。此法各类构件皆可以应用,唯需锅炉等设备,消耗能源多,费用高,因而只有在采用蓄热法、外加剂法达不到要求时考虑采用。此法宜优先选用矿渣硅酸盐水泥,因其后期强度损失比普通硅酸盐水泥少。

蒸汽加热法除去预制构件厂用的蒸汽养护法之外,还有汽套法、毛细管法和构件内部通汽法等。用蒸汽加热法养护混凝土,当用普通硅酸盐水泥时温度不宜超过80 ℃,用矿渣硅酸盐水泥时可提高到85~95 ℃,升温、降温速度亦有限制,并应设法排除冷凝水。

汽套法,即在构件模板外再加密封的套板,模板与套板间的空隙不宜超过15 cm,在套板内通入蒸汽加热养护混凝土。此法加热均匀,但设备复杂、费用大,只在特殊条件下用于养护水平结构的梁、板等。

毛细管法,即利用所谓"毛细管模板"将蒸汽通在模板内进行养护。此法用汽少、加热均匀,适用于垂直结构。此外,大模板施工,亦有在模板背后加装蒸汽管道,再用薄铁皮封闭并适当加以保温,用于大模板工程冬期施工。

构件内部通汽法,即在构件内部预埋外表面涂有隔离剂的钢管或胶皮管,浇筑混凝土后隔一定时间将管子抽出,形成孔洞,再于一端孔内插入短管即可通入蒸汽加热混凝土。加热时混凝土温度一般控制在30~60 ℃,待混凝土达到要求强度后,用砂浆或细石混凝土灌入通汽孔加以封闭。

用蒸汽养护时,根据构件的表面系数,混凝土的升温速度有一定限制。冷却速度和极限加热温度亦有限制。养护完毕,混凝土的强度至少要达到混凝土冬期施工临界强度。对整体式结构,当加热温度在40 ℃以上时,有时会使结构物的敏感部位产生裂缝,因而应对整体式结构的温度应力进行验算,对一些结构要采取措施降低温度应力,或设置必要的施工缝。

(4)电热法。电热法是利用电流通过不良导体混凝土(或通过电阻丝)所发出的热量来养护混凝土。它虽然设备简单,施工方法有效,但耗电量大,施工费用高,应慎重选用。

电热法养护混凝土,分电极法和电热器法两类。

电极法即在新浇筑的混凝土中,按一定间距(200~400 mm)插入电极($\phi6~\phi12$ 短钢筋),接通电源,利用混凝土本身的电阻,变电能为热能进行加热。加热时要防止电极与构件内的钢筋接触而引起短路。对于较薄构件,亦可将薄钢板固定在模板内侧作为电极。

电热器法是利用电流通过电阻丝产生的热量进行加热养护。根据需要,电热器可制成多种形状,如板状电热器、针状电热器、电热模板(模板背面装电阻丝形成热夹层,其外用铁皮包矿渣棉封严)等进行加热。

电热养护属高温干养护,温度过高会出现热脱水现象。混凝土加热有极限温度的限制,升、降温速度亦有限制。混凝土电阻随强度发展而增大,当混凝土达到50%设计强度时电阻增大,养护效果不显著,而且电能消耗增加,为节省电能,用电热法养护混凝土只宜加热养护至设计强度的50%。对整体式结构亦要防止加热养护时产生过大的温度应力。

第四节 预应力混凝土工程

预应力混凝土工程是一门新兴的科学技术,1928年由法国弗来西奈首先研究成功以后,在世界各国广泛推广应用。其推广数量和范围多少,是衡量一个国家建筑技术水平的重要标志之一。

我国1950年开始采用预应力混凝土结构,现在无论在数量以及结构类型方面均得到迅速发展。预应力技术已经从开始的单个构件发展到预应力结构新阶段。如无黏结预应力现浇平板结构、装配式整体预应力板柱结构、预应力薄板叠合板结构、大跨度部分预应力框架结构等。

普通钢筋混凝土构件的抗拉极限应变值只有 0.0001 ~ 0.00015,即相当于每米只允许拉长 0.1 ~ 0.15 mm,超过此值,混凝土就会开裂。如果混凝土不开裂,构件内的受拉钢筋应力只能达到 20 ~ 30 N/mm^2。如果允许构件开裂,裂缝宽度限制在 0.2 ~ 0.3 mm 时,构件内的受拉钢筋应力也只能达到 150 ~ 250 N/mm^2。因此,在普通混凝土构件中采用高强钢材达到节约钢材的目的受到限制。采用预应力混凝土才是解决这一矛盾的有效办法。所谓预应力混凝结构(构件),就是在结构(构件)受拉区预先施加压力产生预压应力,从而使结构(构件)在使用阶段产生的拉应力首先抵消预压应力,从而推迟了裂缝的出现和限制裂缝的开展,提高了结构(构件)的抗裂度和刚度。这种施加预应力的混凝土,叫作预应力混凝土。

与普通混凝土相比,预应力混凝土除了提高构件的抗裂度和刚度外,还具有减轻自重、增加构件的耐久性、降低造价等优点。

预应力混凝土按施工方法的不同可分为先张法和后张法两大类;按钢筋张拉方式不同可分为机械张拉、电热张拉与自应力张拉法等。

一、先张法

先张法是在浇筑混凝土构件之前,张拉预应力筋,将其临时锚固在台座或钢模上,然后浇筑混凝土构件,待混凝土达到一定强度(一般不低于混凝土强度标准值的 75%),并使预应力筋与混凝土间有足够黏结力时,放松预应力,预应力筋弹性回缩,借助于混凝土与预应力筋间的黏结,对混凝土产生预压应力。

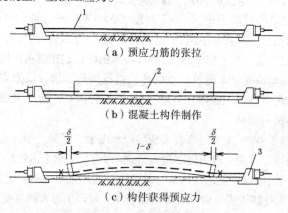

（a）预应力筋的张拉

（b）混凝土构件制作

（c）构件获得预应力

1—预应力筋;2—混凝土构件;3—台座

图 4-43　先张法生产示意图

先张法多用于预制构件厂生产定型的中小型构件,也常用于生产预应力桥跨结构等。图 4-43 所示为采用先张法施工工艺生产预应力构件的示意图。先张法生产有台座法、台模法两种。用台座法生产时,预应力筋的张拉、锚固、构件浇筑、养护和预应力筋的放松等工序都在台座上进行,预应力筋的张拉力由台座承受。台模法为机组流水、传送带生产方法,此时预应力筋的张拉力由钢台模承受。

本节主要介绍台座法生产预应力混凝土构件的预应力施工方法。

(一)先张法施工设备

1. 台座

用台座法生产预应力混凝土构件时,预应力筋锚固在台座横梁上,台座承受全部预应力的拉力,故台座应有足够的强度、刚度和稳定性,以避免台座变形、倾覆和滑移而引起的预应力的损失。

台座由台面、横梁和承力结构等组成。根据承力结构的不同,台座分为墩式台座、槽式台座、桩式台座等。

1)墩式台座

以混凝土墩作承力结构的台座称墩式台座,一般用以生产中小型构件。台座长度较长,张拉一次可生产多根构件,从而减少因钢筋滑动引起的预应力损失。

当生产空心板、平板等平面布筋的小型构件时,由于张拉力不大,可利用简易墩式台座(图4-44),它将卧梁和台座浇筑成整体,充分利用台面受力。锚固钢丝的角钢用螺栓锚固在卧梁上。

生产中型构件或多层叠浇构件可用如图4-45所示墩式台座。台面局部加厚,以承受部分张拉力。

设计墩式台座时,应进行台座的稳定性和强度验算。稳定性是指台座抗倾覆能力。

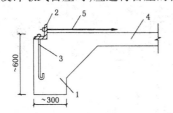

1—卧梁;2—角钢;3—预埋螺栓;
4—混凝土台面;5—预应力钢丝

图4-44 简易墩式台座(单位:mm)

图4-45 墩式台座

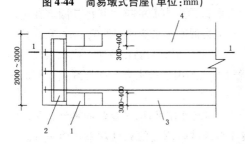

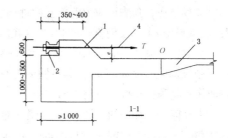

1—混凝土墩;2—钢横梁;
3—局部加厚的台面;4—预应力筋

图4-46 墩式台座的抗倾计算简图(单位:mm)

抗倾覆验算的计算简图如图4-46所示,台座的抗倾覆稳定性按下式计算:

$$K_0 = M'/M \tag{4-21}$$

式中 K_0 ——台座的抗倾覆安全系数;

    M ——由张拉力产生的倾覆力矩。

$$M = Te \tag{4-22}$$

式中 e ——张拉力合力 T 的作用点到倾覆转动点 O 的力臂;

    M' ——抗倾覆力矩。

如果忽略土压力,则

$$M' = G_1 l_1 + G_2 l_2 \tag{4-23}$$

进行强度验算时,支撑横梁的牛腿,按柱子牛腿计算方法计算其配筋;墩式台座与台面接触的外伸部分,按偏心受压构件计算;台面按轴心受压杆件计算;横梁按承受均布荷载的简支梁计算,其挠度应控制在 2 mm 以内,并不得产生翘曲。

2)槽式台座

生产吊车梁、屋面梁、箱梁等预应力混凝土构件时,由于张拉力和倾覆力矩都较大,大多采用槽式台座。由于它具有通长的钢筋混凝土压杆,可承受较大的张拉力和倾覆力矩,其上加砌砖墙,加盖后还可进行蒸汽养护(图4-47),为方便混凝土运输和蒸汽养护,槽式台座多低于地面。为便于拆迁,台座的压杆亦可分段浇制。

设计槽式台座时,也应进行抗倾覆稳定性和强度验算。

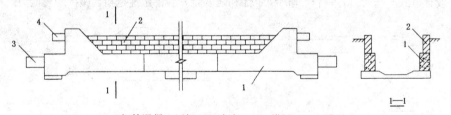

1—钢筋混凝土压杆;2—砖墙;3—上横梁;4—下横梁

图 4-47 槽式台座

2. 夹具和张拉机具

1)夹具

夹具是在先张法预应力混凝土构件施工时,为保持预应力筋的拉力并将其固定在生产台座(或设备)上的临时性锚固装置;或在后张法预应力混凝土结构或构件施工时,在张拉千斤顶或设备上夹持预应力筋的临时性锚固装置。夹具应与预应力筋相适应。张拉机具则是用于张拉钢筋的设备,它应根据不同的夹具和张拉方式选用。预应力钢丝与预应力钢筋张拉所用夹具和张拉机具有所不同。

夹具应具有良好的自锚性能、松锚性能和安全的重复使用性能,主要锚固零件宜采取镀膜防锈。它的静载性能由预应力筋—夹具组装件静载试验测定的夹具效率系数 η_g 确定。夹具效率系数应按下式计算:

$$\eta_g = \frac{F_{gpu}}{F_{pm}} \tag{4-24}$$

式中 F_{gpu} ——预应力筋—夹具组装件的实测极限拉力;

F_{pm}——预应力筋的实际平均极限抗拉力(由预应力钢材试件实测破断荷载平均值计算得出)。

试验结果应满足夹具效率系数 η_g 等于或大于 0.92 的要求。

钢丝张拉与钢筋张拉所用夹具和机具不同。

2)钢丝的夹具和张拉机具

(1)钢丝的夹具。先张法中钢丝的夹具分两类:一类是将预应力筋锚固在台座或钢模上的锚固夹具;另一类是张拉时夹持预应力筋用的夹具。锚固夹具与张拉夹具都是重复使用的工具。夹具的种类繁多,此处仅介绍常用的一些钢丝夹具。图4-48所示为钢丝的锚固夹具,图4-49所示为钢丝的张拉夹具。

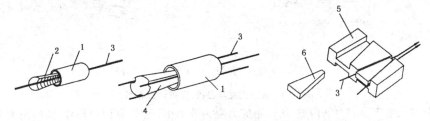

1—套筒;2—齿板;3—钢丝;4—锥塞;5—锚板;6—楔块

图4-48　钢丝的锚固夹具

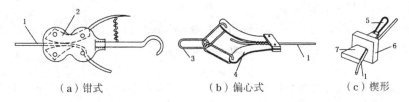

（a）钳式　　　　　（b）偏心式　　　　　（c）楔形

1—钢丝;2—钳齿;3—拉钩;4—偏心齿条;5—拉环;6—锚板;7—楔块

图4-49　钢丝的张拉夹具

夹具本身须具备自锁和自锚能力。自锁即锥销、齿板或楔块打入后不会反弹而脱出的能力;自锚即预应力筋张拉中能可靠地锚固而不被从夹具中拉出的能力。

以锥销式夹具(图4-49)为例,锥销在顶压力 Q 作用下打入套筒,由于 Q 力作用,在锥销侧面产生正压力 N 及摩擦力 $N\mu_1$,根据平衡条件得

$$Q = nN\mu_1\cos\alpha - nN\sin\alpha = 0 \qquad (4\text{-}25)$$

式中　n——锚固的预应力筋根数;

　　　μ_1——预应力筋与锥销间的摩擦因数。

因为 $\mu_1 = \tan\phi_1$(ϕ_1 为预应力筋与锥销间的摩擦角),代入式(4-25)得

$$Q = n\tan\phi_1 N\cos\alpha + nN\sin\alpha$$

所以

$$Q = \frac{nN\sin(\alpha + \phi_1)}{\cos\phi_1} \qquad (4\text{-}26)$$

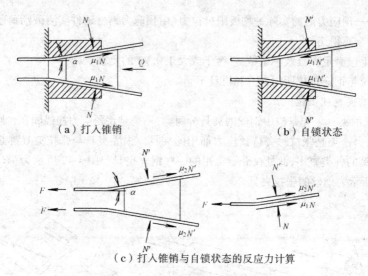

（a）打入锥销　　　　　　（b）自锁状态

（c）打入锥销与自锁状态的反应力计算

图 4-50　锥销式夹具自锁、自锚计算简图

锚固后,由于预应力筋内缩,所以正应力变为 N';由于锥销有回弹趋势,故摩阻力为 N,反向以阻止回弹。为使锥销自锁,则需满足下式:

$$nN'\mu_1\cos\alpha \geq nN'\sin\alpha$$

将 $\mu_1 \geq \tan\phi_1$ 代入上式得

$$n\tan\phi_1 N'\cos\alpha \geq nN'\sin\alpha$$

即

$$\tan\phi_1 \geq \tan\alpha$$

故

$$\alpha \leq \phi_1 \tag{4-27}$$

因此,要使锥销式夹具能够自锁,α 角必须小于或等于锥销与预应力筋间的摩擦角 ϕ_1。

张拉中预应力筋在 F 力作用下有向孔道内滑动的趋势,由于套筒顶在台座或钢模上不动,又由于锥销的自锁,则预应力筋带着锥销向内滑动,直至平衡为止。根据平衡条件,可知:

$$F = \mu_2 N'\cos\alpha + N'\sin\alpha$$

夹具如能自锚,即阻止预应力筋滑动的摩阻力应大于预应力筋的拉力 F,如图 4-50c 所示。由于 $N \approx N'$,则可得

$$\frac{(\mu_1 N + \mu_2 N)\cos\alpha}{F} = \frac{(\mu_1 N + \mu_2 n)\cos\alpha}{\mu_2 N\cos\alpha + N\sin\alpha} = \frac{\mu_1 + \mu_2}{\mu_2 + \tan\alpha} \geq 1 \tag{4-28}$$

由此可知,α、μ_2 越小,μ_1 越大,则夹具的自锚性能越好,μ_2 小而 μ_1 大则对预应力筋的挤压好,锥销向外滑动少。这就要求锥销的硬度(HRC40~45)大于预应力筋的硬度,而预应力筋的硬度要大于套筒的硬度。α 角一般为 4°~6°,过大,自锁和自锚性能差,过小则套筒承受的环向张力过大。

（2）钢丝的张拉机具。钢丝张拉分单根张拉和多根张拉。

用钢台模以机组流水法或传送带法生产构件多进行多根张拉。图 4-51 表示了用油压千斤顶进行张拉,要求钢丝的长度相等,事先调整初应力。

在台座上生产构件多进行单根张拉,由于张拉力较小,一般用小型电动卷扬机张拉,以弹簧、杠杆等简易设备测力。用弹簧测力时宜设置行程开关,以便张拉到规定的拉力时能自行停车。

选择张拉机具时,为了保证设备、人身安全和张拉力准确,张拉机具的张拉力应不小于预应力筋张拉力的 1.5 倍;张拉机具的张拉行程应不小于预应力筋张拉伸长值的 1.1 ~ 1.3 倍。

3)钢筋的夹具和张拉机具

(1)钢筋夹具。钢筋锚固多用螺丝端杆锚具、镦头锚和销片夹具等。张拉时可用连接器与螺丝端杆锚具连接,或用销片夹具等。

钢筋镦头,直径为 22 mm 以下的钢筋用对焊机热镦或冷镦,大直径钢筋可用压模加热锻打或成型。镦过的钢筋需经过冷拉,以检验镦头处的强度。

销片式夹具由圆套筒和圆锥行销片组成(图 4-52),套筒内壁呈圆锥形,与销片锥度吻合,销片有两片式和三片式,钢筋就夹紧在销片的凹槽内。

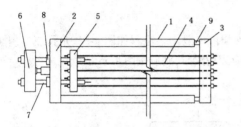

1—台模;2—前横梁;3—后横梁;4—钢筋;
5、6—拉力架横梁;7—螺栓杆;8—油压千斤顶;
9—放松装置

图 4-51 油压千斤顶成组张拉

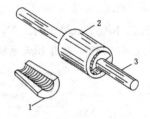

1—销片;2—套筒;3—预应力筋

图 4-52 两片式销片夹具

先张法用夹具除应具备静载锚固性能,夹具还应具备下列性能:①在预力夹具组装件达到实际破断拉力时,全部零件均不得出现裂缝和破坏;②应有良好的自锚性能;③应有良好的放松性能。需大力敲击才能松开的夹具,必须证明其对预应力筋的锚固无影响,且对操作人员安全不造成危险。夹具进入施工现场时必须检查其出厂质量证明书,以及其中所列的各项性能指标,并进行必要的静载试验,符合质量要求后方可使用。

(2)钢筋的张拉机具。先张法粗钢筋的张拉,分单根张拉和多根成组张拉。由于在长线台座上预应力筋的张拉伸长值较大,一般千斤顶行程多不能满足,故张拉较小直径钢筋可用卷扬机。此外,张拉直径为 12 ~ 20 mm 的单根钢筋、钢绞线或钢丝束,可用 YC-20 型穿心式千斤顶(图 4-53)。此外,YC-18 型穿心式千斤顶张拉行程可达 250 mm,亦可用于张拉单根钢筋或钢丝束。

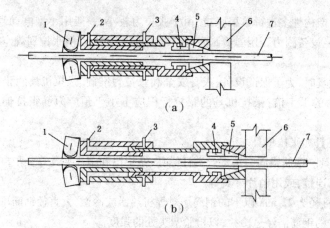

（a）

（b）

1—偏心夹具；2—后油嘴；3—前油嘴；4—弹性顶压头；

5—销片夹具；6—台座横梁；7—预应力筋

图 4-53　YC-20 型穿心式千斤顶

（二）先张法施工工艺

先张法预应力混凝土构件在台座上生产时，一般工艺流程如图 4-54 所示，施工中可按具体情况适当调整。如果用先张法生产预应力桥梁时，则应按图 4-55 的顺序进行。

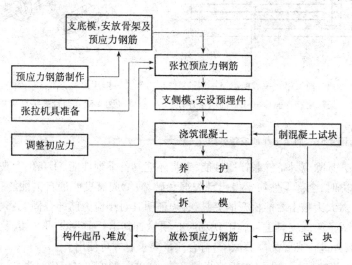

图 4-54　先张法一般工艺流程

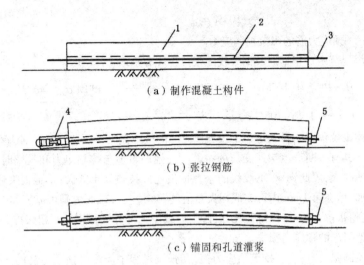

（a）制作混凝土构件

（b）张拉钢筋

（c）锚固和孔道灌浆

1—混凝土构件;2—预留孔道;3—预应力筋;4—千斤顶;5—锚具

图4-55　预应力混凝土后张法生产示意图

1. 预应力筋的张拉

预应力筋张拉应根据设计要求进行。当进行多根成组张拉时,应先调整各预应力筋的初应力,使其长度和松紧一致,以保证张拉后各预应力筋的应力一致。

张拉时的控制应力按设计规定。控制应力的数值影响预应力的效果。控制应力高,建立的预应力值则大。但控制应力过高,预应力筋处于高应力状态,使构件出现裂缝的荷载与破坏荷载接近,破坏前无明显的预兆,这是不允许的。此外,施工中为减少由于松弛等原因造成的预应力损失,一般要进行超张拉,如果原定的控制应力过高,再加上超张拉就可能使钢筋的应力超过流限。为此,《混凝土结构设计规范》GB 50010—2010 规定预应力钢筋的张拉控制应力值 σ_{con} 不宜超过表4-19 规定的张拉控制应力限值,且不应小于 $0.4f_{ptk}$。

表4-19　张拉控制应力限值

钢筋种类	张拉方法	
	先张法	后张法
消除应力钢丝、钢绞线	$0.75f_{ptk}$	$0.75f_{ptk}$
热处理钢筋	$0.70f_{ptk}$	$0.65f_{ptk}$

在下列情况下,表4-20 中的张拉控制应力限值可提高 $0.05f_{ptk}$。

（1）为了提高构件在施工阶段的抗裂性,而在使用阶段受压区内设置的预应力筋。

（2）为了部分抵消由于应力松弛、摩擦、钢筋分批张拉以及预应力筋与台座之间的温差等因素产生的预应力损失。

张拉程序一般可按下列程序之一进行:

$$0 \longrightarrow 105\% \sigma_{com} \xrightarrow{\text{持荷2 min}} \sigma_{com} \tag{4-29}$$

或 $\qquad 0 \longrightarrow 103\%\,\sigma_{com}$ (4-30)

式中　σ_{com}——预应力筋的张拉控制应力。

交通部规范中对粗钢筋及钢绞线的张拉程序分别取：

$$0 \rightarrow 初应力(10\%\,\sigma_{com}) \rightarrow 105\%\,\sigma_{com} \xrightarrow{\text{持荷 2 min}} 90\%\,\sigma_{com} \rightarrow \sigma_{com} \qquad (4\text{-}31)$$

$$0 \rightarrow 初应力 105\%\,\sigma_{com} \xrightarrow{\text{持荷 2 min}} 0 \rightarrow \sigma_{com} \qquad (4\text{-}32)$$

建立上述张拉程序的目的是为了减少预应力的松弛损失。所谓"松弛"，即钢材在常温、高应力状态下具有不断产生塑性变形的特性。松弛的数值与控制应力和延续时间有关，控制应力高松弛亦大，因此钢丝、钢绞线的松弛损失比冷拉热轧钢筋大；松弛损失还随着时间的延续而增加，但在第 1min 内可完成损失总值的 50% 左右，24 h 内则可完成 80%。上述张拉程序，如先超张拉 5%$\,\sigma_{com}$再持荷几分钟，则可减少大部分松弛损失。超张拉 3%$\,\sigma_{com}$亦是为了弥补松弛引起的预应力损失。

用应力控制张拉时，为了校核预应力值，在张拉过程中应测出预应力筋的实际伸长值。如实际伸长值大于计算伸长值 10% 或小于计算伸长值 5%，应暂停张拉，查明原因并采取措施予以调整后，方可继续张拉。

台座法张拉中，为避免台座承受过大的偏心压力，应先张拉靠近台座截面重心处的预应力筋。

多根预应力筋同时张拉时，必须事先调整初应力，使相互间的应力一致。预应力筋张拉锚固后的实际预应力值与设计规定检验值的相对允许偏差为 ±5%。

张拉完毕锚固时，张拉端的预应力筋回缩量不得大于设计规定值；锚固后，预应力筋对设计位置的偏差不得大于 5 mm，并不大于构件截面短边长度的 4%。

另外，施工中必须注意安全，严禁正对钢筋张拉的两端站立人员，防止断筋回弹伤人。冬季张拉预应力筋，环境温度不宜低于 − 15 ℃。

2. 混凝土的浇筑与养护

确定预应力混凝土的配合比时，应尽量减少混凝土的收缩和徐变，以减少预应力损失。收缩和徐变都与水泥品种和用量、水灰比、骨料孔隙率、振动成型等有关。

预应力筋张拉完成后，钢筋绑扎、模板拼装和混凝土浇筑等工作应尽快跟上。混凝土应振捣密实。混凝土浇筑时，振动器不得碰撞预应力筋。混凝土未达到强度前，也不允许碰撞或踩动预应力筋。

混凝土可采用自然养护或湿热养护。但必须注意，当预应力混凝土构件在台座上进行湿热养护时，应采取正确的养护制度以减少由于温差引起的预应力损失。预应力筋张拉后锚固在台座上，温度升高预应力筋膨胀伸长，使预应力筋的应力减小。在这种情况下混凝土逐渐硬结，而预应力筋由于温度升高而引起的预应力损失不能恢复。因此，先张法在台座上生产预应力混凝土构件，其最高允许的养护温度应根据设计规定的允许温差（张拉钢筋时的温度与台座养护温度之差）计算确定。以机组流水法或传送带法用钢模制作预应力构件，湿热养护时钢模与预应力筋同步伸缩，故不引起温差预应力损失。

3. 预应力筋放松

混凝土强度在达到设计规定的数值（一般不小于混凝土标准强度的 75%）后，才可放松预应力筋。这是因为放松过早会由于预应力筋回缩而引起较大的预应力损失。预应力筋放松应根据配筋情况和数量,选用正确的方法和顺序,否则易引起构件翘曲、开裂和断筋等现象。

当预应力筋采用钢丝时,配筋不多的中小型钢筋混凝土构件,钢丝可用砂轮锯或切断机切断等方法放松。配筋多的钢筋混凝土构件,钢丝应同时放松,如逐根放松,则最后几根钢丝将由于承受过大的拉力而突然断裂,易使构件端部开裂。长线台座上放松后预应力筋的切断顺序,一般由放松端开始,逐次切向另一端。

预应力筋为钢筋时,对热处理钢筋不得用电弧切割,宜用砂轮锯或切断机切断。数量较多时,也应同时放松。多根钢丝或钢筋的同时放松,可用油压千斤顶、砂箱、楔块等。

采用湿热养护的预应力混凝土构件,宜热态放松预应力筋,而不宜降温后再放松。

二、后张法

后张法是先制作构件,预留孔道,待构件混凝土强度达到设计规定的数值后,在孔道内穿入预应力筋进行张拉,并用锚具在构件端部将预应力筋锚固,最后进行孔道灌浆。预应力筋的张拉力主要是靠构件端部的锚具传递给混凝土,使混凝土产生预压应力。图 4-56 所示为预应力混凝土后张法生产示意图。

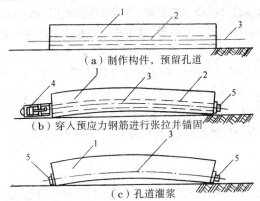

（a）制作构件,预留孔道

（b）穿入预应力钢筋进行张拉并锚固

（c）孔道灌浆

1—混凝土构件;2—预留孔道;3—预应力筋;4—千斤顶;5—锚具

图 4-56　后张法施工顺序

（一）锚具及张拉设备

1.锚具的要求

锚具是预应力筋张拉和永久固定在预应力混凝土构件上的传递预应力的工具。按锚固性能不同,可分为I类锚具和II类锚具。I类锚具适用于承受动载、静载的预应力混凝土结构;II类锚具仅适用于有黏结预应力混凝土结构,且锚具只能处于预应力筋应力变化不大的部位。

锚具的静载锚固性能,应由预应力锚具组装件静载试验测定的锚具效率系数 η_a 和达到实测极限拉力时的总应变 $\varepsilon_{apu}\%$ 。确定其值应符合表 4-20 规定。

表 4-20　锚具效率系数与总应变

锚具类型	锚具效率系数 μ_a	实测极限拉力时的总应变 ε_{apu}/%
I	≥0.95	≥2.0
II	≥0.90	≥1.7

锚具效率系数可按下式计算：

$$\eta_a = \frac{F_{apu}}{\eta_p F_{apu}^c} \tag{4-33}$$

式中　F_{apu}——预应力筋锚具组装件的实测极限拉力，kN；

F_{apu}^c——预应力筋锚具组装件中各根预应力钢材计算极限拉力之和，kN；

η_p——预应力筋的效率系数。

对于重要预应力混凝土结构工程使用的锚具，预应筋的效率系数应按国家现行标准《预应力钢筋锚具、夹具和连接器》的规定进行计算。

对于一般预应力混凝土结构工程使用的锚具，当预应力筋为钢丝、钢绞线或热处理钢筋时，预应力筋的效率系数 η_p 取 0.97。

除满足上述要求，锚具尚应满足下列规定：

（1）当预应力筋锚具组装件达到实测极限拉力时，除锚具设计允许的现象外，全部零件均不得出现肉眼可见的裂缝或破坏。

（2）除能满足分级张拉及补张拉工艺外，宜具有能放松预应力筋的性能。

（3）锚具或其附件上宜设置灌浆孔道，灌浆孔道应有使浆液通畅的截面积。

2. 锚具的种类

后张法所用锚具根据其锚固原理和构造型式不同，分为螺杆锚具、夹片锚具、锥销式锚具和镦头锚具 4 种体系；在预应力筋张拉过程中，锚具所在位置与作用不同，又可分为张拉端锚具和固定端锚具；预应力筋的种类有热处理钢筋束、清除应力钢筋束或钢绞线束、钢丝束。因此，按锚具锚固钢筋或钢丝的数量，可分为单根粗钢筋锚具、钢丝锚具和钢筋束、钢绞线束锚具。

1）单根粗钢筋锚具

（1）螺栓端杆锚具。螺栓端杆锚具由螺栓端杆、垫板和螺母组成，适用于锚固直径不大于 36 mm 的热处理钢筋，如图 4-57a 所示。

螺栓端杆可用同类热处理钢筋或热处理 45 号钢制作。制作时，先粗加工至接近设计尺寸，再进行热处理，然后精加工至设计尺寸。热处理后不能有裂纹和伤痕。螺母可用 3 号钢制作。

螺栓端杆锚具与预应力筋对焊，用张拉设备张拉螺栓端杆，然后用螺母锚固。

（2）帮条锚具。帮条锚具由一块方形衬板与 3 根帮条组成（图 4-57b）。衬板采用普通低碳钢板，帮条采用与预应力筋同类型的钢筋。帮条安装时，3 根帮条与衬板相接触的截面应在一个垂直平面上，以免受力时产生扭曲。

帮条锚具一般用在单根粗钢筋作预应力筋的固定端。

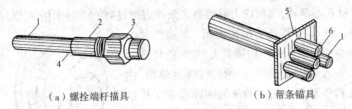

（a）螺拴端杆描具　　　　　　　　（b）帮条锚具

1—钢筋;2—螺拴端杆;3—螺母;4—焊接接头;5—衬板;6—帮条

图4-57 单根筋描具

2）钢筋束、钢绞线束锚具

钢筋束和钢绞线束目前使用的锚具有 JM 型、KT—Z 型、XM 型、QM 型和镦头锚具等。

（1）JM 型锚具。JM 型锚具由锚环与夹片组成,如图 4-58 所示,夹片呈扇形,靠两侧的半圆槽锚固预应力钢筋。为增加夹片与预应力筋之间的摩擦力,在半圆槽内刻有截面为梯形的齿痕,夹片背面的坡度与锚环一致。锚环分甲型和乙型两种,甲型锚环为一个具有锥形内孔的圆柱体,外形比较简单,使用时直接放置在构件端部的垫板上。乙型锚环在圆柱体外部增添正方形肋板,使用时锚环预埋在构件端部不另设垫板。锚环和夹片均用 45 号钢制造,甲型锚环和夹片必须经过热处理,乙型锚环可不必进行热处理。

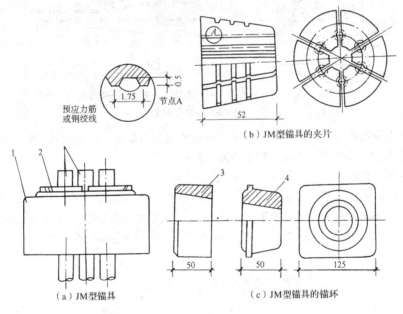

1—锚环;2—夹片;3—圆锚环;4—方锚环

图4-58 JM 型锚具（单位:mm）

JM 型锚具可用于锚固 3～6 根直径为 12 mm 的光圆或螺纹钢筋束,也可以用于锚固 5～6 根直径为 12 mm 的钢绞线束。它可以作为张拉端或固定端锚具,也可作重复使用的工具锚。

（2）KT-Z 型锚。KT-Z 型锚具为可锻铸铁锥形锚具,由锚环和锚塞组成。如图 4-59 所示,分为 A 型和 B 型两种,当预应力筋的最大张拉力超过450 kN时采用 A 型,不超过450 kN 时,采用 B 型。KT-Z 型锚具适用锚固,3 ~6 根直径为 12 mm 的钢筋束或钢绞线束。该锚具为半埋式,使用时 先将锚环小头嵌入承压钢板中,并用断续焊缝焊牢,然 后共同预埋在构件端部。预应力筋的锚固需借千斤顶 将锚塞顶入锚环,其顶压力为预应力筋张拉力的 50% ~60%。使用 KT-Z 型锚具时,预应力筋在锚环小 口处形成弯折,因而产生摩擦损失。预应力筋的损失值 钢筋束约为 $4\% \sigma_{com}$,钢绞线约为 $2\% \sigma_{com}$。

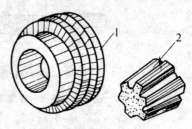

1—锚环;2—锚塞

图4-59 KT-Z 型描具

(3)XM 型锚具。XM 型锚具属新型大吨位群锚体 系锚具。它由锚环和夹片组成。3 个夹片为一组夹持一根预应力筋形成一个锚固单元。由 一个锚固单元组成的锚具称单孔锚,由二个或二个以上的锚固单元组成的锚具称为多孔 锚具,如图4-60 所示。

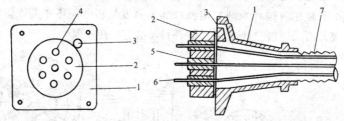

1—喇叭管;2—锚环;3—灌浆孔;4—圆锥孔;5—夹片;6—钢绞线;7—波纹管

图4-60 XM 型锚具

XM 型锚具的夹片为斜开缝,以确保夹片能夹紧钢绞线或钢丝束中每一根外围钢丝,形 成可靠的锚固。夹片开缝宽度一般平均为 1.5 mm。

XM 型锚具既可作为工作锚,又可兼做工具锚。

(4)QM 型锚具。QM 型锚具与 XM 型锚具相似,它也是由锚板和夹片组成。但锚孔是 直的,锚板顶面是平的,夹片垂直开缝。此外,备有配套喇叭形铸铁垫板与弹簧圈等。这种 锚具适用于锚固4 ~31根 ϕ^j12 和 3 ~9 根 ϕ^j15 钢绞线束,如图4-61 所示。

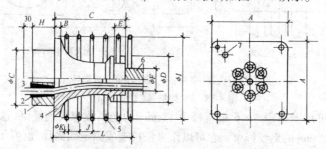

1—锚件;2—夹片;3—钢纹线;4—喇叭形铸铁垫板;

5—弹簧圈;6—预留孔道用的波纹管;7—灌浆孔

图4-61 QM 型锚具及配件

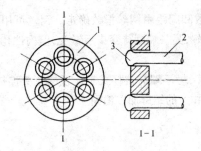
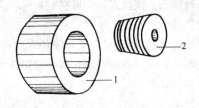

1—锚固板;2—预应力筋;3—镦头
图4-62　固定端用镦头锚具

1—锚环;2—锚塞
图4-63　钢质锥形锚具

（5）镦头锚具。镦头锚用于固定端,如图4-62所示,它由锚固板和带镦头的预应力筋组成。

3）钢丝束锚具

钢丝束所用锚具目前国内常用的有钢质锥形锚具、锥形螺杆锚具、钢丝束镦头锚具、XM型锚具和QM型锚具。

（1）钢质锥形锚具。钢质锥形锚具由锚环和锚塞组成,如图4-63所示。用于锚固以锥锚式双作用千斤顶张拉的钢丝束。钢丝分布在锚环锥孔内侧,由锚塞塞紧锚固。锚环内孔的锥度应与锚塞的锥度一致,锚塞上刻有细齿槽,夹紧钢丝防止滑移。

钢质锥形锚具的缺点是当钢丝直径误差较大时,易产生单根滑丝现象,且很难补救。如果用加大顶锚力的办法来防止滑丝,又易使钢丝被咬伤。此外,钢丝锚固时呈辐射状态,弯折处受力较大。目前在国外已很少采用。

（2）锥形螺杆锚具。锥形螺杆锚具适用于锚固14～28根 ϕ^s5 组成的钢丝束。由锥形螺杆、套筒、螺母、垫板组成,如图4-64所示。

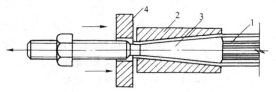

1—钢丝;2—套筒;3—锥形螺杆;4—垫板
图4-64　锥形螺杆锚具

（3）钢丝束镦头锚具。钢丝束镦头锚具用于锚固 12～54 根 ϕ^s5 碳素钢丝束,分DM5A型和DM5B型两种。A型用于张拉端,由锚环和螺母组成,B型用于固定端,仅有一块锚板,如图4-65所示。

锚环的内外壁均有丝扣,内丝扣用于连接张拉螺杆,外丝扣用拧紧螺母锚固钢丝束。

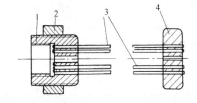

1—A型锚环;2—螺母;3—钢丝束;4—锚板
图4-65　钢丝束镦头锚具

锚环和锚板四周钻孔,以固定镦头的钢丝。孔数和间距由钢丝根数确定。钢丝可用液压冷镦器进行镦头。钢丝束一端可在制束时将头镦好,另一端则待穿束后镦头,但构件孔道端部要设置扩孔。

张拉时,张拉螺丝杆一端与锚环内丝扣连接,另一端与拉杆式千斤顶的拉头连接,当张拉到控制应力时,锚环被拉出,则拧紧锚环外丝扣上的螺母加以锚固。

3. 张拉设备

后张法主要张拉设备有千斤顶和高压油泵。

1)拉杆式千斤顶(YL型)

拉杆式千斤顶主要用于张拉带有螺丝端杆锚具的粗钢筋、锥形螺杆锚具钢丝束及镦头锚具钢丝束。

拉杆式千斤顶构造如图4-66所示,由主缸1、主缸活塞2、副缸4、副缸活塞5、连接器7、顶杆8和拉杆9等组成。张拉预应力筋时,首先使连接器7与预应力筋11的螺丝端杆14连接,并使顶杆8支撑在构件端部的预埋钢板13上。当高压油泵将油液从主缸油嘴3进入主缸时,推动主缸活塞向左移动,带动拉杆9和连接在拉杆末端的螺丝端杆,预应力筋即被拉伸,当达到张拉力后,拧紧预应力筋端部的螺母10,使预应力筋锚固在构件端部。锚固完毕后,改用副缸油嘴6进油,推动副缸活塞和拉杆向右移动,回到开始张拉时的位置,与此同时,主缸1的高压油也回到油泵中。目前工地上常用的为600 kN拉杆式千斤顶,其主要技术性能见表4-21。

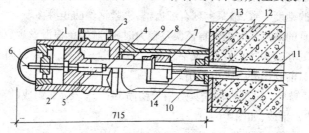

1—主缸;2—主缸活塞;3—主缸油嘴;4—副缸;5—副缸活塞;6—副缸油嘴;7—连接器;
8—顶杆;9—拉杆;10—螺母;11—预应力筋;12—混凝土构件;13—预埋钢板;14—螺栓端杆

图4-66 拉杆式千斤顶造示意图

表4-21 拉杆式千斤顶主要性能

项目	技术性能
最大张拉力/kN	600
张拉行程/mm	150
主缸活塞面积/cm^2	152
最大工作油压/MPa	40
质量/kg	68

2)锥锚式千斤顶(YZ型)

锥锚式千斤顶主要用于张拉KT-Z型锚具锚固的钢筋束或钢绞线束和使用锥形锚具的

预应力钢丝束。其张拉油缸用以张拉预应力筋,顶压油缸用以顶压锥塞,因此又称双作用千斤顶,如图 4-67 所示。

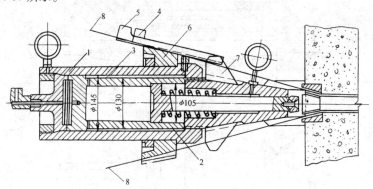

1—主缸;2—副缸;3—退楔缸;4—楔块(张拉时位置);5—楔块(退出时位置);
6—锥形卡环;7—退楔翼片;8—预应力筋

图 4-67 锥锚式千斤顶构造图

张拉预应力筋时,主缸进油,主缸被压移,使固定在其上的钢筋被张拉。钢筋张拉后,改由副缸进油,随即由副缸活塞将锚塞顶入锚圈中。主、副缸的回油则是借助设置在主缸和副缸中弹簧作用来进行的。

3)穿心式千斤顶(YC 型)

穿心式千斤顶适用性很强,它适用于张拉采用 JM12 型、QM 型、XM 型的预应力钢丝束、钢筋束和钢绞线束。配置撑脚和拉杆等附件后,又可作为拉杆式千斤顶使用。在千斤顶前端装上分束顶压器,并在千斤顶与撑套之间用钢管接长后可作为 YZ 型千斤顶使用,张拉钢质锥形锚具。穿心式千斤顶的特点是千斤顶中心有穿通的孔道,以便预应力筋或拉杆穿过后用工具锚临时固定在千斤顶的顶部进行张拉。根据张拉力和构造不同,有 YC60,YC20D,YCD120,YCD200 和无顶压机构的 YCQ 型千斤顶。现以 YC60 型千斤顶为例,说明其工作原理(图 4-68)。

张拉前,先把装好锚具的预应力筋穿入千斤顶的中心孔道,并在张拉油缸 1 的端部用工具锚 6 加以锚固。张拉时,用高压油泵将高压油液由张拉缸油嘴 16 进入张拉工作油室 13,由于张拉活塞 3 顶在构件 9 上,因而张拉油缸 1 逐渐向左移动而张拉预应力筋。在张拉过程中,由于张拉油缸 1 向左移动而使张拉回程油室 15 的容积逐渐减小,所以须将顶压缸油嘴 17 开启以便回油。张拉完毕立即进行顶压锚固。顶压锚固时,高压油液由顶压油嘴 17 经油孔 18 进入顶压工作油室 14,由于顶压油缸 2 顶在构件 9 上,且张拉工作油室中的高压油液尚未回油,因此顶压活塞 3 向左移动顶压 JMl2 型锚具的夹片,按规定的顶压力将夹片压入锚环 8 内,将预应力筋锚固。张拉和顶压完成后,开启张拉缸油嘴 16,同时顶压缸油嘴 17 继续进油,由于顶压活塞 3 仍顶住夹片,顶压工作油室 14 的容积不变,进入的高压油液全部进入张拉回程油室 15,因而张拉油缸 1 逐渐向左移动进行复位,然后油泵停止工作,开启油嘴门,利用弹簧 4 使顶压活塞 3 复位,并使顶压工作油室 14、张拉回程油室 15 回油卸荷。

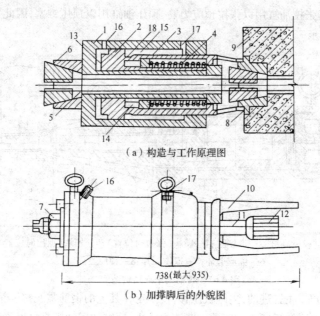

（a）构造与工作原理图

（b）加撑脚后的外貌图

1—张拉油缸；2—顶压油缸（张拉活塞）；3—顶压活塞；4—弹簧；5—预应力筋；
6—工具锚；7—螺母；8—锚环；9—构件；10—撑脚；11—张拉杆；12—连接器；
13—张拉工作油室；14—顶压工作油室；15—张拉回程油室；16—张拉缸油嘴；
17—顶压缸油嘴；18—油孔

图 4-68　YC-60 型千斤顶

4）高压油泵

高压油泵与液压千斤顶配套使用，它的作用是向液压千斤顶各个油缸供油，使其活塞按照一定速度伸出或回缩。

高压油泵按驱动方式分为手动和电动两种。一般采用电动高压油泵。油泵型号有 $ZB_{0.8}/500$、$ZB_{0.6}/630$、$ZB_4/500$、$ZB_{10}/500$（分数线上数字表示每分钟的流量，分数线下数字表示工作油压 kg/cm²）等。选用时，应使油泵的额定压力大于或等于千斤顶的额定压力。

5）千斤顶的校正

采用千斤顶张拉预应力筋，预应力的大小是通过油压表的读数表达，油压表读数表示千斤顶活塞单位面积的油压力。如张拉力为 N，活塞面积是 F，则油压表的相应读数为 p，即

$$p = \frac{N}{F} \tag{4-34}$$

由于千斤顶活塞与油缸之间存在着一定的摩阻力，所以实际张拉力往往比式（4-34）计算的小。为保证预应力筋张拉应力的准确性，应定期校验千斤顶与油压表读数的关系，制成表格或绘制 p 与 N 的关系曲线，供施工中直接查用。校验时千斤顶活塞方向应与实际张拉时的活塞运行方向一致，校验期不应超过半年。如在使用过程中张拉设备出现反常现象，应重新校验。

千斤顶校正的方法主要有标准测力计校正、压力机校正及用两台千斤顶互相校正等方法。

(二)预应力筋的制作

1. 单根预应力筋制作

单根预应力钢筋一般用热处理钢筋,其制作包括配料、对焊、冷拉等工序。为保证质量,宜采用控制应力的方法进行冷拉,钢筋配料时应根据钢筋的品种测定冷拉率,如果在一批钢筋中冷拉率变化较大时,应尽可能把冷拉率相近的钢筋对焊在一起进行冷拉,以保证钢筋冷拉力的均匀性。

钢筋对焊接长在钢筋冷拉前进行。钢筋的下料长度由计算确定。

当构件两端均采用螺丝端杆锚具时(图4-69),预应力筋下料长度为

$$L_0 = \frac{l + 2l_2 - 2l_1}{1 + \lambda - \delta} + n\Delta \tag{4-35}$$

当一端采用螺丝端杆锚具,另一端采用帮条锚具或镦头锚具时,预应力筋下料长度为

$$L = \frac{l + l_2 + l_3 - l_1}{1 + \lambda + \delta} + n\Delta \tag{4-36}$$

式中　l——构件的孔道长度;

l_1——螺丝端杆长度,一般为320 mm;

l_2——螺丝端杆伸出构件外的长度,一般为120~150 mm(或按张拉端 $l_2 = 2H + h + 5$ mm,锚固端 $l_2 = H + h + 10$ mm 计算);

l_3——帮条或镦头锚具所需钢筋长度;

λ——预应力筋的冷拉率(由试验定);

δ——预应力筋的冷拉回弹率,一般为 0.4%~0.6%;

n——对焊接头数量;

Δ——每个对焊接头的压缩量,取一个钢筋直径;

H——螺母高度;

h——垫板厚度。

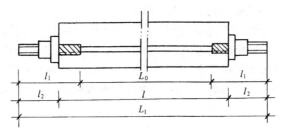

图 4-69　预应力筋下料长度计算图

2. 钢筋束及钢绞线束制作

钢筋束由直径为10 mm的热处理钢筋编束而成,钢绞线束由直径为12 mm 或 15 mm 的

钢绞线束编束而成。预应力筋的制作一般包括开盘冷拉、下料和编束等工序。每束 3 ~ 6 根,一般不需对焊接长,下料是在钢筋冷拉后进行。钢绞线下料前应在切割口两侧各 50 mm 处用铁丝绑扎,切割后对切割口应立即焊牢,以免松散。

为了保证构件孔道穿入筋和张拉时不发生扭结,应对预应力筋进行编束。编束时一般把预应力筋理顺后,用 18 ~ 22 号铁丝每隔 1 m 左右绑扎一道,形成束状。

预应力钢筋束或钢绞线束的下料长度 L 可按下式计算:

一端张拉时 $\qquad L = l + a + b \qquad$ (4-37)

两端张拉时 $\qquad L = l + 2a \qquad$ (4-38)

式中 l——构件孔道长度;

a——张拉端留量,与锚具和张拉千斤顶尺寸有关;

b——固定端留量,一般为 80 mm。

3. 钢丝束制作

钢丝束制作随锚具的不同而异,一般需经调直、下料、编束和安装锚具等工序。

当采用 XM 型锚具、QM 型锚具、钢质锥形锚具时,预应力钢丝束的制作和下料长度计算基本与预应力钢筋束、钢绞线束相同。

当采用镦头锚具时,一端张拉,应考虑钢丝束张拉锚固后螺母位于锚环中部,钢丝下料长度 L 可按如图 4-70 所示用下式计算:

$$L = L_0 + 2a + 2b - 0.5(H - H_1) - \Delta L - C \qquad (4-39)$$

式中 L_0——孔道长度;

a ——锚板厚度;

b ——钢丝镦头留量,取钢丝直径 2 倍;

H ——锚杯高度;

H_1——螺母高度;

ΔL——张拉时钢丝伸长值;

C ——混凝土弹性压缩(若很小时可忽略不计)。

为了保证张拉时各钢丝应力均匀,用锥形螺杆锚具和镦头锚具的钢丝束,要求钢丝每根长度要相等。下料长度相对误差要控制在 L/5000 以内且不大于 5 mm。因此,下料时应在应力状态下切断下料,下料的控制应力为 300 MPa。

为了保证钢丝不发生扭结,必须进行编束。编束前应对钢丝直径进行测量,直径相对误差不得超过 0.1 mm,以保证成束钢丝与锚具可靠连接。采用锥形螺杆锚具时,编束工作在平整的场地上把钢丝理顺放平,用 22 号铁丝将钢丝每隔 1 m 编成帘子状,然后每隔 1 m 放置 1 个螺旋衬圈,再将编好的钢丝帘绕衬圈围成圆束,用铁丝绑扎牢固,如图 4-71 所示。

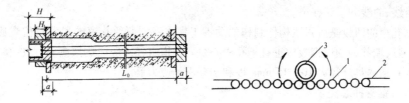

图 4-70　用镦头锚具时钢丝下料
长度计算简图

1—钢丝；2—铅丝；3—衬圈
图 4-71　钢丝束的编束

当采用镦头锚具时，根据钢丝分圈布置的特点，编束时首先将内圈和外圈钢丝分别用铁丝顺序编扎，然后将内圈钢丝放在外圈钢丝内扎牢。编束好后，先在一端安装锚杯并完成镦头工作，另一端钢丝的镦头，待钢丝束穿过孔道安装上锚板后再进行。

（三）后张法施工工艺

后张法施工工艺与预应力施工有关的主要是孔道留设、预应力筋张拉和孔道灌浆 3 部分。图 4-72 所示为后张法施工工艺流程图。

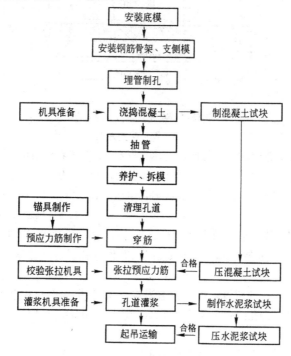

图 4-72　后张法施工工艺流程图

1. 孔道留设

后张法构件中孔道留设一般采用钢管抽芯法、胶管抽芯法、预埋管法。预应力筋的孔道形状有直线、曲线和折线 3 种。钢管抽芯法只用于直线孔道，胶管抽芯法和预埋管法则适用于直线、曲线和折线孔道。

孔道的留设是后张法构件制作的关键工序之一。所留孔道的尺寸与位置应正确,孔道要平顺,端部的预埋钢板应垂直于孔中心线。孔道直径一般应比预应力、筋的接头外径或需穿入孔道锚具外径大 10 ~ 15 mm,以利于穿入预应力筋。

1)钢管抽芯法

将钢管预先埋设在模板内孔道位置,在混凝土浇筑和养护过程中,每隔一定时间要慢慢转动钢管一次,以防止混凝土与钢管黏结。在混凝土初凝后、终凝前抽出钢管,即在构件中形成孔道。为保证预留孔道质量,施工中应注意以下几点。

(1)钢管要平直,表面光滑,安放位置准确。钢管不直,在转动及拔管时易将混凝土管壁挤裂。钢管预埋前应除锈、刷油,以便抽管。钢管的位置固定一般用钢筋井字架,井字架间距一般为 1 ~ 2 m。当灌筑混凝土时,应防止振动器直接接触钢管,以免产生位移。

(2)钢管每根长度最好不超过 15 m,以便旋转和抽管。钢管两端应各伸出构件 500 mm左右。较长构件可用两根钢管接长,两根钢管接头处可用 0.5 mm 厚铁皮做成的套管连接,如图 4-73 所示。套管内表面要与钢管外表面紧密结合,以防漏浆堵塞孔道。

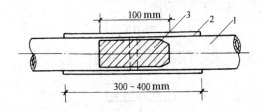

1—钢管;2—铁皮套筒;3—硬木塞

图 4-73　钢管连接方式

(3)恰当地掌握抽管时间。抽管时间与水泥品种、气温和养护条件有关。抽管宜在混凝土终凝前、初凝后进行,以用手指按压混凝土表面不显指纹时为宜。常温下抽管时间约在混凝土浇筑后 3 ~ 6 h。抽管时间过早,会造成坍孔事故;太晚,混凝土与钢管黏结牢固,抽管困难,甚至抽不出来。

(4)抽管顺序和方法。抽管顺序宜先上后下进行。抽管时速度要均匀,边抽边转,并与孔道保持在一直线上。抽管后,应及时检查孔道,并做好孔道清理工作,以免增加以后穿筋的困难。

(5)灌浆孔和排气孔的留设。由于孔道灌浆需要,每个构件与孔道垂直的方向应留设若干个灌浆孔和排气孔,孔距一般不大于 12 m,孔径为 20 mm,可用木塞或白铁皮管成孔。

2)胶管抽芯法

留设孔道用的胶管一般有 5 层或 7 层夹布管和供预应力混凝土专用的钢丝网橡皮管两种。前者必须在管内充气或充水后才能使用。后者质硬,且有一定弹性,预留孔道时与钢管一样使用。下面介绍常用的夹布胶管留设孔道的方法。

胶管采用钢筋井字架固定,间距不宜大于 0.5 m,并与钢筋骨架绑扎牢。然后充水(或充气)加压到 0.5 ~ 0.8 N/mm²,此时胶管直径可增大约 3 mm。待混凝土初凝后,放出压缩

空气或压力水,胶管直径变小并与混凝土脱离,以便于抽出形成的孔道。为了保证留设孔道质量,使用时应注意以下几个问题:

(1)胶管必须有良好的密封装置,勿漏水、漏气。密封的方法是将胶管一端外表面削去1~3层胶皮及帆布,然后将外表面带有粗丝扣的钢管(钢管一端用铁板密封焊牢)插入胶管端头孔内,再用20号铅丝与胶管外表面密缠牢固,铅丝头用锡焊牢。胶管另一端接上阀门,其方法与密封端基本相同。

(2)胶管接头处理。图4-74所示为胶管接头方法。图中1 mm厚钢管用无缝钢管加工而成,其内径等于或略小于胶管外径,以便于打入硬木塞后起到密封作用。铁皮套管与胶管外径相等或稍大(在0.5 mm左右),以防止在振捣混凝土时胶管受振外移。

(3)抽管时间和顺序。抽管时间比钢管略迟,一般可参照气温和浇筑后的小时数的乘积达200 ℃·h左右。抽管顺序一般为先上后下,先曲后直。

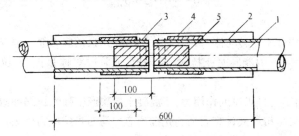

1—胶管;2—白铁皮套筒;3—钉子;4—厚1 mm的钢管;5—硬木塞

图4-74　胶管接头(单位:mm)

3)预埋管法

预埋管法是利用与孔道直径相同的金属波纹管埋在构件中,无须抽出,一般采用黑铁皮管、薄钢管或镀锌双波纹金属软管制作。预埋管法因省去抽管工序,且孔道留设的位置、形状也易保证,故目前应用较为普遍。金属波纹管质量轻、刚度好、弯折方便且与混凝土黏结好。金属波纹管每根长4~6 m,也可根据需要现场制作,其长度不限。波纹管在1 kN径向力作用下不变形,使用前应做灌水试验,检查有无渗漏现象。

波纹管的固定,采用钢筋井字架,间距不宜大于0.8 m,曲线孔道时应加密,并用铁丝绑扎牢。波纹管的连接,可采用大一号同型波纹管,接头管长度应大于200 mm,用密封胶带或塑料热塑管封口。

2.预应力筋张拉

用后张法张拉预应力筋时,混凝土强度应符合设计要求,如设计无规定时,不应低于设计强度等级的75%。

1)张拉控制应力

张拉控制应力越高,建立的预应力值就越大,构件抗裂性越好。但是张拉控制应力过高,构件使用过程经常处于高应力状态,构件出现裂缝的荷载与破坏荷载很接近,往往构件破坏前没有明显预兆,而且当控制应力过高时,构件混凝土预压应力过大会导致混凝土的徐变应力损失增加。因此,控制应力应符合设计规定。在施工中预应力筋需要超张拉时,可比设计要求提高 5%,但其最大张拉控制应力不得超过表4-22 的规定。

表 4-22 最大张拉控制应力值

钢种	张拉方法	
	先张法	后张法
消除应力钢丝、钢绞线	$0.8f_{ptk}$	$0.8f_{ptk}$
热处理钢筋	$0.75f_{ptk}$	$0.70f_{ptk}$

注:1.$0.8f_{ptk}$ 为预应力筋极限抗拉强度标准值。

为了减少预应力筋的松弛损失,预应力筋的张拉程序可为

$$0 \longrightarrow 1.05\% \sigma_{com} \xrightarrow{\text{持荷 2 min}} \sigma_{com}$$

或

$$0 \longrightarrow 1.03\% \sigma_{com}$$

2)张拉顺序

张拉顺序应使构件不扭转与侧弯,不产生过大偏心力,预应力筋一般应对称张拉。对配有多根预应力筋构件,不可能同时张拉时,应分批、分阶段对称张拉,张拉顺序应符合设计要求。

分批张拉时,由于后批张拉的作用力,使混凝土再次产生弹性压缩导致先批预应力筋应力下降。此应力损失可按下式计算后加到先批预应力筋的张拉应力中去。分批张拉的损失也可以采取对先批预应力筋逐根复位补足的办法处理。

$$\Delta\sigma = \frac{E_s(\sigma_{com} - \sigma_1)A_p}{E_c A_n} \tag{4-40}$$

式中　$\Delta\sigma$ ——先批张拉钢筋应增加的应力;

　　E_s ——预应力筋弹性模量;

　　σ_{com} ——控制应力;

　　σ_1 ——后批张拉预应力筋的第一批预应力损失(包括锚具变形后和摩擦损失);

　　E_c ——混凝土弹性模量;

　　A_p ——后批张拉的预应力筋面积;

　　A_n ——构件混凝土净截面积(包括构造钢筋折算面积)。

【例4-3】 某屋架下弦截面积尺寸为 240 mm × 220 mm,有 4 根预应力筋;预应力筋采用 HRB335 级钢筋,直径为 25 mm,张拉控制应力 $\sigma_{com} = 0.85f_{pyk} = 0.85 \times 500 = 425$ N/mm^2。采用 $0 \longrightarrow 1.03\sigma_{com}$。张拉程序,沿对角线分两批对称张拉,屋架下弦杆构造配筋为 $4\phi10$,孔道直径为 $D = 48$ mm,试计算第一批预应力筋张拉应力增加值。

解 采用两台 YL60 千斤顶,考虑到第二批张拉对第一批预应力筋的影响,则第一批预应力筋张拉应力应增加:

$$\Delta\sigma = \frac{E_s(\sigma_{com} - \sigma_1)A_p}{E_c A_n}$$

其中

$$E_s = 18\,000 \text{ N/mm}^2, \quad E_c = 32\,500 \text{ N/mm}^2, \quad \sigma_{com} = 425 \text{ N/mm}^2$$

$$\sigma_1 = 28 \text{ N/mm}^2 \quad (\text{计算略去}), \quad A_p = 491 \times 2 = 982 \text{ mm}^2$$

$$A_n = 240 \times 220 - 4 \times \frac{\pi \times 48^2}{4} + 4 \times 78.5 \times \frac{200\,000}{32\,500} = 47\,498 \text{ mm}^2$$

代入计算公式:

$$\Delta\sigma = \frac{180\,000 \times (425 - 28) \times 982}{32\,500 \times 47\,498} = 45.4 \text{ N/mm}^2$$

则第一批预应力筋张拉应力为

$$(425 + 45.4) \times 1.03 = 485 > 0.09 f_{pyk} = 450 \text{ N/mm}^2$$

上述计算表明,分批张拉的影响若计算补加到先批预应力筋张拉应力中,将使张拉应力过大,超过了规范规定,故采取重复张拉补足的办法。

【例4-4】 【例4-3】中,若 $\Delta\sigma = 12 \text{ N/mm}^2$ 试计算第一批、第二批预应力筋的张拉力及油压表读数。

解 当采用超张拉 $\Delta\sigma$ 时钢筋的应力为

$$1.03 \times (425 + 12) = 450 \text{ N/mm}^2 = 0.9 f_{pyk}$$

故第一批预应力筋可超张拉 $\Delta\sigma$。

第一批预应力筋的张拉力为

$$N = 1.03 \times (425 + 12) \times 491 = 221 \text{ kN}$$

油压表读数为

$$P = \frac{22\,000}{16\,200} = 13.64 \text{ N/mm}^2 \quad (\text{活塞面积 16200 mm}^2)$$

第二批预应力筋的张拉力为

$$N = 1.03 \times 425 \times 491 = 214.9 \text{ kN}$$

油压表读数为

$$P = \frac{214900}{16200} = 13.3 \text{ N/mm}^2$$

3)叠层构件的张拉

对叠浇生产的预应力混凝土构件,上层构件产生的水平摩阻力会阻止下层构件预应力筋张拉时混凝土弹性压缩的自由变形,当上层构件吊起后,由于摩阻力影响消失,将增加混凝土弹性压缩变形,因而引起预应力损失。该损失值与构件形式、隔离层和张拉方式有关。为了减少和弥补该项预应力损失,可自上而下逐层加大张拉力,底层张拉力不宜比顶层张拉力大5%(钢丝、钢绞线、热处理钢筋)且不得超过表表4-23 规定。

为了使逐层加大的张拉力符合实际情况,最好在正式张拉前对某叠层第一、二层构件的张拉压缩量进行实测,然后按下式计算各层应增加的张拉力:

$$\Delta N = (n-1)\frac{\Delta_1 - \Delta_2}{L} E_s A_p \tag{4-41}$$

式中 ΔN——层间摩阻力;

n ——构件所在层数(自上而下计);

Δ_1——第一层构件张拉压缩值;

Δ_2——第二层构件张拉压缩值;

L——构件长度;

E_s——预应力筋弹性模量;

A_p——预应力筋截面面积。

此外,为了减少叠层摩阻应力损失,应进一步改善隔离层的性能,并应限制重叠层数,一般以 3~4 层为宜。

【例 4-5】 预应力屋架下弦孔道长度为 23800 mm,4 榀屋架叠加生产,经实测第一榀屋架压缩变形值为 12 mm,第二榀屋架压缩变形值为 11 mm,计算摩阻力 ΔN。

解 层间摩阻力 ΔN 为

$$\Delta N = (n-1)\frac{\Delta_1 - \Delta_2}{L}E_s A_p = (2-1)\frac{12-11}{23800}\times 180000 \times 982 = 7427 \text{ N}$$

则第二榀屋架张拉应力为

$$\sigma_{com} + \frac{7427}{982} = 0.85 \times 500 + 7.6 = 433 \text{ N/mm}^2$$

第三榀屋架张拉应力为

$$433 + 7.6 = 440.6 \text{ N/mm}^2$$

第四榀屋架张拉应力为

$$440.6 + 7.6 = 448.2 \text{N/mm}^2$$

上面各榀屋架预应力的张拉力都满足不超过 $0.90f_{pyk}$(450 N/mm^2)的要求。

4)张拉端的设置

为了减少预应力筋与预留孔壁摩擦引起的预应力损失,对于抽芯成形孔道,曲线预应力筋和长度大于 24 m 的直线预应力筋,应在两端张拉;对长度小于或等于 24 m 的直线预应力筋,可在一端张拉;预埋波纹管孔道,对于曲线预应力筋和长度大于 30 m 的直线预应力筋,宜在两端张拉;对于长度小于 30 m 的直线预应力筋可在一端张拉。当同一截面中有多根一端张拉的预应力筋时,张拉端宜分别设在构件的两端,以免构件受力不均匀。

5)预应力值的校核和伸长值的测定

为了了解预应力值建立的可靠性,需对预应力筋的应力及损失进行检验和测定,以便使张拉时补足和调整预应力值。检验应力损失最方便的办法是,在预应力筋张拉 24 h 后孔道灌浆前重拉一次,测读前后两次应力值之差,即为钢筋预应力损失(并非应力损失全部,但已完成很大部分)。预应力筋张拉锚固后,实际预应力值与工程设计规定检验值的相对允许偏差为 $\pm 5\%$。

在测定预应力筋伸长值时,须先建立 $10\%\sigma_{com}$ 的初应力,预应力筋的伸长值,也应从建立初应力后开始测量,但须加上初应力的推算伸长值,推算伸长值可根据预应力弹性变形呈直线变化的规律求得。例如,某筋应力自 $0.20\sigma_{com}$ 增至 $0.3\sigma_{com}$ 时,其变形为 4 mm,即应力每增加 $0.10\sigma_{com}$ 变形增加 4 mm,故该筋初应力 $10\%\sigma_{com}$ 时的伸长值为 4 mm。对后张法尚应扣除混凝土构件在张拉过程中的弹性压缩值。预应力筋在张拉时,通过伸长值的校核,可以综合反映出张拉应力是否满足,孔道摩阻损失是否偏大,以及预应力筋是否有异常现象等。如实际伸长值与计算伸长值的偏差超过 $\pm 6\%$ 时,应暂停张拉,分析原因后采取措施。

3. 孔道灌浆

预应力筋张拉完毕后,应进行孔道灌浆。灌浆的目的是为了防止钢筋锈蚀,增加结构的整体性和耐久性,提高结构抗裂性和承载力。

灌浆用的水泥浆应有足够强度和黏结力,且应有较好的流动性,较小的干缩性和泌水性,水灰比控制在 0.4 ~ 0.45,搅拌后 3 h 泌水率宜控制在 2%,最大不得超过 3%,对孔隙较大的孔道,可采用砂浆灌浆。

为了增加孔道灌浆的密实性,在水泥浆或砂浆内可掺入对预应力筋无腐蚀作用的外加剂,如掺入占水泥质量 0.25% 的本质素磺酸钙,或掺入占水泥质量 0.05% 的铝粉。

灌浆用的水泥浆或砂浆应过筛,并在灌浆过程中不断搅拌,以免沉淀析水。灌浆前,用压力水冲洗和湿润孔道,用电动或手动灰浆泵进行灌浆。灌浆工作应连续进行,不得中断,并应防止空气压入孔道而影响灌浆质量。灌浆压力以 0.5 ~ 0.6 MPa 为宜。灌浆顺序应先下后上,以避免上层孔道漏浆时把下层孔道堵塞。

当灰浆强度达到 15 N/mm² 时,方能移动构件,灰浆强度达到 100% 设计强度时,才允许吊装。

三、无黏结预应力混凝土

无黏结预应力施工方法是后张法预应力混凝土的发展。它在国外发展较早,近年来在我国无黏结预应力技术也得到了较大的推广。

在普通后张法预应力混凝土中,预应力筋与混凝土是通过灌浆建立黏结力的,在使用荷载作用下,构件的预应力筋与混凝土不会产生纵向的相对滑动。无黏结预应力施工方法是,在预应力筋表面刷涂料并包塑料布(管)后,如同普通钢筋一样先铺设在安装好的模板内,然后浇筑混凝土,待混凝土达到设计要求强度后,进行预应力筋张拉,而后在钢筋末端锚固,预应力筋与混凝土之间没有黏结。这种预应力工艺的优点是不需要预留孔道和灌浆,施工简单,张拉时摩阻力较小,预应力筋易弯成曲线形状,适用于曲线配筋的结构。在双向连续平板和密肋板中应用无黏结预应力束更为经济合理,在多跨连续梁中也很有发展前途。

(一)无黏结预应力束的制作

无黏结预应力束由预应力钢丝、防腐涂料和外包层以及锚具组成。

1. 原材料的准备

1)无黏结预应力筋

无黏结预应力筋有多种,常用的有 7 根 ϕ^s 高强钢丝组成的钢丝束以及 7 根 ϕ^s4 或 7 根 ϕ^s5 的钢绞线。

2)无黏结预应力筋表面涂料

无黏结预应力筋需长期保护,使之不受腐蚀,其表面涂料还应符合下列要求:①在 −20 ~ +70 ℃温度范围内不流淌、不裂缝变脆,并有一定韧性;②使用期内化学稳定性高;③对周围材料无侵蚀作用;④不透水、不吸湿;⑤防腐性能好;⑥润滑性能好,摩擦阻力小。

根据上述要求,目前一般选用 1 号或 2 号建筑油脂作为无黏结预应力束的表面涂料。

3)无黏结预应力束外包层

外包层的包裹物必须具有一定的抗拉强度、防渗漏性能,同时还须符合下列要求:①在使用温度范围内(-20 ~ +70℃)低温不脆化,高温化学性能稳定;②具有足够的韧性、抗磨性;③对周围材料无侵蚀作用;④保证预应力束在运输、储存、铺设和浇筑混凝土过程中不发生不可修复的破坏。一般常用的包裹物有塑料布、塑料薄膜或牛皮纸,其中塑料布或塑料薄膜防水性能、抗拉强度和延伸率较好。此外,还可选用聚氯乙烯、高压聚乙烯、低压聚乙烯和聚丙烯等挤压成型作为预应力束的涂层包裹层。

4)无黏结预应力束的制作

一般有缠纸工艺、挤压涂层工艺两种制作方法。

无黏结预应力束制作的缠纸工艺是在缠纸机上连续作业,完成编束、涂油、镦头、缠塑料布和切断等工序。挤压涂层工艺主要是钢丝通过涂油装置涂油,涂油钢丝束通过塑料挤压机成型塑料薄膜,再经冷却筒槽成型塑料套管。这种无黏结挤压涂层工艺与电线、电缆包裹塑料套管的工艺相似,并具有效率高、质量好、设备性能稳定的特点。

2. 锚具

无黏结预应力构件中,锚具是把预应力束的张拉力传递给混凝土的工具,外荷载引起的预应力束内力全部由锚具承担。因此,无黏结预应力束的锚具不仅受力比有黏结预应力筋的锚具大,而且承受的是重复荷载。因而无黏结预应力束的锚具应有更高的要求。一般要求无黏结预应力束的锚具至少应能承受预应力束最小规定极限强度的95%,而且不超过预期的滑动值。

我国主要采用高强钢丝和钢绞线作为无黏结预应力束。高强钢丝预应力束主要用镦头锚具。钢绞线预应力束则可采用 XM 型锚具。图 4-75 所示是无黏结预应力束的一种锚固方式,埋入端和张拉端均用镦头锚具。

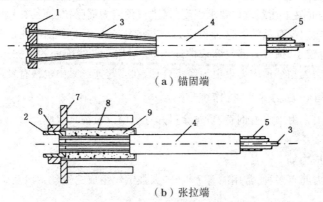

(a)锚固端

(b)张拉端

1—锚板;2—锚环;3—钢丝;4—塑料外包层;5—涂料层;
6—螺母;7—预埋件;8—塑料套筒;9—防腐油脂

图 4-75　无黏结预应力钢丝束的锚固

(二)无黏结预应力施工工艺

下面主要叙述无黏结预应力构件制作工艺中的几个主要问题,即无黏结预应力束的铺设、张拉和锚头端部处理。

1. 无黏结预应力束的铺设

无黏结预应力束在平板结构中一般为双向曲线配置,因此其铺设顺序很重要。一般是根据双向钢丝束交点的标高差,绘制钢丝束的铺设顺序图,钢丝束波峰低的底层钢丝束先行铺设,然后依次铺设波峰高的上层钢丝束,这样可以避免钢丝束之间的相互穿插。钢丝束铺设波峰的形成是用钢筋制成的"马凳"来架设。一般施工顺序是依次放置钢筋马凳,然后按顺序铺设钢丝束,钢丝束就位后,进行调整波峰高度及其水平位置,经检查无误后,用铅丝将无黏结预应力束与非预应力钢筋绑扎牢固,防止钢丝束在浇筑混凝土施工过程中位移。

2. 无黏结预应力束的张拉

无黏结预应力束的张拉与普通后张法带有螺丝端杆锚具的有黏结预应力钢丝束张拉方法相似。张拉程序一般采用 $0 \rightarrow 103\% \, \sigma_{con}$ 进行锚固。由于无黏结预应力束多为曲线配筋,故应采用两端同时张拉。无黏结预应力束的张拉顺序,应根据其铺设顺序,先铺设的先张拉,后铺设的后张拉。

无黏结预应力束一般长度大,有时又呈曲线形布置,如何减少其摩阻损失值是一个重要的问题。影响摩阻损失值的主要因素是润滑介质、包裹物和预应力束截面形式。摩阻损失值,可用标准测力计或传感器等测力装置进行测定。施工时,为降低摩阻损失值,宜采用多次重复张拉工艺。

3. 锚头端部处理

无黏结预应力束由于一般采用镦头锚具,锚头部位的外径比较大,因此,钢丝束两端应在构件上预留有一定长度的孔道,其直径略大于锚具的外径。钢丝束张拉锚固以后,其端部便留下孔道,并且该部分钢丝没有涂层,为此应加以处理保护预应力钢丝。

无黏结预应力束锚头端部处理,目前常采用两种方法:第一种方法是在孔道中注入油脂并加以封闭,如图 4-76a 所示。第二种方法是在两端留的孔道内注入环氧树脂水泥砂浆,其抗压强度不低于 35 MPa。灌浆时同时将锚头封闭,防止钢丝锈蚀,同时也起一定的锚固作用,如图 4-76b 所示。

预留孔道中注入油脂或环氧树脂水泥砂浆后,用 C30 级的细石混凝土封闭锚头部位。

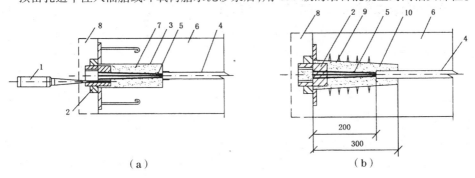

（a）　　　　　　　　　　　　　　（b）

1—油枪;2—锚具;3—端部孔道;4—有涂层的无黏结预应力束;5—无涂层的端部钢丝;

6—构件;7—注入孔道的油脂;8—混凝土封闭;9—端部加固螺旋钢筋;10—环氧树脂水泥砂浆

图 4-76　锚头端部处理方法(单位:mm)

思 考 题 ○○○

1. 试比较先张法与后张法施工的不同特点及适用范围。

2. 常用的张拉机械有哪些？怎样选择张拉机械？

3. 先张法与后张法的控制应力取值有何不同？为什么？

4. 先张法钢筋张拉与放张时应注意哪些问题？

5. 如何计算预应力筋下料长度？计算时应考虑哪些因素？

6. 孔道留设有哪些方法，分别应注意哪些问题？

7. 孔道灌浆的作用是什么？对灌浆材料有何要求？

8. 什么叫无黏结张拉？无黏结张拉与有黏结各有哪些优缺点？其适用范围如何？

练 习 题 ○○○

1. 某主梁筋设计为 5 根 $\Phi25$ 的钢筋，现在无此钢筋，仅有 $\Phi28$ 与 $\Phi20$ 的钢筋，已知梁宽为 300 mm，应如何代换？

2. 某梁采用 C30 混凝土，原设计纵筋为 $6\Phi20(f_y = 310 \text{ N/mm}^2)$，已知梁断面 $b \times h =$ 300 mm × 300 mm，试用 HPB235 级钢筋 $(f_y = 210 \text{ N/mm}^2)$ 进行代换。

3. 先张法生产预应力混凝土空心板，混凝土强度等级为 C40，预应力钢丝采用 $\phi5$，其极限抗拉强度 $f_{ptk} = 1\,570 \text{ N/mm}^2$，单根张拉，若超张拉系数为 1.05，求：

(1) 试确定张拉程序及张拉控制应力；

(2) 计算张拉力并选择张拉机具；

(3) 计算预应力筋放张时，混凝土应达到的强度值。

第五章 结构安装工程

结构安装工程是指将结构设计成许多单独的构件,分别在施工现场或工厂预制成型,然后在现场用起重机械将各种预制构件吊起并安装到设计位置上去的全部施工过程。结构安装工程主要特点是:①预制构件的类型和质量直接影响吊装进度和工程质量;②正确选用起重机是完成吊装任务的关键;③应对构件进行吊装强度和稳定性验算;④高空作业多,应加强安全技术措施。

第一节 起重机具

一、索具设备

1.卷扬机

卷扬机又称绞车。按驱动方式可分手动卷扬机和电动卷扬机。卷扬机是结构吊装最常用的工具。

用于结构吊装的卷扬机多为电动卷扬机。电动卷扬机主要由电动机、卷筒、电磁制动器和减速机构等组成,如图5-1所示。卷扬机分快速和慢速两种。快速电动卷扬机主要用于垂直运输和打桩作业;慢速电动卷扬机主要用于结构吊装、钢筋冷拉、预应力筋张拉等作业。

选用卷扬机的主要技术参数是卷筒牵引力、钢丝绳的速度和卷筒容绳量。

使用卷扬机时应当注意:

(1)为使钢丝绳能自动在卷筒上往复缠绕,卷扬机的安装位置应使距第一个导向滑轮的距离 l 为卷筒长度 a 的15倍,即当钢丝绳在卷筒边时,与卷筒中垂线的夹角不大于2°,如图5-2所示。

(2)钢丝绳引入卷筒时应接近水平,并应从卷筒的下面引入,以减少卷扬机的倾覆力矩。

(3)卷扬机在使用时必须做可靠的固定,如做基础固定、压重物固定、设锚碇固定,或利用树木、构筑物等作固定。

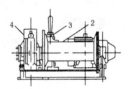

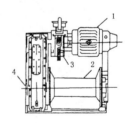

1—电动机;2—卷筒;
3—电磁制动器;4—减速机构
图5-1 电动卷扬机

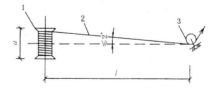

1—卷筒;2—钢丝绳;3—第1个导向滑轮
图5-2 卷扬机与第一个导向滑轮的布置

2. 钢丝绳

钢丝绳是起重机械中用于悬吊、牵引或捆缚重物的挠性件。它是由许多根直径为0.4～2 mm、抗拉强度为1200～2200 MPa的钢丝按一定规则捻制而成。按照捻制方法不同,分为单绕、双绕和三绕,土木工程施工中常用的是双绕钢丝绳,它是由钢丝捻成股,再由多股围绕绳芯绕成绳。双绕钢丝绳按照捻制方向分为同向绕、交叉绕和混合绕3种,如图5-3所示。同向绕是钢丝捻成股的方向与股捻成绳的方向相同,这种绳的挠性好、表面光滑、磨损小,但易松散和扭转,不宜用来悬吊重物。交叉绕是指钢丝捻成股的方向与股捻成绳的方向相反,这种绳不易松散和扭转,宜作起吊绳,但挠性差。混合绕指相邻的两股钢丝绕向相反,性能介于两者之间,制造复杂,用得较少。

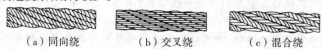

（a）同向绕   （b）交叉绕   （c）混合绕

图5-3   双绕钢丝绳的绕向

钢丝绳按每股钢丝数量的不同又可分为6×19钢丝绳,6×37钢丝绳和6×61钢丝绳三种。6×19钢丝绳在绳的直径相同的情况下,钢丝粗,比较耐磨,但较硬,不易弯曲,一般用作缆风绳;6×37钢丝绳比较柔软,可用作穿滑车组和吊索;6×61钢丝绳质地软,主要用于重型起重机械中。

钢丝绳在选用时应考虑多根钢丝的受力不均匀性及其用途,钢丝绳的允许拉力$[F_g]$按下式计算:

$$[F_g] = \frac{\alpha F_g}{K} \tag{5-1}$$

式中 F_g——钢丝绳的钢丝破断拉力总和,kN;

α——换算系数(考虑钢丝受力不均匀性),见表5-1;

K——安全因数,见表5-2。

表5-1   钢丝绳破断拉力换算系数

钢丝绳结构	换算系数
6×19	0.85
6×37	0.82
6×61	0.80

表5-2   钢丝绳的安全因数

用途	安全因数	用途	安全因数
做缆风绳	3.5	做吊索、无弯曲时	6～7
用于手动起重设备	4.5	做捆绑吊索	8～10
用于电动起重设备	5～6	用于载人的升降机	14

3. 锚碇

锚碇又叫地锚,是用来固定缆风绳和卷扬机的,它是保证系缆构件稳定的重要组成部分,一般有桩式锚碇和水平锚碇两种。桩式锚碇是用木桩或型钢打入土中而成。水平锚碇可承受较大荷载,分无板栅水平锚碇和有板栅水平锚碇两种,如图5-4所示。

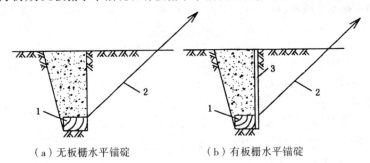

（a）无板栅水平锚碇　　　　　　（b）有板栅水平锚碇

1—横梁;2—钢丝绳(或拉杆);3—板栅

图5-4　水平锚碇

水平锚碇的计算内容包括:在垂直分力作用下锚碇的稳定性;在水平分力作用下侧向土壤的强度;锚碇横梁计算。

1)锚碇的稳定性计算

锚碇的稳定性(图5-5)按下式计算:

$$\frac{G+T}{N} \geqslant K \tag{5-2}$$

$$G = \frac{b+b'}{2} Hl\lambda \tag{5-3}$$

$$b' = b + H\tan\varphi_0 \tag{5-4}$$

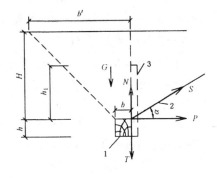

1—横木;2—钢丝绳;3—板栅

图5-5　锚碇稳定性计算

式中　K——安全系数,一般取2;

　　　N——锚碇所受荷载的垂直分力,

　　　　　$N = S\sin\alpha$;

　　　S——锚碇荷重;

　　　G——土的重力;

　　　l——横梁长度;

　　　λ——土的重度;

　　　b——横梁宽度;

　　　b'——有效压力区宽度(与土壤的内摩擦角有关);

　　　φ_0——土壤的内摩擦角(松土取15°~20°,一般土取20°~30°,坚硬土取30°~40°);

　　　H——锚碇埋置深度;

　　　T——摩擦力,$T = fP$;

　　　f——摩擦因数(对无板栅锚碇取0.5,对有板栅锚碇取0.4);

　　　P——S的水平分力,$P = S\cos\alpha$。

2)侧向土壤强度的计算

对于无板栅水平锚碇,有

$$[\sigma]\eta \geqslant \frac{P}{hl} \tag{5-5}$$

对于有板栅水平锚碇,有

$$[\sigma]\eta \geqslant \frac{P}{(h+h_1)l} \tag{5-6}$$

式中 $[\sigma]$——深度 H 处土的容许压应力;

η——降低系数,可取 $0.5 \sim 0.7$。

3)锚碇横梁计算

当使用一根吊索(图 5-6a),横梁为圆形截面时,可按单向弯曲的构件计算;横梁为矩形截面时,按双向弯曲构件计算。

当使用两根吊索的横梁,按双向偏心受压构件计算(图 5-6b)。

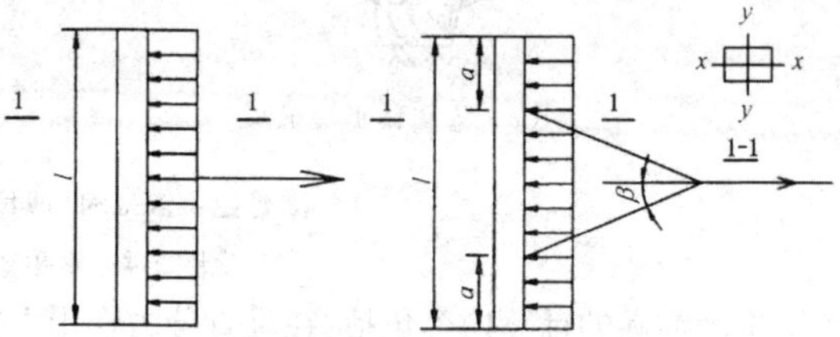

（a）一根索的横梁   （b）两根索的横梁

图 5-6   锚碇横梁计算

二、起重机类型

结构安装工程常用的起重机械有履带式起重机、汽车式起重机、轮胎式起重机、桅杆式起重机和塔式起重机等。

（一）履带式起重机

履带式起重机(图 5-7)主要由行走机构、回转机构、机身及起重臂等部分组成。履带式起重机的特点是操纵灵活,机身可回转360°,可以负荷行驶,可在一般平整坚实的场地上行驶和吊装作业。目前广泛应用于装配式单层工业厂房的结构吊装中。但其缺点是稳定性较差,不宜超负荷吊装。目前国内常用的履带式起重机型号有国产的 W_1-50 型,W_1-100 型,W_1-200 型;日本的 KH-180 型,KH-100 型;苏联的 Э1252 型等。履带式起重机外形尺寸见表 5-3。

1.履带式起重机技术性能

履带式起重机主要技术性能包括 3 个主要参数:起重量 Q、起重半径 R 和起重高度 H。这 3 个参数互相制约,其数值的变化

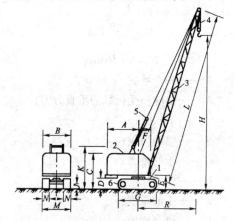

1—底盘;2—机棚;3—起重臂;4—起重滑轮组;

5—变幅滑轮级;6—履带

A、B、C、D、E、F、G、M、N、J、K——外形尺寸符号;

L——起重臂长度;H——起重高度;R——工作幅度

图 5-7   履带式起重机

取决于起重臂的长度及其仰角的大小。每一种型号的起重机都有几种臂长,如起重臂仰角

不变,随着起重臂的增长,起重半径 R 和起重高度 H 增加,而起重量 Q 减小。如臂长不变,随起重仰角的增大,起重量 Q 和起重高度 H 增大,而起重半径 R 减小。

表5-3　履带式起重机外形尺寸　　　　　　　　　　　　　　　mm

符号	名称	型号					
		W₁-50	W₁-100	W₁-200	KH-180	KH-100	Э
A	机身尾部到回转中心距离	2900	3300	4500	4000	3290	3540
B	机身宽度	2700	3120	3200	3080	2900	3120
C	机身顶部到地面高度	3220	3675	4125	3080	2950	3675
D	机身底部距地面高度	1000	1045	1190	1065	970	1095
E	起重臂下铰点中心距地面高度	1555	1700	2100	1700	1625	1700
F	起重臂下铰点中心至回转中心距离	1000	1300	1600	900	900	1300
G	履带长度	3420	4005	4950	5400	4430	4005
M	履带架宽度	2850	3200	4050	4300/3300	3300	3200
N	履带板宽度	550	675	800	760	760	675
J	行走底架距地面宽度	300	275	390	360	410	270
K	机身上部支架距地面高度	3480	4170	6300	5470	4560	3930

履带式起重机的主要技术性能可查有关手册中的起重机性能表或起重机性能曲线。表5-4列有 W_1-50 型,W_1-100 型,W_1-200 型履带式起重机性能,图5-8、图5-9、图5-10 分别为这三种起重机的性能曲线。

表5-4　履带式起重机技术性能参数

参数		型号								
		W₁-50			W₁-100				W₁-200		
起重臂长度/m		10	18	18（带鸟嘴）	13	23	27	30	15	30	40
最大起重半径/m		10.0	17.0	10.0	12.5	17.0	15.0	15.0	15.5	22.5	30.0
最小起重半径/m		3.7	4.5	6	4.23	6.5	8.0	9.0	4.5	8.0	10.0
起重量/t	最小起重半径时	10.0	7.0	2.0	15.0	8.0	5.0	3.0	50.0	20.0	8.0
	最大起重半径时	2.6	1.0	1.0	3.5	1.7	1.4	0.9	8.2	4.3	1.5
起重高度/m	最小起重半径时	9.2	17.2	17.2	11.0	19.0	23.0	26.0	12.0	26.8	36
	最大起重半径时	3.7	7.6	14	5.8	16.0	23.8	23.8	3.0	19	25

2. 履带式起重机稳定性验算

起重机稳定性是指整个机身在起重作业时的稳定程度。起重机在正常条件下工作,一般可以保持机身稳定,但在超负荷吊装或由于施工需要接长起重臂时,需进行稳定性验算以保证在吊装作业中不发生倾覆事故。

履带式起重机的稳定性应以起重机处于最不利工作状态即稳定性最差时(机身与行驶

方向垂直)进行验算,此时,应以履带中心 A 为倾覆中心验算起重机稳定性(图 5-11)。

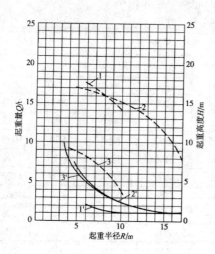

1—$L = 18$ m 有鸟嘴时 R-H 曲线;

2—$L = 18$ m 时 R-H 曲线;3—$L = 10$ m 时 R-H 曲线;

1′—$L = 18$ m 有鸟嘴时 Q-R 曲线;

2′—$L = 18$ m 时 Q-R 曲线;3′—$L = 10$ m 时 Q-R 曲线

图 5-8　W_1-50 型履带式起重机性能曲线

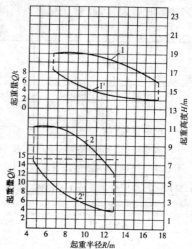

1—$L = 23$ m 时 R-H 曲线;

1′—$L = 23$ m 时 Q-R 曲线;

2—$L = 13$ m 时 R-H 曲线;

2′—$L = 13$ m 时 Q-R 曲线

图 5-9　W_1-100 型覆带式起重机性能曲线

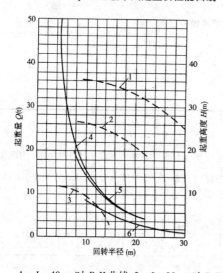

1—$L = 40$ m 时 R-H 曲线;2—$L = 30$ m 时 R-H 曲线;

3—$L = 15$ m 时 R-H 曲线;4—$L = 40$ m 时 Q-R 曲线;

5—$L = 30$ m 时 Q-R 曲线;6—$L = 15$ m 时 Q-R 曲线

图 5-10　W_1-200 型履带式起重机性能曲线

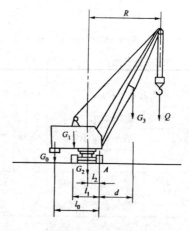

图 5-11　履带式起重机稳定性验算示意图

当考虑吊装荷载及附加荷载(风荷载、刹车惯性力和回转离心力等)时应满足下式要求:

$$K_1 = \frac{\text{稳定力矩}}{\text{倾覆力矩}} \geq 1.15$$

当仅考虑吊装荷载时应满足下式要求:

$$K_2 = \frac{\text{稳定力矩}}{\text{倾覆力矩}} \geq 1.40$$

式中　K_1, K_2——稳定性安全系数。

按 K_1 验算比较复杂,一般用 K_2 简化验算,由图 5-11 可得

$$K_2 = \frac{G_1 l_1 + G_2 l_2 + G_0 l_0 - G_3 d}{Q(R - l_2)} \geq 1.40 \tag{5-7}$$

式中　G_0——起重机平衡重;

　　　G_1——起重机可转动部分的重力;

　　　G_2——起重机机身不转动部分的重力;

　　　G_3——起重臂重力(起重臂接长时为接长后的重力);

　　　l_0, l_1, l_2, d——以上各部分的重心至倾覆中心的距离。

(二)汽车式起重机

汽车式起重机是一种自行式、全回转、起重机构安装在通用或专用汽车底盘上的起重机。起重动力一般由汽车发动机供给,如装在专用汽车底盘上,则另备专用动力,与行驶动力分开,汽车式起重机行驶速度快,机动性能好,对路面破坏小。但吊装时必须使用支脚,因而不能负荷行驶,常用于构件运输的装卸工作和结构吊装工作。目前常用的汽车起重机有 Q 型(机械传动和操纵),QY 型(全液压传动和伸缩式起重臂),QD 型(多电机驱动各工作机械)。

汽车起重机吊装时,应先压实场地,放好支腿,将转台调平,并在支腿内侧垫好保险枕木,以防支腿失灵时发生倾覆,并应保证吊装的构件和就位点均在起重机的回转半径之内。汽车起重机的外形如图 5-12 所示。

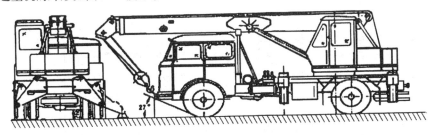

图 5-12　汽车起重机外形

(三)轮胎起重机

轮胎起重机是一种自行式、全回转、起重机构安装在加重轮胎和轮轴组成的特制底盘上的起重机,其吊装机构和行走机械均由一台柴油发动机控制。一般吊装时都用 4 个腿支撑,否则起重量大大减小,轮胎起重机行驶时对路面破坏小,行驶速度比汽车起重机慢,但比履带起重机快。

目前国产常用的轮胎起重机有机械式（QL）、液压式（QLY）和电动式（QLD）。图5-13所示为轮胎起重机外形。

（四）塔式起重机

塔式起重机为竖直塔身，起重臂安装在塔身的顶部并可回转360°，形成"T"形的工作空间，具有较高的有效高度和较大的工作空间，在工业与民用建筑中均得到广泛的应用。目前正沿着轻型多用、快速安装、移动灵活等方向发展。

1.塔式起重机的分类

1）按有无行走机构分类

塔式起重机按有无行走机构可分为固定式和移动式两种。前者固定在地面上或建筑物上，后者按其行走装置又可分为履带式、汽车式、轮胎式和轨道式4种。

2）按回转形式分类

塔式起重机按其回转形式可分为上回转和下回转两种。

3）按变幅方式分类

塔式起重机按其变幅方式可分为水平臂架小车变幅和动臂变幅两种。

4）按安装形式分类

塔式起重机按其安装形式可分为自升式、整体快速拆装式和拼装式3种。

塔式起重机型号分类及表示方法见表5-5。

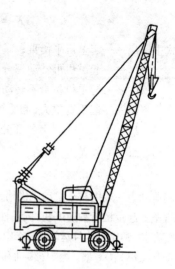

图5-13 轮胎起重机

表5-5 塔式起重机型号分类及表示方法（ZBJ 04008—88）

分类	组别	型号	特性	代号	代号含义	主参数	
						名称	单位表示法
建筑起重机	塔式起重机 Q,T（起塔）	轨道式	—	QT	上回转式塔式起重机	额定起重力矩	kN·m×10⁻¹
			Z（自）	QTZ	上回转自升式塔式起重机		
			A（下）	QTA	下回转式塔式起重机		
			K（快）	QTK	快速安装式塔式起重机		
		固定式 G（周）	—	QTG	固定式塔式起重机		
		内爬升式 P（爬）	—	QTP	内爬升式塔式起重机		
		轮胎式 L（轮）	—	QTL	轮胎式塔式起重机		
		汽车式 Q（汽）	—	QTQ	汽车式塔式起重机		
		履带式 U（履）	—	QTU	履带式塔式起重机		

2. 下回转快速拆装塔式起重机

下回转快速拆装塔式起重机都是 600 kN·m 以下的中小型塔机。其特点是结构简单、重心低、运转灵活，伸缩塔身可自行架设，速度快，效率高，采用整体拖运，转移方便，适用于砖混、砌块结构和大板建筑的工业厂房、民用住宅的垂直运输作业。

图 5-14 所示为 QT16 型塔式起重机外形结构及起重特征。

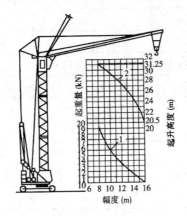

1—起重量与幅度关系曲线；2—起升高度与幅度关系曲线

图 5-14　QT16 型塔式起重机外形结构及起重特性

3. 上回转塔式起重机

这种塔机通过更换辅助装置可改成固定式、轨道行走式、附着式、内爬式等。

1）主要技术性能

常见的上回转自升塔式起重机的主要技术性能见表 5-6。

表 5-6　上回转自升塔式起重机主要技术性能

型号		QTZ100	QTZ50	QTZ60	QTZ63	QTZ80A	QT80E
起重力矩/(kN·m)		1 000	490	600	630	1 000	800
最大幅度/起重载荷/(m·kN⁻¹)		60/12	45/10	45/11.2	48/11.9	50/15	451
最小幅度/起重载荷/(m·kN⁻¹)		15/80	12/50	12.25/60	12.76/60	12.5/80	10/80
起升高度/m	附着式	180	90	100	101	120	100
	轨道行走式	—	36			45.5	45
	固定式	50	36	39.5	41	45.5	—
	内爬升式	—		160		140	140
工作速度/(m·min⁻¹)	起升（2绳）	10~100	10~80	32.7~100	12~80	29.5~100	32~96
	（4绳）	5~50	5~40	16.3~50	6~40	14.5~50	16~48
	变幅	34~52	24~36	30~60	22~44	22.5	30.5
	行走	—		—	—	18	22.4

表5-6(续)

型号		QTZ100	QTZ50	QTZ60	QTZ63	QTZ80A	QT80E
电动机功率/kW	起升	30	24	22	30	30	30
	变幅(小车)	5.5	4	4.4	4.5	3.5	3.7
	回转	4×2	4	4.4	5.5	3.7×2	2.2×2
	行走	—		—	—	7.5×2	5×2
	顶升	7.5	4	5.5	4	7.5	4
质量/t	平衡重	7.4~11	2.9~5.04	12.9	4~7	10.4	7.32
	压重	26	12	52	14	56	
	自重	48~50	23.5~24.5	33	31~32	49.5	44.9
	总重			97.9		115.9	
起重臂长/m		60	45	30/40/45	48	50	45
平衡臂长/m		17.01	13.5	9.5	14	11.9	
轴距×轨距		—		—	—	5×5	

2)外形结构和起重特性

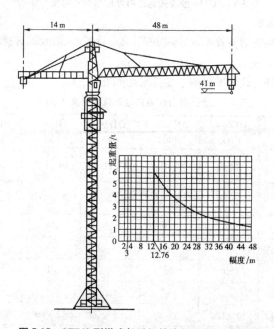

图5-15　QTZ63型塔式起重机的外形结构和起重特性

(1)QTZ63型塔式起重机。QTZ63型塔式起重机是水平臂架,小车变幅,上回转自升式塔式起重机,具有固定、附着、内爬等多种功能。独立式起升高度为41 m,附着式起升高度达

101 m,可满足 32 层以下的高层建筑施工。该机最大起重臂长为 48 m,额定起重力矩为 617 kN·m(63 t·m),最大额定起重量为 6 t,作业范围大,工作效率高。图 5-15 所示是 QTZ63 型塔式起重机的外形结构和起重特性。

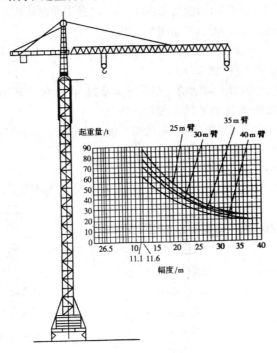

图 5-16　QT80A 型塔式起重机的外形结构和起重特性

(2)QT80 型塔式起重机。QT80 型是一种轨行、上回转自升塔式起重机,现以 QT80A 型为例,将其外形结构和起重特性示于图 5-16 中。

(3)QTZ100 型塔式起重机。QTZ100 型塔式起重机具有固定、附着、内爬等多种使用形式,独立式起升高度为 50 m,附着式起升高度达 120 m,采取可靠的附着措施可使起升高度达到 180 m。该塔机基本臂长为 54 m,额定起重力矩为 1000 kN·m(约100 t·m),最大额定起重量为 8 t;加长臂为 60 m,可吊 1.2 t,可以满足超高层建筑施工的需要。其外形如图 5-17 所示。

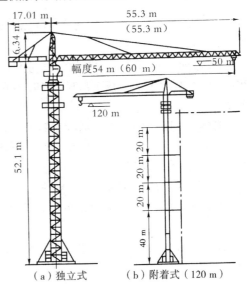

(a)独立式　　(b)附着式(120 m)

图 5-17　QTZ100 塔式起重机的外形

4. 塔式起重机的爬升

塔式起重机的爬升是指安装在建筑物内部(电梯井或特设开间)结构上的塔式起重机,借助自身的爬升系统能自己进行爬升,一般每隔2层楼爬升一次,由于其体积小,不占施工用地,易于随建筑物升高,因此适于现场狭窄的高层建筑结构安装。其爬升过程如图5-18所示。

首先将起重小车收回至最小幅度,下降吊钩,使起重钢丝绳绕过回转支撑上支座的导向滑轮,用吊钩将套架提环吊住(图5-18a)。

放松固定套架的地脚螺栓,将活动支腿收进套架梁内,提升套架至两层楼高度,摇出套架活动支腿,用底脚螺栓固定,松开吊钩(图5-18b)。

松开底座地脚螺栓,收回活动支腿,开动爬升机构将起重机提升两层楼高度,摇出底座活动支脚,并用地脚螺栓固定(图5-18c)。

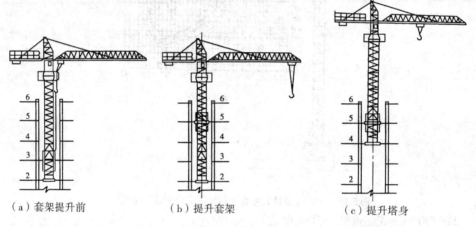

（a）套架提升前　　　　　　（b）提升套架　　　　　　（c）提升塔身

图5-18　爬升过程

5. 塔式起重机的自升

塔式起重机的自升是指借助塔式起重机的自升系统将塔身接长。塔式起重机的自升系统由顶升套架、长行程液压千斤顶、承座、顶升横梁、定位销等组成。其自升过程如图5-19所示。

首先将标准节吊到摆渡小车上,将过渡节与塔身标准节相连的螺栓松开(图5-19a)。

开动液压千斤顶,将塔顶及顶升套架顶升到超过一个标准节的高度,随即用定位销将顶升套架固定(图5-19b)。

液压千斤顶回缩,将装有标准节的摆渡小车推到套架中间的空间(图5-19c)。

用液压千斤顶稍微提起标准节,退出摆渡小车,将标准节落在塔身上并用螺栓加以联结(图5-19d)。

拔出定位销,下降过渡节,使之与塔身连成整体(图5-19e)。

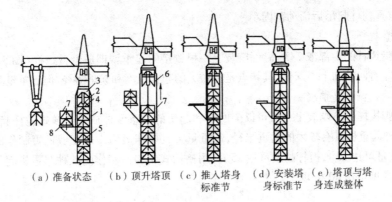

（a）准备状态　（b）顶升塔顶　（c）推人塔身　（d）安装塔　（e）塔顶与塔
　　　　　　　　　　　　　　　 标准节　　　 身标准节　 身连成整体

1—顶升套架；2—液压千斤顶；3—支撑座；4—顶升横梁；

5—定位销；6—过渡节；7—标准节；8—摆渡小车

图 5-19　自升塔式起重机顶升过程

6. 塔式起重机的附着

塔式起重机的附着是指为减小塔身计算长度，每隔 20 m 左右将塔身与建筑物联结起来（图 5-17）。塔式起重机的附着应按使用说明书的规定进行。

（五）桅杆式起重机

桅杆式起重机具有制作简单、就地取材、服务半径小、起重量大等特点，一般多用于安装工作量集中且构件又较重的工程。

常用的桅杆式起重机有独脚拔杆、人字拔杆、悬臂拔杆和牵缆式桅杆起重机。

1. 独脚拔杆

独脚拔杆是由起重滑轮组、卷扬机、缆风绳及锚碇等组成，起重时拔杆保持不大于 10°的倾角。

独脚拔杆按制作材料可分为木独脚拔杆、钢管独脚拔杆和格构式独脚拔杆（图 5-20）。

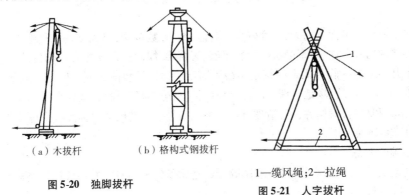

（a）木拔杆　　　　　（b）格构式钢拔杆　　　　　　1—缆风绳；2—拉绳

图 5-20　独脚拔杆　　　　　　　　　　　　　　**图 5-21　人字拔杆**

2. 人字拔杆

人字拔杆是用两根圆木或钢管或格构式钢构件以钢丝绳绑扎或铁件铰接而成（图5-21），两杆夹角不宜超过30°，起重时拔杆向前倾斜度不得超过1/10。其优点是侧向稳定性较好,缺点是构件起吊后活动范围小。

3. 悬臂拔杆

在独脚拔杆的中部或2/3高度外,装上一根铰接的起重臂即成悬臂拔杆(图5-22)。起重臂可以左右回转和上下起伏,其特点是有较大的起重高度和起重半径,但起重量降低。

4. 牵缆式桅杆起重机

在独脚拔杆的下端装上一根可以全回转和起伏的起重臂即成为牵缆式桅杆起重机(图5-23),这种起重机具有较大的起重半径,起重量大且操作灵活。用无缝钢管制作的此种起重机,起重量可达 10 t,桅杆高度可达 25 m,用格构式钢构件制作的此种起重机起重量可达 60 t,起重高度可达 80 m 以上。

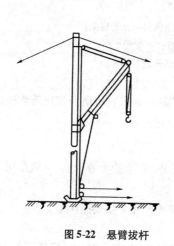

图 5-22 悬臂拔杆

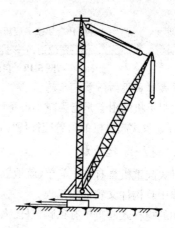

图 5-23 牵缆式桅杆起重机

第二节 单层工业厂房结构安装

单层工业厂房平面空间大、高度较高,构件类型少、数量多,有利于机械化施工。单层工业厂房的结构构件有柱、吊车梁、连系梁、屋架、天窗架、屋面板及支撑等。构件的吊装工艺:塑垫→吊升→对位→临时固定→校正→最后固定。构件吊装前必须做好各项准备工作,如构件运输、道路的修筑、场地清理、准备好供水、供电、电焊机等设备,还需备好吊装常用的各种索具、吊具和材料,对构件进行清理、检查、弹线编号及对基础杯口标高抄平等工作。

1. 柱子的吊装

1)基础的准备

柱基施工时,杯底标高一般比设计标高低(通常低5 cm),柱子在吊装前需要对基础底标高进行一次调整。

此外,还要在基础杯口面上弹出建筑的纵、横定位轴线和柱的吊装准线,作为柱子对位和校正的依据,如图5-24a 所示。柱子应在柱身的3 个面上弹出吊装准线,如图5-24b 所示。柱子的吊装准线应与基础面上所弹的吊装准线位置相重合。

2)柱子的绑扎

柱子的绑扎方法与其形状、长度、截面、配筋部位、吊装方法和起重机性能有关。其最合理的绑扎点位置,应按柱子产生的正、负弯矩绝对值相等的原则来确定。自重13 t以下的中小型柱绑扎一点,细长柱子或重型柱应绑扎两点,甚至三点。有牛腿的柱子一点绑扎的位置常选在牛腿以下,如上部柱子较长,也可绑扎在牛腿以上。"工"字形断面柱的绑扎点应选在矩形断面处,否则,应在绑扎位置用方木加固翼缘。双肢柱的绑扎点应选在平腹杆处。

根据柱子起吊后柱身是否垂直,可分为斜吊法和直吊法。常用的绑扎方法有斜吊绑扎法和直吊绑扎法。

(1)斜吊绑扎法。当柱子平放时柱的抗弯强度能满足要求,或起重臂长度不足时,可采用此法进行绑扎,

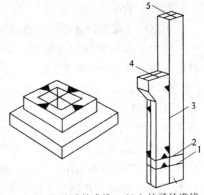

（a）基础的准线　（b）柱子的准线

1—基础顶面线;2—地坪标高线;
3—柱子中心线;4—吊车梁对位线;
5—柱顶中心线

图 5-24　基础、柱子的准线

如图5-25所示。此法特点是柱子在平卧状态下不需翻身直接绑扎起吊,柱子起吊后呈倾斜状态,就位对中较困难。

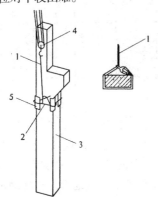

1—吊索;2—活络卡环;3—柱子;
4—滑车;5—方木

图 5-25　柱子的斜吊绑扎法

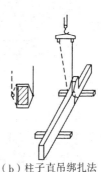

（a）柱子翻身绑扎法　（b）柱子直吊绑扎法

图 5-26　柱子的翻身及直吊绑扎法

(2)直吊绑扎法。当柱子平放起吊的抗弯强度不足时,需将柱翻身,然后起吊。这种绑扎方法是由吊索从柱子两侧引出,上端通过卡环或滑轮挂在铁扁担上,再与横吊梁相连,起吊后柱与基础杯底垂直,容易对位,如图5-26所示。铁扁担高于柱顶,须用较长的起重臂。

此外,当柱子较重较长需要用两点起吊时,也可采用两点斜吊和直吊绑扎法,如图5-27所示。

3）柱子的吊升方法

根据柱子在吊升过程中的特点,柱的吊升可分为旋转法和滑行法两种。对于重型柱还可采用双机抬吊的方法。

（1）旋转法。起重机边升钩边回转起重臂,使柱子绕柱脚旋转而呈直立状态,然后将其插入杯口,如图5-28a所示。柱子在平面布置时,柱脚宜靠近基础,要做到绑扎点、柱脚中心与杯基础杯口中心三点共弧,如图5-28b所示。该弧所在的中心即为起重机的回转中心,半径为圆心到绑扎点的距离。如

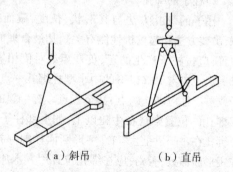

（a）斜吊　　　（b）直吊

图5-27　柱子的两点绑扎法

条件限制不能布置,可采用绑扎点与杯口两点共弧或柱脚中心点与杯口中心点两点共弧布置。但在起吊过程中,需改变回转半径和起重臂仰角,工效低且安全度较差。旋转法吊升过程中对柱子振动小,生产效率较高,多用于中小型柱子的吊装。

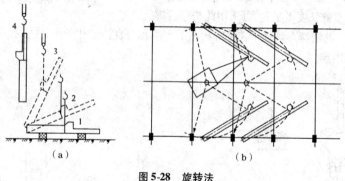

（a）　　　　　　　　　（b）

图5-28　旋转法

（2）滑行法。滑行法吊升柱时,起重机只升钩,起重臂不转动,使柱脚沿地面滑行逐渐直立,然后插入杯口,如图5-29a所示。采用此法吊装柱时,柱子的绑扎点应布置在杯口附近,并与杯口中心位于起重机的同一工作半径的圆弧上,以便将柱子吊离地面后稍转动吊臂即可就位,如图5-29b所示。

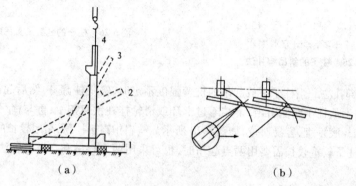

（a）　　　　　　　　　（b）

图5-29　滑行法

滑行法的特点是柱的布置较灵活,起重半径小,起重臂不转动,操作简单。用于吊装较重、较长的柱子或起重机在安全荷载下的回转半径不够,现场较狭窄柱无法按旋转法排放布置;或采用桅杆式起重机吊装等情况。但滑行过程中柱受一定的震动,耗用一定的滑行材料。为了减少滑行时柱脚与地面间的摩阻力,需要在柱脚下设置托木、滚筒,并铺设滑行道。

(3)双机抬吊。当柱子的体形、质量较大,一台无法吊装时,可采用双机抬吊。其起吊方法可采用旋转法(两点抬吊)和滑行法(一点抬吊)。

双机抬吊旋转法吊装柱子时,如图5-30所示。双机位于柱子的一侧,主吊机吊柱子上端,副吊机吊下端,柱的布置应使两个吊点与基础中心分别处于起重半径的圆弧上。起吊时,两机同时同速升钩,至柱离地面0.3 m高度时,停止上升;然后,两起重机的起重臂同时向杯口旋转。此时,副起重机 A 只旋转不提升,主起重机 B 则边旋转边提升吊钩直至柱直立,双机以等速缓慢落钩,将柱插入杯口中。

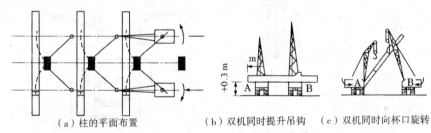

(a)柱的平面布置　　(b)双机同时提升吊钩　(c)双机同时向杯口旋转

图5-30　双机抬吊旋转法

双机抬吊滑行法吊装柱子时,如图5-31所示。柱子前平面布置与单机起吊滑行法相同。两台起重机相对而立,其吊钩均应位于基础上方。起吊时,两台起重机以相同的升钩、降钩、旋转速度工作。因此,采用型号相同的起重机。

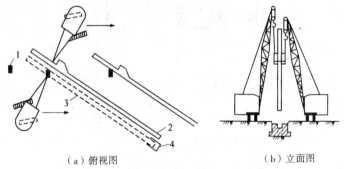

(a)俯视图　　　　　　　　(b)立面图

1—基础;2—柱预制位置;3—柱翻身后位置;4—滚动支座

图5-31　双机抬吊滑行法

采用双机抬吊,为使各机的负荷均不超过该机的起重能力,应进行负荷分配,其计算方法(图5-32):

$$P_1 = 1.25Qd_1/(d_1 + d_2) \tag{5-8}$$

$$P_2 = 1.25Qd_2/(d_1 + d_2) \tag{5-9}$$

式中　Q——柱子的质量,t;

P_1——第一台起重机的负荷,t;

P_2——第二台起重机的负荷,t;

d_1,d_2——起重吊点至柱重心的距离,m;

1.25——双机抬吊可能引起的超负荷系数,若有不超负荷的保证措施,可不乘此
系数。

4)柱子的对位与临时固定

柱脚插入杯口后,应悬离杯底 30 ~ 50 mm 处进行对位。对位时,应先从柱子四周向杯口放入 8 只楔块,并用撬棍拨动柱脚,使柱的安装中心线对准杯口的安装中心线,保持柱子基本垂直。当对位完成后,即可落钩将柱脚放入杯底,并复查中线,待符合要求后,即将四边楔块打紧,使柱临时固定,再将起重机吊钩脱开柱子,如图5-33 所示。

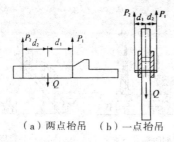

（a）两点抬吊 （b）一点抬吊

图5-32   负荷分配计算简图

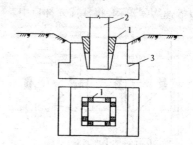

1—楔子;2—柱子;3—基础

图5-33   柱子的临时固定

5)柱子的校正

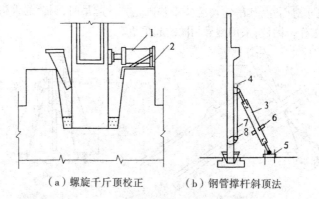

（a）螺旋千斤顶校正   （b）钢管撑杆斜顶法

1—螺旋千斤顶;2—千斤顶支座;3—钢管;4—头部摩擦板;

5—底板;6—转动手柄;7—钢丝绳;8—卡环

图5-34   柱子的校正

柱子的校正包括平面位置、垂直度和标高。平面位置的校正,在柱子临时固定前进行,对位时就已完成,而柱子的标高则在吊装前已通过按实际柱子长调整杯底标高的方法进行了校正。垂直度的校正在柱子临时固定后进行,用两台经纬仪从柱子的两个相互垂直的方向同时观测柱的吊装中心线的垂直度,当柱高小于或等于 5 m 时,其允许偏差值为 5 mm;柱

高大于5 m时,其允许偏差值为10 mm;柱子高大于或等于10 m,其允许偏差值为1/1000柱高且不大于20 mm。中小型柱或垂直偏差较小时,可用敲打楔块法校正;重型柱,可用千斤顶法、钢管撑杆法或缆风绳法校正,如图5-34所示。

6)柱子的最后固定

柱子经校正后,应立即进行最后固定,即在柱脚与杯口空隙中浇筑比柱混凝土强度等级高一级的细石混凝土。混凝土分两次浇筑:第一次浇至楔块底面,待混凝土强度达25%时,拔去楔块;再浇注第二次混凝土,至杯口顶面,待第二次混凝土强度达7%后,方可吊装上部构件。

2. 吊车梁的吊装

吊车梁的吊装必须在基础杯口内第二次浇筑的混凝土强度达到设计强度的70%以上时,方可进行吊车梁的安装。

1)绑扎、吊升、对位与临时固定

吊车梁吊起后应基本保持水平。绑扎时,两根吊绳要等长,绑扎点要对称布置在梁的两端,吊钩对准梁的重心。吊车梁两头需要设置溜绳,避免悬空时碰撞柱子。

对位时应缓慢落钩,使吊车梁端面中心线与牛腿面的轴线对准。

吊车梁的稳定性较好,一般对位后,无须采取临时固定措施起重机即可松钩移走。但当梁的高度与底宽之比大于4时,可用连接钢板与柱子点焊做临时固定。

2)校正与最后固定

中小型吊车梁的校正工作宜在屋盖吊装后进行,常采用边吊边校正法。吊车梁的校正主要包括垂直度和平面位置校正,两者应同时进行。吊车梁的标高,由于柱子吊装时已通过基础底面标高进行了控制,且吊车梁与吊车轨道之间尚需作较厚的垫层,一般不需校正。

吊车梁垂直度的校正,可用靠尺、线锤检查,其允许偏差为5 mm。若发现偏差,需在吊车梁底端与柱牛腿面之间垫入斜垫块纠正,每摞垫块不超过3块。

吊车梁平面位置校正包括直线度和跨距两项。一般长6 m、重5 t以内的吊车梁可用拉钢丝法和仪器放线法校正;长12 m及重5 t以上的吊车梁常采取边吊边校法校正。

(1)拉钢丝法。由柱的定位轴线,在跨端地面定出吊车梁的轴线位置,再用钢尺检查跨距。然后使用经纬仪将吊车梁的纵轴线放到两个端跨四角的吊车梁顶面上,分别在两条轴线上拉一根16~18号的钢丝(为了减少钢丝与梁顶面的摩阻力,在钢丝中段每隔一定距离用圆钢垫起)。再将两端垫高200 mm,钢丝下挂重物拉紧。如吊车梁的吊装纵轴线与通线不一致,则应根据通线来用撬杠拨正吊车梁的吊装中心线,如图5-35所示。

(2)仪器放线法。当吊车梁数量较多、钢丝不太容易拉紧时,可采用仪器放线法。用经纬仪在各个柱侧面放一条与吊车梁中线距离相等的校正基准线。校正基准线至吊车梁中线的距离为a值,由放线者自行决定。校正时,凡是吊车梁中线至校正基准线的距离不等于a时,即用撬杠拨正,如图5-36所示。

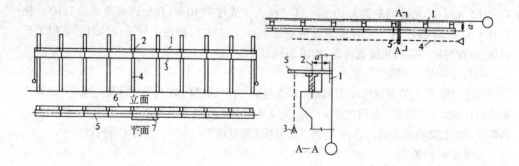

1—钢丝;2—圆钢;3—吊车梁;4—柱子;
5—吊车梁设计中线;6—柱设计轴线;
7—偏离中心线的吊车梁

图 5-35　拉钢丝法校正吊车梁的平面位置

1—校正基准线;2—吊车梁中线;
3—经纬仪;4—经纬仪视线;5—木尺

图 5-36　仪器放线法校正吊车梁的平面位

（3）边吊边校法。较重的吊车梁脱钩后移动困难,因此宜边吊边校正,如图 5-37 所示。校正时,用经纬仪在柱内侧引一条与柱纵轴线平行的视线 3,在木尺上弹两条短线 A 和 B,两短线间距离 a 为经纬仪视线与吊车梁纵轴线间距离。

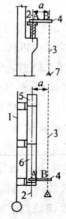

1—柱轴线;2—吊车梁中线;3—经纬仪视线;
4—木尺;5—已吊装、校正的吊车梁;
6—正吊装、校正的吊车梁;7—经纬仪

图 5-37　边吊边校法校正吊车梁的平面位置

吊装时,将木尺 A 点与吊车梁顶面所弹中心线吻合,用经纬仪观测木尺上的 B,同时指挥移动吊车梁,使木尺上的 B 点与经纬仪内的纵丝相重合,则吊车梁位置正确。

吊车梁校正完毕后,将吊车梁与柱的预埋铁件用连接钢板焊牢,并在吊车梁与柱子的空隙处浇筑细石混凝土。

3. 屋架的吊装

单层工业厂房的钢筋混凝土屋架,一般是在现场平卧叠浇。屋架安装的高度较高,屋架跨度大,厚度较薄,吊装过程中易产生平面变形,甚至会产生裂缝。因此,要采取必要的加固措施方可进行吊装。

1)屋架的绑扎

屋架的绑扎点应选在上弦节点处或附近,对称于屋架中心。各吊索拉力的合力作用点要高于屋架重心。吊索与水平线的夹角不宜小于45°(以免屋架承受过大的横向压力),必要时,应采用横吊梁。屋架两端应设置溜绳,以控制屋架的转动。

吊点数目及位置与屋架的跨度和形式有关,如图5-38所示。一般当屋架跨度小于18 m时,采用两点绑扎;跨度为18~24 m时,采用四点绑扎;跨度为30~36 m时,应考虑采用横吊梁以减少轴向压力;对刚度较差的组合屋架,因下弦不能承受压力,也宜采用横吊梁四点绑扎。

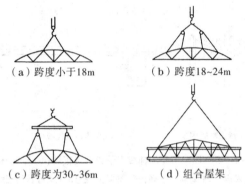

(a)跨度小于18m (b)跨度18~24m

(c)跨度为30~36m (d)组合屋架

图5-38 屋架的绑扎方法

2)屋架的扶直与就位

钢筋混凝土屋架一般在施工现场平卧浇注,吊装前应将屋架扶直就位。扶直时,在自重作用下屋架承受平面外的力,部分杆件将改变受力情况(特别是上弦杆极易扭曲开裂),因此吊装前必须进行吊装应力验算和采取一定的技术措施,保证安全施工。

扶直屋架时,按照起重机与屋架相对位置的不同,有正向扶直和反向扶直两种方式。

(1)正向扶直起重机位于屋架下弦一边,吊钩对准屋架上弦中点,收紧吊钩,起臂约为2°左右时使屋架脱模,然后升钩、起臂,使屋架以下弦为轴旋转成直立状态,如图5-39所示。

(2)反向扶直起重机位于屋架上弦一边,吊钩对准屋架上弦中心,收紧吊索,起臂约为2°左右,随之升钩降臂,使屋架绕下弦转动为直立状态,如图5-40所示。

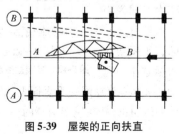

图5-39 屋架的正向扶直

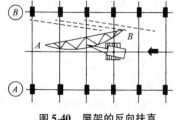

图5-40 屋架的反向扶直

正向扶直与反向扶直的不同点,即正向扶直为升臂,反向扶直为降臂,吊钩始终在上弦中点的垂直上方。升臂比降臂安全,操作易于控制,因此尽可能采用正向扶直方法。

屋架扶直后应立即就位。一般靠柱边斜放或 3~5 榀为一组平行柱边纵向就位,用支撑或 8 号铁丝等与已安装好的柱或已就位的屋架拉牢,以保持稳定。

3)屋架的吊升、对位与临时固定

屋架起吊是先将屋架吊离地面约 500 mm,然后将屋架转至吊装位置下方,应基本保持水平,再将屋架吊升超过柱顶约 300 mm,即停止升钩,将屋架缓缓放至柱顶,进行对位。

对位应以建筑物的定位轴线为准。如果柱顶截面中线与定位轴线偏差过大,则可逐步调整纠正。

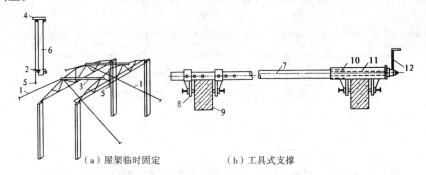

（a）屋架临时固定　　　　　（b）工具式支撑

1—第一榀屋架上缆风;2—卡在屋架下弦的挂线卡子;3—校正器;4—卡在屋架上弦的挂线卡子;
5—线锤;6—屋架;7—钢管;8—撑脚;9—屋架上弦;10—螺母;11—螺杆;12—摇把

图 5-41　屋架的临时固定与校正

屋架对位后要立即进行临时固定。第一榀屋架用 4 根缆风绳在屋架两侧拉牢或将其与抗风柱连接,如图 5-41a 所示;第二榀及其以后的屋架均用两根工具式支撑(图 5-41b)撑牢在前一榀屋架上。临时固定稳妥后,起重机才能脱钩。当屋架经校正最后固定,并安装了若干块大型屋面板后,才能将支撑取下。

4)屋架的校正与最后固定

屋架的校正一般可采用校正器校正。对于第一榀屋架则可用缆风绳进行校正。屋架的垂直度可用经纬仪或线锤进行检查。用经纬仪检查方法是在屋架上安装 3 个卡尺,一个安在上弦中点附近,另两个安在屋架两端。自屋架几何中心向外量出一定距离(一般 500 mm)在卡尺上作出标志,然后在距离屋架中线同样距离处安置经纬仪,观察 3 个卡尺上的标志是否在同一垂直面上。

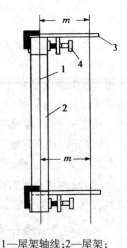

1—屋架轴线;2—屋架;
3—标志;4—固定螺杆

图 5-42　屋架垂直度校正

用锤球检查屋架垂直度,与上述步骤相同,但标志距屋架几何中心距离可短些(一般为 300 mm),在两端卡尺的标志连一通线,自屋架顶卡尺的标志处向下挂锤球,检查三卡尺的标志是否在同一垂直面上,如图 5-42 所示。若存在偏差,可通过转动工具式支撑上的螺栓加以纠正,并在屋架两端的柱顶上嵌入斜垫块。

　　校正无误后,立即用电焊焊牢,进行最后固定。电焊时应在屋架两端同时对角施焊,避免两端同侧施焊,以防焊缝收缩使屋架倾斜。

　　5)屋架的双机抬吊

　　当屋架的质量较大时,一台起重机的起重量不能满足要求时,则可采用双机抬吊,其方法有以下两种。

　　(1)一机回转,一机跑吊。屋架布置在跨中,两台起重机分别位于屋架的两侧,如图5-43所示。1号机在吊装过程中只回转不移动,因此其停机位置距屋架起吊前的吊点与屋架安装至柱顶后的吊点应相等。2号机在吊装过程中需回转及移动,其行车中心线为屋架安装后各屋架吊点的连线。开始吊装时,两台起重机同时提升屋架至一定高度,2号机将屋架由起重机一侧转至机前,然后两机同时提升屋架至超过柱顶,2号机带屋架前进至屋架安装就位的停机点,1号机则作回转以相配合,最后两机同时缓缓将屋架下降至柱顶就位。

　　(2)双机跑吊。如图5-44所示,屋架在跨内一侧就位,开始两台起重机同时将屋架提升至一定高度,使屋架回转时不至碰及其他屋架或柱。然后1号机带屋架后退至停机点,2号机带屋架前进,使屋架达到安装就位的位置。两机同时提升屋架超过柱顶,再缓缓下降至柱顶对位。

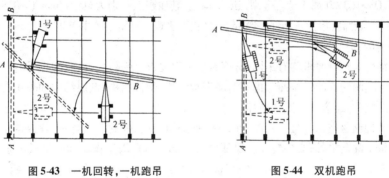

图5-43　一机回转,一机跑吊　　　　　　图5-44　双机跑吊

　　4.天窗架及屋面板的吊装

　　天窗架常采用单独吊装,也可与屋架拼装成整体同时吊装。单独吊装时,需待两侧屋面板安装后进行,并应用工具式夹具或绑扎圆木进行临时加固,如图5-45所示。

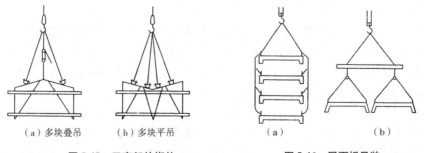

　　(a)多块叠吊　　　(b)多块平吊　　　　　(a)　　　　　　　(b)

图5-45　天窗架的绑扎　　　　　　　图5-46　屋面板吊装

屋面板的吊装,因其均埋有吊环,一般多采用一钩多块迭吊或平吊法,如图5-46所示。安装时应自两边檐口左右对称地逐块铺向屋脊,避免屋架承受半边荷载。屋面板对位后,应立即进行电焊固定,每块屋面板至少焊3点。

第三节　钢结构安装工程

一、钢构件的制作

(一)钢构件制作前的准备工作

1.钢结构的材料及处理

1)材料的类型

目前,在我国的钢结构工程中常用的钢材主要有普通碳素钢、普通低合金钢和热处理低合金钢3类。其中以Q235、Q345、Q390、Q420等钢材应用最为普遍。

Q235钢属于普通碳素钢,主要用于建筑工程,其屈服点为235 N/mm^2,具有良好的塑性和韧性。

Q345、Q390、Q420属于低合金高强度结构钢,其屈服点分别为345 N/mm^2、390 N/mm^2、420 N/mm^2,具有强度高、塑性及韧性好等特点,是我国建筑工程使用的主要钢种。

2)材料的选择

各种结构对钢材要求各有不同,选用时应根据要求对钢材的强度、塑性、韧性、耐疲劳性能、焊接性能、耐锈性能等全面考虑。对厚钢板结构、焊接结构、低温结构和采用含碳量高的钢材制作的结构,还应防止脆性破坏。

承重结构钢材应保证抗拉强度、伸长率、屈服点和硫、磷的极限含量,焊接结构应保证碳的极限含量。除此之外,必要时还应保证冷弯性能。对重级工作制和起重量不小于50 t的中级工作制焊接吊车梁或类似结构的钢材,还应有常温冲击韧性的保证。计算温度不高于－20 ℃时,Q235钢应具有－20 ℃下冲击韧性的保证,Q345钢应具有－40 ℃下冲击韧性的保证。对于高层建筑钢结构构件节点约束较强,以及板厚不小于50 mm,并承受沿板厚方向拉力作用的焊接结构,应对板厚方向的断面收缩率加以控制。

3)材料的验收和堆放

钢材验收的主要内容是,钢材的数量和品种是否与订货单相符,钢材的质量保证书是否与钢材上打印的记号相符,核对钢材的规格尺寸,钢材表面质量检验,即钢材表面不允许有结疤、裂纹、折叠和分层等缺陷,表面锈蚀深度不得超过其厚度负偏差值的1/2。

钢材堆放要减少钢材的变形和锈蚀,节约用地,并使钢材提取方便。露天堆放场地要平整并高于周围地面,四周有排水沟,雪后易于清扫。堆放时尽量使钢材截面的背面向上或向外,以免积雪、积水。堆放在有顶棚的仓库内时,可直接堆放在地坪上(下垫棱木),小钢材亦可堆放在架子上,堆与堆之间应留出通道以便搬运。堆放时每隔5~6层放置棱木,其间距以不引起钢材明显变形为宜。一堆内上、下相邻钢材需前后错开,以便在其端部固定标牌和编号。标牌应标明钢材的规格、钢号、数量和材质验收证明书号,并在钢材端部根据其钢号涂以不同颜色的油漆。

2. 制作前的准备工作

钢结构加工制作前的准备工作主要有详图设计和审查图纸、对料、编制工艺流程、布置生产场地、安排生产计划等。

在国际上,钢结构工程的详图设计多由加工单位负责。目前,国内一些大型工程亦逐步采用这种做法。钢结构加工制作的一般程序如图 5-47 所示。

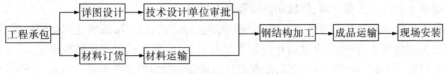

图 5-47 钢结构加工制作程序

审查图纸主要是检查图纸设计的深度能否满足施工的要求,核对图纸上构件的数量和安装尺寸,检查构件之间有无矛盾,审查设计在技术上是否合理,构造是否方便施工等。

对料包括提料和核对两部分,提料时,需根据使用尺寸合理订货,以减少不必要的拼接和损耗;核对是指核对来料的规格、尺寸、质量和材质。

编制工艺流程是保证钢结构施工质量的重要措施。工艺流程的主要内容包括根据执行标准编写成品技术要求,关键零件的精度要求、检查方法和检查工具,主要构件的工艺流程、工序质量标准和为保证构件达到工艺标准而采用的工艺措施,采用的加工设备和工艺装备。

布置生产场地依据下列因素:产品的品种特点和批量,工艺流程,产品的进度要求,每班工作量和要求的生产面积,现有的生产设备和起重运输能力。生产场地的布置原则:按流水顺序安排生产场地,尽量减少运输量;合理安排操作面积,保证操作安全;保证材料和零件有足够的堆放场地;保证产品的运输以及电气供应。

生产计划的主要内容包括根据产品特点、工程量的大小和安装施工进度,将整个工程划分成工号,以便分批投料,配套加工,配套出成品;根据工作量和进度计划,安排作业计划,同时作出劳动力和机具平衡计划,对薄弱环节的关键机床,需要按其工作量具体安排进度和班次。

(二)钢构件制作

钢构件制作的工艺流程如图 5-48 所示。

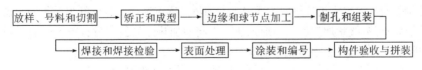

图 5-48 钢构件制作的工艺流程

1. 放样、号料和切割

放样工作包括核对图纸的安装尺寸和孔距,以 1:1 的大样放出节点,核对各部分的尺寸,制作样板和样杆作为下料弯制、铣、刨、制孔等加工的依据。放样时,铣、刨的工件要考虑加工余量,一般为 5 mm;焊接构件要按工艺要求放出焊接收缩量,焊接收缩量应根据气候、结构断面和焊接工艺等确定。高层钢结构的框架柱尚应预留弹性压缩量,相邻柱的弹性压缩量相差不超过 5 mm,若图纸要求桁架起拱,放样时上下弦应同时起拱。

号料工作包括检查核对材料,在材料上画出切割、铣、刨、弯曲、钻孔等加工位置,打冲孔,标出零件编号等。号料应注意以下问题:①根据配料表和样板进行套裁,尽可能节约材料;②应有利于切割和保证构件质量;③当有工艺规定时,应按规定的方向取料。

切割下料的方法有气割、机械切割和等离子切割。

气割法是利用氧气与可燃气体混合产生的预热火焰加热金属表面达到燃烧温度,并使金属发生剧烈氧化,释放出大量的热促使下层金属燃烧,同时通以高压氧气射流,将氧化物吹除而产生一条狭小而整齐的割缝,随着割缝的移动切割出所需的形状。目前,主要的气割方法有手工气割、半自动气割和特型气割等。气割法具有设备使用灵活、成本低、精度高等特点,是目前使用最为广泛的切割方法,能够切割各种厚度的钢材,尤其是厚钢板或带曲线的零件。气割前需将钢材切割区域表面的铁锈、污物等清除干净,气割后应清除熔渣和飞溅物。

机械切割是利用上下两剪切刀具的相对运动来剪断钢材,或利用锯片的切削运动将钢材分离,或利用锯片与工件间的摩擦发热使金属熔化而被切断。常用的切割机械有剪板机、联合冲剪机、弓锯床、砂轮切割机等。其中剪切法速度快、效率高,但切口较粗糙;锯割可以切割角钢、圆钢和各类型钢,切割速度和精度都较好。

等离子切割法是利用高温高速等离子焰流将切口处金属及其氧化物熔化并吹掉来完成切割,因此能切割任何金属,特别是熔点较高的不锈钢及有色金属铝、铜等。

2. 矫正和成型

1)矫正

钢材使用前,由于材料内部的残余应力及存放、运输、吊运不当等原因,会引起钢材原材料变形;在加工成型过程中,由于操作和工艺原因会引起成型件变形;构件在连接过程中会存在焊接变形等。因此,必须对钢材进行矫正,以保证钢结构制作和安装质量。钢材的矫正方式主要有矫直、矫平、矫形 3 种。按矫正的外力来源,矫正分为火焰矫正、机械矫正和手工矫正等。

钢材的火焰矫正是利用火焰对钢材进行局部加热,被加热处理的金属由于膨胀受阻而产生压缩塑性变形,使较长的金属纤维冷却后缩短而完成。通常火焰加热位置、加热形式和加热热量是影响火焰矫正效果的主要因素。加热位置应选择在金属纤维较长的部位。加热形式有点状加热、线状加热和三角形加热。不同的加热热量使钢材获得不同的矫正变形能力,低碳钢和普通低合金钢的加热温度为 600 ~ 800 ℃。

钢材的机械矫正是在专用矫正机上进行的。矫正机主要有拉伸矫正机、压力矫正机、辊压矫正机等。拉伸矫正机适用于薄板扭曲、型钢扭曲、钢管、带钢和线材等的矫正(图5-49);压力矫正机适用于板材、钢管和型钢的局部矫正;辊压矫正机适用于型材、板材等的矫正(图 5-50)。

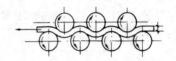

图 5-49 拉伸矫正机矫正   图 5-50 辊压矫正机矫正

钢材的手工矫正是利用锤击的方式对尺寸较小的钢材进行矫正。由于其矫正力小、劳动强度大、效率低,仅在缺乏或不便使用机械矫正时采用。在矫正时应注意以下问题:①碳素结构钢在环境温度低于 - 16 ℃、低合金结构钢在环境温度低于 - 12 ℃时,不得进行冷矫正和冷弯曲;②碳素结构钢和低合金结构钢在加热矫正时,加热温度应根据钢材性能选定,但不得超过 900 ℃,低合金结构钢在加热矫正后应缓慢冷却;③当构件采用热加工成型时,加热温度宜控制在 900 ~ 1000 ℃,碳素结构钢在温度下降到 700 ℃之前,低合金结构钢在温度下降到 800 ℃之前,应结束加工,低合金结构钢应缓慢冷却。

2)成型

钢材的成型主要是指钢板卷曲和型材弯曲。

钢板卷曲是通过旋转辊轴对板材进行连续三点弯曲而形成。当制件曲率半径较大时,可在常温状态下卷曲;若制件曲率半径较小或钢板较厚,则需将钢板加热后进行。钢板卷曲分为单曲率卷曲和双曲率卷曲。单曲率卷曲包括圆柱面、圆锥面和任意柱面的卷曲(图5-51),因其操作简便,工程中较常用。双曲率卷曲可以进行球面及双曲面的卷曲。

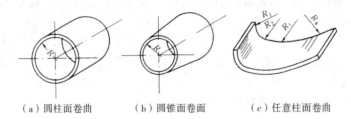

(a)圆柱面卷曲   (b)圆锥面卷曲   (c)任意柱面卷曲

图 5-51 单曲率卷曲钢板

型材弯曲包括型钢弯曲和钢管弯曲。型钢弯曲时,由于截面重心线与力的作用线不在同一平面上,型钢除受弯曲力矩外还受扭矩的作用,所以型钢断面会产生畸变。畸变程度取决于应力的大小,而应力的大小又取决于弯曲半径。弯曲半径越小,则畸变程度越大。在弯曲时,若制件的曲率半径较大,一般应采用冷弯,反之则应采用热弯。钢管弯曲时,为尽可能减少钢管在弯曲过程中的变形,通常应在管材中加入填充物(砂或弹簧)后进行弯曲,用辊轮和滑槽压在管材外面进行弯曲或用芯棒穿入管材内部进行弯曲。

3.边缘和球节点加工

在钢结构加工过程中,一般应在下述位置或根据图纸要求进行边缘加工:①吊车梁翼缘板、支座支承面等图纸有要求的加工面;②焊缝坡口;③尺寸要求严格的加劲板、隔板、腹板和有孔眼的节点板等。边缘加工的允许偏差见表5-7。常用的机具有刨边机、铣床、碳弧气割等。近年来常以精密切割代替刨铣加工,如半自动、自动气割机等。

表 5-7　边缘加工的允许偏差

项目	允许偏差
构件宽度、长度	±1.0 mm
加工边直线度	$l/3000$，且不大于 2.0 mm
相邻两边夹角	±6′
加工面垂直度	0.025 t，且不大于 0.5 mm
加工面表面粗糙度	$\overset{50}{\bigtriangledown}$

注:1. t——构件厚度;
　2. l——构件长度。

螺栓球宜热锻成型,不得有裂纹、叠皱、过烧;焊接球宜采用钢板热压成半圆球,表面不得有裂纹、褶皱,并经机械加工坡口后焊成半圆球。螺栓球和焊接球的允许偏差应符合规范要求。网架钢管杆件直端宜采用机械下料,管口曲线采用自动切管机下料。

4. 制孔和组装

螺栓孔共分两类三级,其制孔加工质量和分组应符合规范要求。组装前,连接接触面和沿焊缝边缘每边 30～50 mm 范围内的铁锈、毛刺、污垢、冰雪等应清除干净;组装顺序应根据结构形式、焊接方法和焊接顺序等因素确定;构件的隐蔽部位应焊接、涂装,并经检查合格后方可封闭,完全封闭的构件内表面可不涂装;当采用夹具组装时,拆除夹具不得损伤母材,残留焊疤应修抹平整。

5. 表面处理、涂装和编号

表面处理主要是指对使用高强度螺栓连接时接触面的钢材表面进行加工,即采用砂轮、喷砂等方法对摩擦面的飞边、毛刺、焊疤等进行打磨。经过加工使其接触处表面的抗滑移系数达到设计要求额定值,一般为 0.45～0.55。

钢结构的腐蚀是长期使用过程中不可避免的一种自然现象,在钢材表面涂刷防护涂层,是目前防止钢材锈蚀的主要手段。防护涂层的选用,通常应从技术经济效果及涂料品种和使用环境方面综合考虑后作出选择。不同涂料对底层除锈质量要求不同,一般来说常规的油性涂料湿润性和透气性较好,对除锈质量要求可略低一些。而高性能涂料(如富锌涂料等),对底层表面处理要求较高。不同涂料的除锈方法和等级的适应性见表 5-8。涂料、涂装遍数、涂层厚度均应满足设计要求,当设计对涂层厚度无要求时,宜涂装 4～5 遍。涂层干漆膜总厚度:室外为 150 μm,室内为 125 μm,允许偏差为 −25 μm;涂装工程由工厂和安装单位共同承担时,每遍涂层干漆膜厚度的允许误差为 −5 μm。

通常,在构件组装成型之后即用油漆在明显处按照施工图标注构件编号。

此外,为便于运输和安装,对重大构件还要标注质量和起吊位置。

6. 构件验收与拼装

构件出厂时,应提交下列资料:产品合格证;施工图和设计变更文件,设计变更的内容应在施工图中相应部位注明;制作中对技术问题处理的协议文件;钢材、连接材料和涂装材料的质量证明书或试验报告;焊接工艺评定;高强度螺栓摩擦面抗滑移系数试验报告、焊缝无损检验报告及涂层检测资料;主要构件验收记录;预拼装记录;构件发运和包装清单。

表 5-8　除锈量等级与涂料的适应性

除锈方法	除锈等级	涂料种类							
		洗涤底漆	有机富锌	无机富锌	油性涂料	长油醇酸涂料	环氧沥青涂料	环氧树脂涂料	氯化橡胶涂料
喷砂除锈	Sa3	0	0	0	0	0	0	0	0
	Sa2(1/2)	0	0	0-△	0	0	0	0	0
	St3	0	0-△	×	0	0	0-△	0-△	0
动力工具除锈	St3	△	△	×	0	0-△	△	△	△
手工工具除锈	St2	×	×	×	△	△	×	×	×

注:0 为适合;△为稍不适合;×为不适合。

　　由于受运输吊装等条件的限制,有时构件要分成两段或若干段出厂,为了保证安装的顺利进行,应根据构件或结构的复杂程度,或者根据设计的具体要求,由建设单位在合同中另行委托制作单位在出厂前进行预拼装。除管结构为立体预拼装,并可设卡、夹具外,其他结构一般均为平面预拼装。分段构件预拼装或构件与构件的总体拼装,如为螺栓连接,当预拼装时,所有节点连接板均应装上,除检查各部位尺寸外,还应用试孔器检查板叠孔的通过率。

二、钢结构的安装工艺

(一)钢构件的运输和存放

　　钢构件应根据钢结构的安装顺序,分单元成套供应。运输钢构件时应根据构件的长度、质量选择运输车辆,钢构件在运输车辆上的支点两端伸出的长度及绑扎方法均应保证钢构件不产生变形、不损伤涂层。钢构件应存放在平整坚实、无积水的场地上,且应满足按种类、型号、安装顺序分区存放的要求。构件底层垫枕应有足够的支撑面,并应防止支点下沉。相同型号的钢构件叠放时,各层钢构件的支点应在同一垂直线上,并应防止钢构件被压坏和变形。

(二)构件的安装和校正

　　钢结构安装前需对建筑物的定位轴线、基础轴线、标高、地脚螺栓位置等进行检查,并应进行基础检测和办理交接验收。基础顶面直接作为柱的支撑面和基础顶面预埋钢板或支座作为柱的支撑面时,其支撑面、地脚螺栓(锚栓)的允许偏差见表 5-9。钢垫板面积根据基础混凝土的抗压强度、柱脚底板下细石混凝土二次浇灌前柱底承受的荷载和地脚螺栓(锚栓)的紧固拉力计算确定。垫板设置在靠近地脚螺栓(锚栓)的柱脚底板加劲板或柱肢下,每根地脚螺栓(锚栓)侧应设 1~2 组垫板,每组垫板不得多于 5 块。垫板与基础面和柱底面的接触应平整紧密。当采用成对斜垫板时,其叠合长度不应小于垫板长度的 2/3。二次浇灌混凝土前垫板间应焊接固定。工程上常将无收缩砂浆作为坐浆材料,柱子吊装前砂浆试块强度应高于基础混凝土强度一个等级。为保证结构整体性,钢结构安装在形成空间刚度单元后,及时对柱底板和基础顶面的空隙采用细石混凝土二次浇灌。

表5-9　支撑面、地脚螺栓(锚栓)的允许偏差

项目		允许偏差/mm
支撑面	标高	±3.0
	水平度	$l/1\,000$
地脚螺栓(锚栓)	螺栓中心偏移	5.0
	螺栓露出长度	+30.0 0
	螺纹长度	+30.0 0
预留孔中心偏移		10.0

钢结构安装前,要对构件的质量进行检查,当钢构件的变形、缺陷超出允许偏差时,待处理后,方可进行安装工作。厚钢板和异种钢板的焊接、高强度螺栓安装、栓钉焊和负温度下施工,需根据工艺试验,编制相应的施工工艺。

钢结构采用综合安装时,为保证结构的稳定性,在每一单元的钢构件安装完毕后,应及时形成空间刚度单元。大型构件或组成块体的网架结构,可采用单机或多机抬吊,亦可采用高空滑移安装。钢结构的柱、梁、屋架支撑等主要构件安装就位后,应立即进行校正工作,尤其应注意的是,安装校正时,要有相应措施,消除风、温差、日照等外界环境和焊接变形等因素的影响。

设计要求顶紧的节点,接触面应有70%的面紧贴,用0.3 mm厚塞尺检查,可插入的面积之和不得大于接触顶紧总面积的30%,边缘最大间隙不应大于0.8 mm。

(三)钢构件的连接和固定

钢构件的连接方式通常有焊接和螺栓连接。随着高强度螺栓连接和焊接连接的大量采用,对被连接件的要求越来越严格。如构件位移、水平度、垂直度、磨平顶紧的密贴程度、板叠摩擦面的处理、连接间隙、孔的同心度、未焊表面处理等,都应经质量监督部门检查认可,方能进行紧固和焊接,以免留下难以处理的隐患。焊接和高强度螺栓并用的连接,当设计无特殊要求时,应按先栓后焊的顺序施工。

1.钢构件的焊接连接

1)钢构件焊接连接的基本要求

钢构件焊接连接的基本要求:施工单位对首次采用的钢材、焊接材料、焊接方法、焊后热处理等,应按国家现行的《建筑钢结构焊接规程》和《钢制压力容器焊接工艺评定》的规定进行焊接工艺评定,并确定出焊接工艺。焊接工艺评定是保证钢结构焊缝质量的前提,通过焊接工艺评定选择最佳的焊接材料、焊接方法、焊接工艺参数、焊后热处理等,以保证焊接接头的力学性能达到设计要求。焊工要经过考试并取得合格证后方可从事焊接工作,焊工应遵守焊接工艺,不得自由施焊及在焊道外的母材上引弧。焊丝、焊条、焊钉、焊剂的使用应符合规范要求。安装定位焊缝需考虑工地安装的特点,如构件的自重、所承受的外力、气候影响等,其焊点数量、高度、长度均应由计算确定。焊条的药皮是保证焊接过程正常和焊接质量及参与熔化过渡的基础。生锈焊条严禁使用。

为防止起弧落弧时弧坑缺陷出现应力集中,角焊缝的端部在构件的转角处宜连续绕角施焊,垫板、节点板的连续角焊缝,其落弧点应距离端部至少 10 mm;多层焊接应连续不断地施焊;凹形角焊缝的金属与母材间应平缓过渡,以提高其抗疲劳性能。定位焊所采用的焊接材料应与焊件材质相匹配,在定位焊施工时易出现收缩裂纹、冷淬裂纹及未焊透等质量缺陷。因此,应采用回焊引弧、落弧添满弧坑的方法,且焊缝长度应符合设计要求,一般为设计焊缝高度的 7 倍。

焊缝检验应按国家有关标准进行。为防止延迟裂纹漏检,碳素结构钢应在焊缝冷却到环境温度、低合金钢应在完成焊接 24 h 后,方可进行焊缝探伤检验。

常用的焊接方法及特点见表 5-10。

表 5-10　常用的焊接方法及特点

焊接方法		特点	适用范围
手工焊	交流焊机	设备简易,操作灵活,可进行各种位置的焊接	普通钢结构
	直流焊机	焊接电流稳定,适用于各种焊条	要求较高的钢结构
埋弧自动焊		生产效率高,焊接质量好,表面成型光滑,操作容易,焊接时无弧光,有害气体少	长度较长的对接或贴角焊缝
埋弧半自动焊		与埋弧自动焊基本相同,操作较灵活	长度较短,弯曲焊缝
CO_2 气体保护焊		利用 CO_2 气体或其他惰性气体保护的光焊丝焊接,生产效率高,焊接质量好,成本低,易于自动化,可进行全位置焊接	用于钢板

2)焊接接头

钢结构的焊接接头按焊接方法分为熔化接头和电渣焊接头两大类。在手工电弧焊中,熔化接头根据焊件厚度、使用条件、结构形状的不同又分为对接接头、角接接头、"T"形接头和搭接接头等形式。对厚度较厚的构件,为了提高焊接质量,保证电弧能深入焊缝的根部,使根部能焊透,同时获得较好的焊缝形态,通常要开坡口。焊接接头形式见表 5-11。

表 5-11　焊接接头形式

序号	名称	图示	接头形式	特点
1	对接接头		不开坡口 "V" "X" "U" 形坡口	应力集中较小,有较高的承载力
2	角接接头		不开坡口	适用厚度在 8 mm 以下
			"V" "K" 形坡口	适用厚度在 8 mm 以下
			卷边	适用厚度在 2 mm 以下

表 5-11(续)

序号	名称	图示	接头形式	特点
3	"T"形接头		不开坡口	适用厚度在 30 mm 以下的不受力构件
			"V""K"形坡口	适用厚度在 30 mm 以上的只承受较小应力构件
4	搭接接头		不开坡口	适用厚度在 12 mm 以下的钢板
			塞焊	适用双层钢板的焊接

3)焊缝形式

焊缝形式按施焊的空间位置可分为平焊缝、横焊缝、立焊缝及仰焊缝 4 种(图 5-52)。平焊的熔滴靠自重过渡,操作简便,质量稳定;横焊因熔化金属易下滴,而使焊缝上侧产生咬边,下侧产生焊瘤或未焊透等缺陷;立焊成缝较为困难,易产生咬边、焊瘤、夹渣、表面不平等缺陷;仰焊必须保持最短的弧长,因此常出现未焊透、凹陷等质量缺陷。

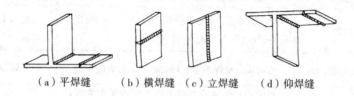

（a）平焊缝　　（b）横焊缝　　（c）立焊缝　　（d）仰焊缝

图 5-52　各种位置焊缝形式示意图

焊缝形式按结合形式分为对接焊缝、角接焊缝和塞焊缝 3 种(图 5-53)。

对接焊缝的主要尺寸:焊缝有效高度 s、焊缝宽度 c、余高 h。角焊缝主要以高度 k 表示,塞焊缝则以熔核直径 d 表示。

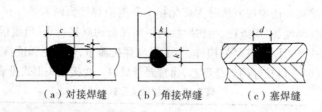

（a）对接焊缝　　（b）角接焊缝　　（c）塞焊缝

图 5-53　焊接形式

4)焊接工艺参数

手工电弧焊的焊接工艺参数主要包括焊接电流、电弧电压、焊条直径、焊接层数、电源种类和极性等。

焊接电流的确定与焊条的类型、直径、焊件厚度、接头形式、焊缝位置等因素有关,在一般钢结构焊接中,可根据电流大小与焊条直径的关系即式(5-10)进行平焊电流的试选。

$$I = 10d^2 \tag{5-10}$$

式中　I——焊接电流,A;

d——焊条直径,mm。

立焊电流比平焊电流减小 15 % ~ 20 %,横焊和仰焊电流则应比平焊电流减小 10 % ~ 15 %。电弧电压由焊接电流确定,同时其大小还与电弧长度有关,电弧长则电压高,电弧短则电压低,一般要求电弧长不大于焊条直径。焊条直径主要与焊件厚度、接头形式、焊缝位置和焊接层次等因素有关,一般来说,可按表 5-12 进行选择。为保证焊接质量,工程上多倾向于选择较大直径焊条,并且在平焊时直径可大一些,立焊所用焊条直径不超过 5 mm,横焊和仰焊所用焊条直径不超过 4 mm,坡口焊时,为防止未焊透缺陷,第一层焊缝宜采用直径为 3.2 mm 的焊条。焊接层数由焊件的厚度而定,除薄板外,一般都采用多层焊。焊接层数过多,每层焊缝的厚度过大,对焊缝金属的塑性有不利影响,施工时每层焊缝的厚度不应大于 4 ~ 5 mm。在重要结构或厚板结构中应采用直流电源,其他情况则首先应考虑交流电源,根据焊条的形式和焊接特点的不同,利用电弧中的阳极温度比阴极温度高的特点,选用不同的极性来焊接各种不同的构件。用碱性焊条或焊接薄板时,采用直流反接(工件接负极),而用酸性焊条时,则通常采用正接(工件接正极)。

表 5-12　焊条直径的选择

mm

焊件厚度	≤	3 ~ 4	5 ~ 12	>12
焊条直径	2	3.2	4 ~ 15	≥15

5)运条方法

钢结构正常施焊时,焊条有 3 种运动方式:

(1)焊条沿其中心线送进,以免发生断弧。

(2)焊条沿焊缝方向移动,移动的速度应根据焊条直径、焊接电流、焊件厚度、焊缝装配情况及其位置确定,移动速度要适中。

(3)焊条作横向摆动,以便获得需要的焊缝宽度,焊缝宽度一般为焊条直径的 1.5 倍。

6)焊缝的后处理

焊接工作结束后,应做好清除焊缝飞溅物、焊渣、焊瘤等工作。无特殊要求时,应根据焊接接头的残余应力、组织状态、熔敷金属含氢量和力学性能决定是否需要焊后热处理。

2.普通螺栓连接

普通螺栓是钢结构常用的紧固件之一,用作钢结构中的构件连接固定或钢结构与基础的连接固定。

1)类型与用途

常用的普通螺栓有六角螺栓、双头螺栓和地脚螺栓等。

六角螺栓按其头部支撑面大小及安装位置尺寸分大六角头和六角头两种,按制造质量和产品等级则分为 A、B、C 三种。A 级螺栓又称精制螺栓,B 级螺栓又称半精制螺栓。A,B 级螺栓适用于拆装式结构或连接部位需传递较大剪力的重要结构的安装。C 级螺栓又称粗制螺栓,适用于钢结构安装的临时固定。

双头螺栓多用于连接厚板和不便使用六角螺栓的连接处,如混凝土屋架、屋面梁悬挂吊件等。

地脚螺栓一般有地脚螺栓、直角地脚螺栓、锤头螺栓和锚固地脚螺栓等形式。通常,地脚螺栓和直角地脚螺栓预埋在结构基础中用以固定钢柱;锤头螺栓是基础螺栓的一种特殊形式,在浇筑基础混凝土时将特制模箱(锚固板)预埋在基础内,用以固定钢柱;锚固地脚螺栓是在已形成的混凝土基础上经钻机制孔后,再浇筑固定的一种地脚螺栓。

2)普通螺栓的施工

(1)连接要求普通螺栓在连接时应符合以下要求:永久螺栓的螺栓头和螺母的下面应放置平垫圈,螺母下的垫圈不应多于 2 个,螺栓头下的垫圈不应多于 1 个;螺栓头和螺母应与结构构件的表面及垫圈密贴;对于倾斜面的螺栓连接,应采用斜垫片垫平,使螺母和螺栓的头部支撑面垂直于螺杆,避免紧固螺栓时螺杆受到弯曲力;永久螺栓和锚固螺栓的螺母应根据施工图纸中的设计规定,采用有放松装置的螺母或弹簧垫圈;对于动荷载或重要部位的螺栓连接,应在螺母下面按设计要求放置弹簧垫圈;从螺母一侧伸出螺栓的长度应保持在不小于 2 个完整螺纹的长度;使用螺栓等级和材质应符合施工图纸的要求。

(2)螺栓长度确定连接螺栓的长度 L,按式(5-11)计算:

$$L = \delta + H + nh + C \tag{5-11}$$

式中　δ——连接板约束厚度,mm;

H——螺母高度,mm;

n——垫圈个数,个;

h——垫圈厚度,mm;

C——螺杆余长,5 ~ 10 mm。

(3)紧固轴力。为了使螺栓受力均匀,尽量减少连接件变形对紧固轴力的影响,保证各节点连接螺栓的质量,螺栓紧固必须从中心开始,对称施拧。其紧固轴力不应超过相应规定。永久螺栓拧紧质量检验采用锤敲或用力矩扳手检验,要求螺栓不颤头和偏移,拧紧程度用塞尺检验,对接表面高差(不平度)不应超过 0.5 mm。

3.高强度螺栓连接

高强度螺栓是用优质碳素钢或低合金钢材制作而成的,具有强度高、施工方便、安装速度快、受力性能好、安全可靠等特点,已广泛地应用于大跨度结构、工业厂房、桥梁结构、高层钢框架结构等的钢结构工程中。

1)六角头高强度螺栓和扭剪型高强度螺栓

六角头高强度螺栓为粗牙普通螺纹,有 8.8S 和 10.9S 两种等级。一个六角头高强度螺栓连接副由一个螺栓、一个螺母和两个垫圈组成。高强度螺栓连接副应同批制造,保证扭矩系数稳定,同批连接副扭矩系数平均值为 0.110 ~ 0.150,其扭矩系数标准偏差应不大于 0.010。扭矩系数可按下式计算:

$$K = M / (Pd) \tag{5-12}$$

式中　K——扭矩系数;

M——施加扭矩,N·m;

P——高强度螺栓预拉力,kN;

d——高强度螺栓公称直径,mm。

10.9S 级六角头高强度螺栓紧固控制轴力见表 5-13。

表 5-13　10.9S 级六角头高强度螺栓紧固控制轴力

螺栓公称直径/mm		12	16	20	22	24	27	30
10H	最大值/kN	59	113	117	216	250	324	397
9H	最小值/kN	19	93	142	177	206	265	329

注:10H、9H 为螺母的性能等级。

扭剪型高强度螺栓连接副由一个螺栓、一个螺母和一个垫圈组成,它适用于摩擦型连接的钢结构。其连接副紧固轴力见表 5-14。

表 5-14　扭剪型高强度螺栓连接副紧固轴力

螺栓公称直径/mm		16	20	22	24
每批紧固轴力的平均值/kN	公称	111	173	215	250
	最大	122	190	236	275
	最小	101	157	195	227
紧固轴力变异系数 λ		λ = 标准偏差/平均值<10%			

2)高强度螺栓的施工

高强度螺栓连接副是按出厂批号包装供货和提供产品质量证明书的,因此在储存、运输、施工过程中,应严格按批号存放、使用。不同批号的螺栓、螺母、垫圈不得混杂使用。高强度螺栓连接副的表面经特殊处理,在施拧前要保持原状,以免扭矩系数和标准偏差或紧固轴力和变异系数发生变化。为确保高强度螺栓连接副的施工质量,施工单位应按出厂批号进行复验。其方法是:高强度大六角头螺栓连接副每批号随机抽 8 套,复验扭矩系数和标准偏差;扭剪型高强度螺栓连接副每批号随机抽 5 套,复验紧固轴力和变异系数。施工单位应在产品质量保证期内及时复验,复验数据作为施拧的主要参数。为保证丝扣不受损伤,安装高强度螺栓时,不得强行穿入螺栓或兼做安装螺栓。

高强度螺栓的拧紧分为初拧和终拧两步进行,这样可减小先拧与后拧的高强度螺栓预拉力的差别。大型节点应分初拧、复拧和终拧三步进行,增加复拧是为了减少初拧后过大的螺栓预拉力损失,为使被连接板叠紧密贴,施工时应从螺栓群中央顺序向外拧,即从节点中刚度大的中央按顺序向不受约束的边缘施拧,同时,为防止高强度螺栓连接副的表面处理涂层发生变化影响预拉力,应在当天终拧完毕。

扭剪型高强度螺栓的初拧扭矩按下列公式计算:

$$T_0 = 0.065 P_c d \tag{5-13}$$

$$P_c = P + \Delta P \tag{5-14}$$

式中　T_0 ——初拧扭矩,N·m;

P_c ——施工预拉力,kN;

P ——高强度螺栓设计预拉力,kN;

ΔP ——预拉力损失值(宜取设计预拉力的 10%),kN;

d ——高强度螺栓螺纹直径,mm。

扭剪型高强度螺栓连接副没有终拧扭矩规定,其终拧是采用专用扳手拧掉螺栓尾部梅花头。若个别部位的螺栓无法使用专用扳手,则按直径相同的高强度大六角头螺栓采用扭矩法施拧,扭矩系数取 0.13。

高强度大六角头螺栓的初拧扭矩宜为终拧扭矩的50%,终拧扭矩按下列公式计算:

$$T_c = KP_c d \tag{5-15}$$

$$P_c = P + \Delta P \tag{5-16}$$

式中　T_c ——终拧扭矩,N·m;

　　　K ——扭矩系数;

　　　$P_c,P,\Delta P,d$ 同式(5-13)及式(5-14)中含义。

高强度大六角头螺栓施拧用的扭矩扳手,一般采用电动定扭矩扳手或手动扭矩扳手(图5-54),检查用扭矩扳手多采用手动指针式扭矩扳手或带百分表的扭矩扳手。扭矩扳手在班前和班后均应进行扭矩校正,施拧用扳手的扭矩为 ±5% ,检查用扳手的扭矩为 ±3% 。

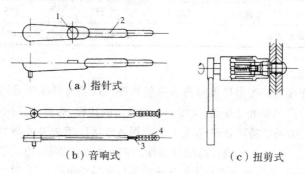

（a）指针式　　（b）音响式　　（c）扭剪式

1—扳手;2—百分表;3—主刻度;4—副刻度

图 5-54　手动扭矩扳手

对于高强度螺栓终拧后的检查,扭剪型高强度螺栓可采用目测法检查螺栓尾部梅花头是否拧掉;高强度大六角头螺栓可采用小锤敲击法逐个进行检查,其方法是用手指紧按住螺母的一个边,用质量为 0.3~0.5 kg 的小锤敲击螺母相对应的另一边,如手指感到轻微颤动即为合格,颤动较大即为欠拧或漏拧,完全不颤动即为超拧。高强度大六角头螺栓终拧结束后的检查除了采用小锤敲击法逐个进行检查外,还应在终拧 1 h 后、24 h 内进行扭矩抽查。扭矩抽查的方法:先在螺母与螺杆的相对应位置画一细直线,然后将螺母退回30°~50°,再拧至原位(与该细直线重合)时测定扭矩,该扭矩与检查扭矩的偏差在检查扭矩的 ±10% 范围以内即为合格。检查扭矩按下式计算:

$$T_{ch} = KPd \tag{5-17}$$

式中　T_{ch} ——检查扭矩,N·m;

　　　K,P,d 同式(5-13)及式(5-14)中含义。

(四)钢结构工程的验收

钢结构工程的验收,应在钢结构的全部或空间刚度单元的安装工作完成后进行,通常验收应提交下列资料:钢结构工程竣工图和设计文件;安装过程中形成的与工程技术有关的文件;安装所采用的钢材、连接材料和涂料等材料的质量证明书或试验、复验报告;工厂制作构件的出厂合格证;焊接工艺评定报告和质量检验报告;高强度螺栓抗滑移系数试验报告和检查记录;隐蔽工程验收和工程中间检查交接记录;结构安装检测记录及安装质量评定资料;钢结构安装后涂装检测资料;设计要求的钢结构试验报告。

第四节 结构安装工程质量要求及安全措施

一、单层、多层钢筋混凝土结构安装质量要求

当混凝土强度达到设计强度75%以上,预应力构件孔道灌浆的强度达到15 MPa以上,方可进行构件吊装。

安装构件前,应对构件进行弹线和编号,并对结构及预制件进行平面位置、标高、垂直度等校正工作。

构件在吊装就位后,应进行临时固定,保证构件的稳定。

在吊装装配式框架结构时,只有当接头和接缝的混凝土强度大于10 MPa时,方能吊装上一层结构的构件。

构件的安装,力求准确,保证构件的偏差在允许范围内,见表5-15。

表5-15 构件安装的允许偏差

项目	名 称			允许偏差/mm
1	杯形基础	中心线对轴线位移		10
		杯底标高		−10
2	柱	中心线对轴线的位移		5
		上下柱连接中心线位移		3
		垂直度	≤5 m	5
			>5 m	10
			≥10 m且多节	高度的1‰
		牛腿柱面和柱顶标高	≤5 m	−5
			>5 m	−8
3	梁或吊车梁	中心线对轴线位移		5
		梁顶标高		−5

表 5-15（续）

项目	名称		允许偏差/mm
4	屋架	下弦中心线对轴线位移	5
		垂直度　桁架	屋架高的 1/250
		垂直度　薄腹梁	5
5	天窗架	构件中心线对定位轴线位移	5
		垂直度（天窗架高）	1/300
6	板	相邻两板板底平整　抹灰	5
		相邻两板板底平整　不抹灰	5
7	墙板	中心线对轴线位移	3
		垂直度	3
		每层山墙倾斜	2
		整个高度垂直度	10

二、单层钢结构安装质量要求

钢结构基础施工时,应注意保证基础顶面标高及地脚螺栓位置的准确。其偏差值应在允许偏差范围内。

钢结构安装应按施工组织设计进行。安装程序必须保持结构的稳定性且不导致永久性变形。

钢结构安装前,应按构件明细表核对进场的构件,查验产品合格证和设计文件;工厂预拼装过的构件在现场拼装时,应根据预拼装记录进行。

钢结构安装偏差的检测,应在结构形成空间刚度单元并连接固定后进行,其偏差在允许偏差范围内。钢柱、吊车梁和轨道以及墙架、檩条安装的允许偏差分别见表 5-16、表 5-17、表 5-18。

表 5-16　单层钢结构柱子安装的允许偏差

项目		允许偏差/mm	检验方法	图例
柱脚底座中心线定位轴线的偏移		5.0	用吊线和钢尺检查	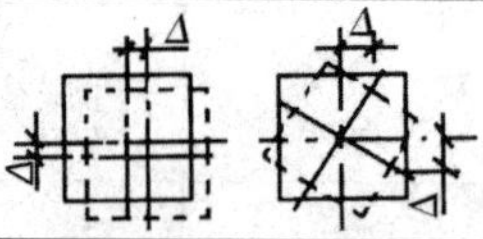
柱基准点标高	有吊车梁的柱	+3.0 −5.0	用水准仪检查	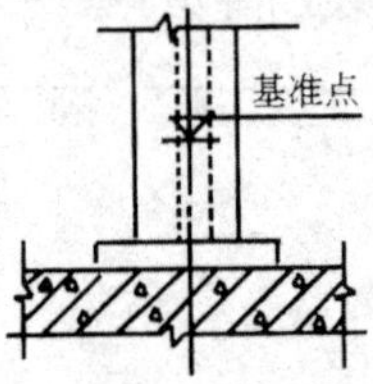
	无吊车梁的柱	+5.0 −8.0		

表 5-16（续）

项目			允许偏差/mm	检验方法	图例
弯曲矢高			$H/1\,200$， 且≤15.0	用经纬仪、拉线和 钢尺检查	
柱轴线垂直度	单层柱	$H≤10$ m	$H/100$	用经纬仪、吊线和 钢尺检查	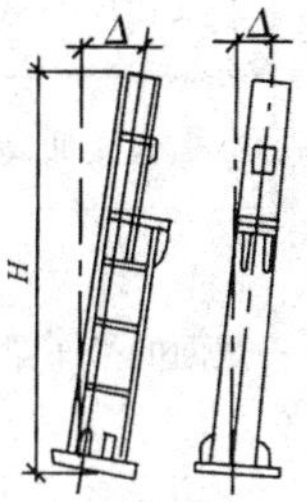
		$H>10$ m	$H/1000$， 且≤25.0		
	多层柱	单节柱	$H/1000$， 且≤10.0		
		柱全高	35.0		

表 5-17　钢吊车梁安装的允许偏差

项目		允许偏差/mm	检验方法	图例
梁的跨中垂直度 Δ		$H/500$	用吊线和钢尺 检查	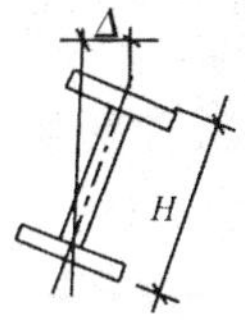
侧向弯曲矢高		$l/1500$，且≤10.0	用拉线和钢尺 检查	
垂直上拱矢高		10.0		
两端支座中心位移 Δ	安装在钢柱上时，对 牛腿中心的偏移	5.0		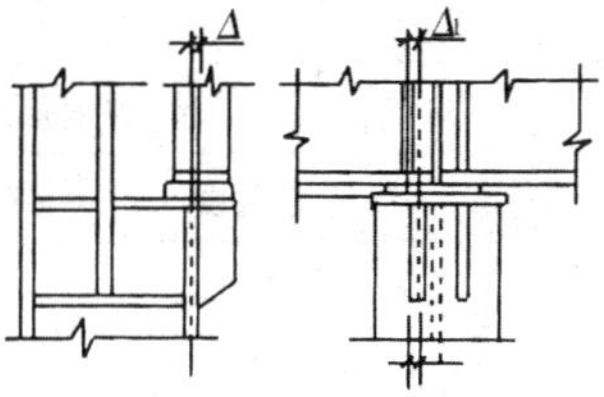
	安装在混凝土柱上 时，对定位轴线的偏移	5.0		
吊车梁支座加劲板中心与柱 子承压加劲板叫心的偏差 Δ		$t/2$	用吊线和钢尺 检查	
同跨间内同一 横截面吊车梁顶 面高差 Δ	支座处	10.0	用经纬仪、水准 仪和钢尺检查	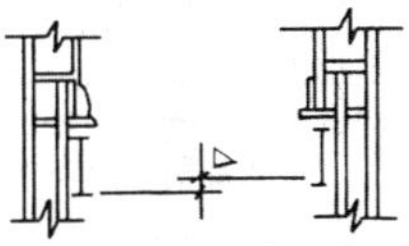
	其他处	15.0		
同跨间同一横截面下挂式吊 车梁底面高差 Δ		10.0		
同列相邻两柱间吊车梁顶面 高差 Δ		$l/1500$，且≤10.0	用水准仪和钢尺 检查	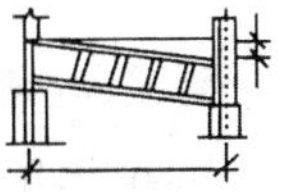

表 5-17(续)

项目		允许偏差/mm	检验方法	图例
相邻两吊车梁接头部位 Δ	中心错位	3.0	用钢尺检查	
	上承式顶面高差	1.0		
	下承式底面高差	1.0		
同跨间任一截面的吊车梁中心跨距 Δ		±10.0	用经纬仪和光电测距仪检查,跨度小时,可用钢尺检查	
轨道中心对吊车梁腹板轴线的偏移 Δ		$t/2$	用吊车和钢尺检查	

表 5-18 墙架、檩条等次要构件安装的允许偏差

项目		允许偏差/mm	检验方法
墙架立柱	中心线对定位轴线的偏移	10.0	用钢尺检查
	垂直度	$H/1000$,且不应大于 10.0	用经纬仪、吊线和钢尺检查
	弯曲矢高	$H/1000$,且不应大于 15.0	用经纬仪、吊线和钢尺检查
抗风桁架的垂直度		$H/250$,且不应大于 15.0	用吊线和钢尺检查
檩条、墙梁的间距		±5.0	用钢尺检查
檩条的弯曲矢高		$L/750$,且不应大于 12.0	用拉线和钢尺检查
墙梁的弯曲矢高		$L/750$,且不应大于 10.0	用拉线和钢尺检查

注:1. H 为墙架立柱的高度;

    2. h 为抗风桁架的高度;

    3. L 为檩条或墙梁的长度。

三、安全措施

(一)使用机械的安全要求

吊装所用的钢丝绳,事先必须认真检查,表面磨损,若腐蚀达钢丝绳直径 10% 时,不准使用。

起重机负重开行时,应缓慢行驶,且构件离地不得超过 500 mm。起重机在接近满荷时,不得同时进行两种操作动作。

起重机工作时,严禁碰触高压电线。起重臂、钢丝绳、重物等与架空电线要保持一定的安全距离,见表 5-19、表 5-20。

发现吊钩、卡环出现变形或裂纹时,不得再使用。

起吊构件时,吊钩的升降要平稳,避免紧急制动和冲击。

对新到、修复或改装的起重机在使用前必须进行检查、试吊;要进行静、动负荷试验。试验时,所吊重物为最大起重量的 125%,且离地面 1 m,悬空 10 min。

起重机停止工作时,起动装置要关闭上锁。吊钩必须升高,防止摆动伤人,并不得悬挂物件。

表 5-19　起重机吊杆最高点与电线之间应保持的垂直距离

线路电压/kV	距离不小于/m	线路电压/kV	距离小于/m
1 以下	1	20 以上	2.5
20 以下	1.5		

表 5-20　起重机与电线之间应保持的水平距离

线路电压/kV	距离不小于/m	线路电压/kV	距离小于/m
1 以下	1.5	110 以下	4
20 以下	2	220 以下	6

(二)操作人员的安全要求

从事安装工作人员要进行体格检查,心脏病或高血压患者不得进行高空作业。

操作人员进入现场时,必须戴安全帽、手套,高空作业时还要系好安全带,所带的工具,要用绳子扎牢或放入工具包内。

在高空进行电焊焊接,要系安全带,着防护罩;潮湿地点作业,要穿绝缘胶鞋。

进行结构安装时,要统一用哨声、红绿旗、手势等指挥,所有作业人员,均应熟悉各种信号。

(三)现场安全设施

吊装现场的周围,应设置临时栏杆,禁止非工作人员入内。地面操作人员,应尽量避免在高空作业面的正下方停留或通过,也不得在起重机的起重臂或正在吊装的构件下停留或通过。

配备悬挂或斜靠的轻便爬梯,供人上下。

如需在悬空的屋架上弦行走时,应在其上设置安全栏杆。

在雨期或冬期里,必须采取防滑措施。例如,扫除构件上的冰雪、在屋架上捆绑麻袋、在屋面板上铺垫草袋等。

思 考 题 ○ ○ ○

1. 简述钢丝绳构造与种类,它的允许拉力如何计算?

2. 起重机械分哪几类? 各有何特点? 其适用范围如何?

3. 试述柱子的吊开工艺及方法,吊点选择应考虑什么原则?

4. 试比较旋转法和滑行法的优缺点及适用范围,对柱的布置有何要求?

5. 怎样对柱子进行校正和固定?

6. 屋架吊开时,屋架绑扎有哪些要求? 吊点如何选择?

第六章　脚手架工程

脚手架工程就是为辅助高空作业而搭设的临时的施工作业平台的结构,一般主要有钢管型和毛竹型。它为施工作业提供了安全可靠的作业平台,使得高空施工作业更为方便。砌筑砖墙、浇筑混凝土、墙面的抹灰、装饰和粉刷、结构构件的安装等,都需要在其近旁搭设脚手架,以便在其上进行施工操作、堆放施工用料和必要时的短距离水平运输。因此,脚手架工程在砌筑工程、混凝土工程、装修工程中有着广泛的应用。

第一节　扣件或钢管脚手架

脚手架是土木工程施工必备的重要设施,它是为保证高处作业安全、顺利进行施工而搭设的工作平台或作业通道。

我国的脚手架主要利用竹、木材料,后来出现了钢管扣件式脚手架以及各种钢制工具式脚手架。20世纪80年代以后,随着土木工程的发展,又开发出一系列新型脚手架,如升降式脚手架等。

脚手架的种类很多,按其搭设位置分为外脚手架和里脚手架两大类;按其所用材料分为木脚手架、竹脚手架与金属脚手架;按其构造形式分为多立杆式、框式、桥式、吊式、挂式、升降式等。目前,脚手架的发展趋势是采用高强度金属材料制作具有多种功用的组合式脚手架,可以适用不同情况作业的要求。

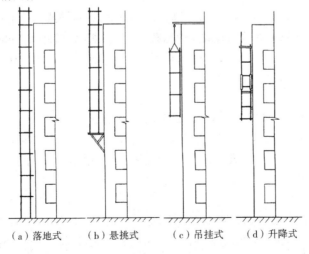

（a）落地式　　（b）悬挑式　　（c）吊挂式　　（d）升降式

图6-1　外脚手架的几种形式

对脚手架的基本要求:工作面满足工人操作、材料堆置和运输的需要;结构有足够的强度、稳定性,变形满足要求;装拆简便,便于周转使用。

外脚手架按搭设安装的方式有 4 种基本形式,即落地式脚手架、悬挑式脚手架、吊挂式脚手架及升降式脚手架(图6-1)。里脚手架如搭设高度不大时一般用小型工具式的脚手架,如搭设高度较大时可用移动式里脚手架或满堂搭设的脚手架。

扣件式钢管脚手架由立杆、大横杆、小横杆、斜撑、脚手板等组成,如图 6-2 所示。它可用于外脚手架,也可用作内部的满堂脚手架,是目前常用的一种脚手架。

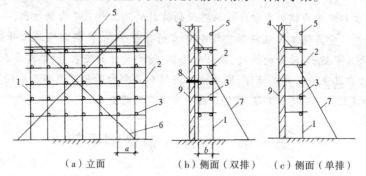

（a）立面　　　　（b）侧面（双排）　　（c）侧面（单排）

1—立杆;2—大横杆;3—小横杆;4—脚手板;
5—栏杆;6—斜撑;7—抛撑;8—连墙件;9—墙体

图 6-2　扣件式钢管外脚手架

扣件式钢管脚手架的特点:通用性强;搭设高度大;装卸方便;坚固耐用。

一、基本构造

扣件式脚手架是由标准钢管杆件(立杆、横杆、斜杆)和特制扣件组成的脚手架框架以及脚手板、防护构件、连墙件等组成的。

1. 钢管杆件

钢管杆件一般采用外径 48 mm,壁厚 3.5 mm 的焊接钢管或无缝钢管,也有外径 50 ~ 51 mm,壁厚 3 ~ 4 mm 的焊接钢管或其他钢管。用于立杆、大横杆、斜杆的钢管最大长度不宜超过 6.5 m,最大质量不宜超过 250 N,以便适合人工搬运。用于小横杆的钢管长度宜在 1.5 ~ 2.5 m,以适应脚手板的宽度。

2. 扣件

扣件用可锻铸铁铸造或用钢板压制,其基本形式有 3 种(图 6-3):供两根成垂直相交钢管连接用的直角扣件、供两根成任意角度相交钢管连接用的回转扣件和供两根对接钢管连接用的对接扣件。在使用中,虽然回转扣件可连接任意角度的相交钢管,但对直角相交的钢管应用直角扣件连接,而不应用回转扣件连接。

3. 脚手板

脚手板有两种形式,一种是长型脚手板,如冲压钢脚手板(一般用厚 2 mm 的钢板冲压而成,长度 2 ~ 4 m,宽度 250 mm,表面设有防滑措施),也可采用厚度不小于 50 mm 的杉木板或松木板,长度3～5 m,宽度250～300 mm。另一种是竹脚手板,它采用毛竹或楠竹制作成竹串片板或竹笆板。

（a）直角扣件　　（b）回转扣件　　（c）对接扣件

图6-3　扣件形式

4.连墙件

当扣件式钢管脚手架用于外脚手架时,必须设置连墙件。连墙件将立杆与主体结构连接在一起,可有效地防止脚手架的失稳与倾覆。常用的连接形式有刚性连接与柔性连接两种。连墙件的构造必须同时满足承受拉力和压力的要求。刚性连接一般通过连墙杆、扣件和墙体上的预埋件连接(图6-4a)。这种连接方式具有较大的刚度,其既能受拉,又能受压,在荷载作用下变形较小。

柔性连接则通过钢丝或小直径的钢筋、顶撑、木楔等与墙体上的预埋件连接,其刚度较小(图6-4b),只能用于高度24 m以下的脚手架。

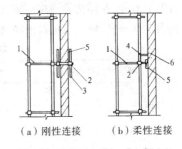

（a）刚性连接　　（b）柔性连接

1—连墙杆;2—扣件;3—刚性钢管;
4—钢丝;5—木楔;6—预埋件

图6-4　连墙体

5.底座

底座一般采用厚8 mm,边长150～200 mm的钢板做底板,上焊150 mm高的钢管。底座形式有内插式和外套式两种(图6-5),内插式的外径D_1比立杆内径小2 mm。外套式的内径D_2比立杆外径大2 mm。

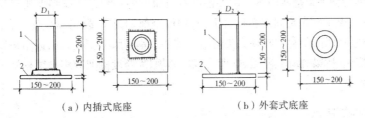

（a）内插式底座　　　　　（b）外套式底座

1—承插钢管;2—钢板底座

图6-5　扣件钢管架底座(单位:mm)

二、搭设的基本要求

钢管扣件脚手架搭设中应注意地基平整坚实,底部设置底座和垫板,并有可靠的排水措施,以防止积水浸泡地基。

立杆之间的纵向间距为单排设置时,立杆离墙1.2～1.4 m;为双排设置时,里排立杆离墙0.4～0.5 m,里外排立杆之间间距为1.5 m左右。对接时需用对接扣件连接,相邻的立杆接头要错开。立杆的垂直偏差不得大于架高的1/200。

上下两层相邻大横杆之间的间距(步架高)为1.8 m左右。大横杆杆件之间的连接应用对接扣件连接,如采用搭接连接,搭接长度不应小于1 m,并用3个回转扣件扣牢。与立杆之间应用直角扣件连接,纵向水平高差不应大于50 mm。

小横杆的间距不大于1.5 m。为单排设置时,小横杆的一头搁入墙内不少于240 mm,一头搁于大横杆上,至少伸出100 mm;为双排设置时,小横杆端头离墙距离为50~100 mm。小横杆与大横杆之间用直角扣件连接。

斜撑与地面的夹角宜在45°~60°之间。交叉的两根斜撑分别通过回转扣件扣在立杆及小横杆的伸出部分上,以避免两根斜撑相交时把钢管别弯。斜撑的长度较大,因此除两端扣紧外,中间尚需增加2~4个扣节点。

连墙件设置需从底部第一根纵向水平杆处开始,布置应均匀,设置位置应靠近脚手架杆件的节点处,与结构的连接应牢固。每个连墙件的布置间距可参考表6-1。当搭时,必须配合施工进度,使一次搭设的高度不应超过相邻连墙件以上两步。

表6-1　连墙件布置的最大间距

脚手架高度/m		竖向间距	水平间距	每个连墙件覆盖面积/m²
双排	≤50	3h	3l_a	≤40
	>50	2h	3l_a	≤27
单排	≤24	3h	3l_a	≤40

第二节　碗扣式钢管脚手架

碗扣式钢管脚手架是我国参考国外经验自行研制的一种多功能脚手架,其杆件节点处采用碗扣连接,由于碗扣是固定在钢管上的,构件全部轴向连接,力学性能好,连接可靠,组成的脚手架整体性好,不存在扣件丢失问题。碗扣式钢管脚手架在我国近年来发展较快,现已广泛用于房屋、桥梁、涵洞、隧道、烟囱、水塔、大坝、大跨度棚架等多种工程施工中,取得了显著的经济效益。

一、基本构造

碗扣式钢管脚手架由钢管立杆、横杆、碗扣接头等组成。其基本构造和搭设要求与扣件式钢管脚手架类似,不同之处主要在于碗扣接头。

碗扣接头(图6-6)是由上碗扣、下碗扣、横杆接头和上碗扣的限位销等组成。在立杆上焊接下碗扣和上碗扣的限位销,将上碗扣套入立杆内。在横杆和斜杆上焊接接头。组装时,将横杆和斜杆插入下碗扣内,压紧和旋转上碗扣,利用限位销固定上碗扣。碗扣间距为600 mm,碗扣处可同时连接4根横杆,可以互相垂直或偏转一定角度,可组成直线形、曲线形、直角交叉形式等多种形式。

碗扣接头具有很好的强度和刚度,下碗扣轴向抗剪的极限强度为 166.7 kN,横杆接头的抗弯能力好,在跨中集中荷载作用下达 6~9 kN·m。

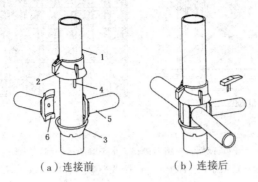

（a）连接前　　　　（b）连接后

1—立杆;2—上碗扣;3—下碗扣;
4—限位销;5—横杆;6—横杆接头
图 6-6　碗扣接头

二、搭设要求

碗扣式钢管脚手架立柱横距为 1.2 m,纵距根据脚手架荷载可为 1.2 m、1.5 m、1.8 m、2.4 m,步距为 1.8 m、2.4 m。搭设时立杆的接长缝应错开,第一层立杆应用长 1.8 m 和 3.0 m 的立杆错开布置,往上均用 3.0 m 长杆,至顶层再用 1.8 m 和 3.0 m 两种长度找平。高 30 m 以下脚手架垂直度应在 1/200 以内,高 30 m 以上脚手架垂直度应控制在 1/400 ~ 1/600,总高垂直度偏差应不大于 100 mm。

第三节　门式钢管脚手架

门式脚手架是一种工厂生产、现场组拼的脚手架,是当今国际上应用最普遍的脚手架之一。它不仅可作为外脚手架,也可作为移动式里脚手架或满堂脚手架。门式脚手架因其几何尺寸标准化、结构合理、受力性能好,施工中装拆容易、安全可靠、经济实用等特点,广泛应用于建筑、桥梁、隧道、地铁等工程施工,若在门架下部安放轮子,也可以作为机电安装、油漆粉刷、设备维修、广告制作的活动工作平台。

通常门式脚手架搭设高度限制在 45 m 以内,采取一定措施后可达到 80 m 左右。门式钢管脚手架设计的施工荷载:均布荷载 1.8 kN/m²,或作用于脚手板跨中的集中荷载 2 kN。

一、基本构造

门式脚手架基本单元是由 2 个门式框架、2 个剪刀撑、1 个水平梁架和 4 个连接器组合而成(图 6-7)。若干基本单元通过连接器在竖向叠加,组成一个多层框架。在水平方向,用加固杆和水平梁架使相邻单元连成整体,加上斜梯、栏杆柱和横杆组成上下步相通的外脚手架。

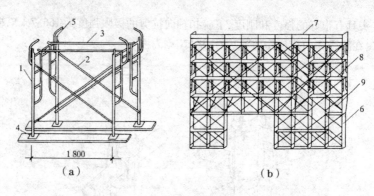

1—门式框架;2—剪刀撑;3—水平梁架;4—调节螺栓;

5—连接器;6—梯子;7—栏杆;8—脚手板;9—交叉斜杆

图 6-7　门式脚手架

二、搭设要求

门式脚手架的搭设顺序:铺放垫木→安放底座→设立门架→安装剪刀撑→安装水平梁架→安装梯子→安装水平加固杆→安装连墙杆→……逐层向上……→安装交叉斜杆。

门式脚手架高度一般不超过 45 m,每 5 层至少应架设水平架一道,垂直和水平方向每隔 4 ~ 6 m 应设一个连墙件,脚手架的转角应用钢管通过扣件扣紧在相邻两个门式框架上(图 6-8a)。

脚手架搭设后,应用水平加固杆(钢管)加强,通过扣件将水平加固杆扣在门式框架上,形成水平闭合圈。一般在 10 层框架以下,每 3 层设一道;在 10 层框架以上,每 5 层设一道。最高层顶部和最低层底部应各加设一道,同时还应设置交叉斜撑。

门式脚手架架设超过 10 层,应加设辅助支撑。高度方向每 8 ~ 11 层门式框架、宽度方向 5 个门式框架之间,应加设一组,使脚手架与墙体可靠连接(图 6-8c)。

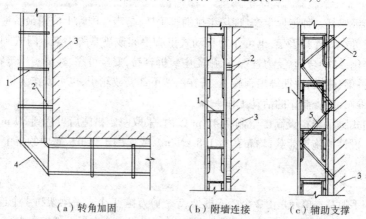

（a）转角加固　　　　（b）附墙连接　　　（c）辅助支撑

1—门式框架;2—连墙件;3—墙体;4—钢管;5—辅助支撑

图 6-8　门式脚手架的加固

第四节　升降式脚手架

落地式脚手架是沿结构外表面满搭的脚手架,在结构和装修工程施工中应用较为方便,但费料耗工,一次性投资大,工期亦长。因此,近年来在高层建筑及筒仓、竖井、桥墩等施工中发展了多种形式的外挂脚手架,其中应用较为广泛的是升降式脚手架。升降式脚手架分为自升降式、互升降式、整体升降式 3 种类型。

升降式脚手架的主要特点:①脚手架不需满搭,只搭设满足施工操作及安全各项要求的高度;②地面不需做支撑脚手架的坚实地基,也不占施工场地;③脚手架及其上承担的荷载传给与之相连的结构,对这部分结构的强度有一定要求;④随施工进程,脚手架可随之沿外墙升降,结构施工时由下往上逐层提升,装修施工时由上往下逐层下降。

一、自升降式脚手架

自升降脚手架的升降运动是通过手动或电动倒链交替对活动架和固定架进行升降来实现的。从升降架的构造来看,活动架和固定架之间能够进行上下相对运动。当脚手架工作时,活动架和固定架均用附墙螺栓与墙体锚固,两架之间无相对运动;当脚手架需要升降时,活动架与固定架中的一个架子仍然锚固在墙体上,使用倒链对另一个架子进行升降,两架之间便产生相对运动。通过活动架和固定架交替附墙,互相升降,脚手架即可沿着墙体上的预留孔逐层升降(图 6-9),具体的操作过程如下。

(一)施工前准备

按照脚手架的平面布置图和升降架附墙支座的位置,在混凝土墙体上设置预留孔。预留孔尽可能与固定模板的螺栓孔结合布置,孔径一般为 40～50 mm。为使升降顺利进行,预留孔中心必须在一直线上。脚手架爬升前,应检查墙上预留孔位置是否正确,如有偏差,应预先修正,墙面突出严重时,也应预先修平。

(二)安装

自升降式脚手架的安装在起重机配合下按脚手架平面图进行。先把上、下固定架用临时螺栓连接起来,组成一片,附墙安装。一般每 2 片为一组,每步架上用 4 根 $\phi48 \times 3.5$mm 钢管作为纵向水平杆,把 2 片升降架连接成一跨,组装成一个与邻跨没有牵连的独立升降单元体。附墙支座的附墙螺栓从墙外穿入,待架子校正后,在墙内紧固。对壁厚的筒仓或桥墩等,也可预埋螺母,然后用附墙螺栓将架子固定在螺母上。脚手架工作时,每个单元体共有 8 个附墙螺栓与墙体锚固。为了满足结构工程施工,脚手架应超过结构一层的安全作业需要。在升降脚手架上墙组装完毕后,用 $\phi48 \times 3.5$mm 钢管和对接扣件在上固定架上面再接高一步。最后在各升降单元体的顶部扶手栏杆处设临时连接杆,使之成为整体,内侧立杆用钢管扣件与模板支撑系统拉结,以增强脚手架整体稳定。

（三）爬升

爬升可分段进行,视设备、劳动力和施工进度而定,每个爬升过程提升1.5~2 m,每个爬升过程分两步进行(图6-9)。

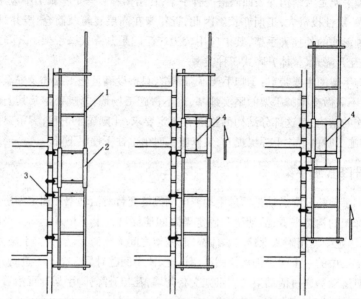

（a）爬升前的位置 （b）活动架爬升（半个层高） （c）固定架爬升（半个层高）

1—固定架;2—活动架;3—附墙螺栓;4—倒链
图6-9　自升降式脚手架爬升过程

1.爬升活动架

解除脚手架上部的连接杆,在一个升降单元体两端升降架的吊钩处,各配置1支倒链,倒链的上、下吊钩分别挂入固定架和活动架的相应吊钩内。操作人员位于活动架上,倒链受力后卸去活动架附墙支座的螺栓,活动架即被倒链挂在固定架上,然后在两端同步提升,活动架即呈水平状态徐徐上升。爬升到达预定位置后,将活动架用附墙螺栓与墙体锚固,卸下倒链,活动架爬升完毕。

2.爬升固定架

同爬升活动架相似,在吊钩处用倒链的上、下吊钩分别挂入活动架和固定架的相应吊钩内,倒链受力后卸去固定架附墙支座的附墙螺栓,固定架即被倒链挂吊在活动架上。然后在两端同步抽动倒链,固定架即徐徐上升,同样,爬升至预定位置后,将固定架用附墙螺栓与墙体锚固,卸下倒链,固定架爬升完毕。

待爬升一个施工高度后,重新设置上部连接杆,脚手架进入工作状态,以后按此循环操作,脚手架即可不断爬升,直至结构到顶。

（四）下降

与爬升操作顺序相反,顺着爬升时用过的墙体预留孔倒行,脚手架即可逐层下降,同时把留在墙面上的预留孔修补完毕,最后脚手架返回地面。

（五）拆除

拆除时设置警戒区,有专人监护,统一指挥。先清理脚手架上的垃圾杂物,然后自上而下逐步拆除。拆除升降架可用起重机、卷扬机或倒链。升降机拆下后要及时清理整修和保养,以利重复使用,运输和堆放均应设置地棱,防止变形。

二、互升降式脚手架

互升降式脚手架将脚手架分为甲、乙两种单元,通过倒链交替对甲、乙两单元进行升降。当脚手架需要工作时,甲单元与乙单元均用附墙螺栓与墙体锚固,两架之间无相对运动;当脚手架需要升降时,一个单元仍然锚固在墙体上,使用倒链对相邻一个架子进行升降,两架之间便产生相对运动。通过甲、乙两单元交替附墙,相互升降,脚手架即可沿着墙体上的预留孔逐层升降。互升降式脚手架的性能特点:①结构简单,易于操作控制;②架子搭设高度低,用料省;③操作人员不在被升降的架体上,增加了操作人员的安全性;④脚手架结构刚度较大,附墙的跨度大。互升降式脚手架适用于框架剪力墙结构的高层建筑、水坝、筒体等施工,具体的操作过程如下。

（一）施工前的准备

施工前应根据工程设计和施工需要进行布架设计,绘制设计图。编制施工组织设计,制订施工安全操作规定。在施工前,应将互升降式脚手架所需要的辅助材料和施工机具准备好,并按照设计位置预留附墙螺栓孔或设置好预埋件。

（二）安装

互升降式脚手架的组装可有两种方式:①在地面组装好单元脚手架,再用塔吊吊装就位;②在设计爬升位置搭设操作平台,在平台上逐层安装。爬架组装固定后的允许偏差应满足以下要求:沿架子纵向垂直偏差不超过 30 mm;沿架子横向垂直偏差不超过 20 mm;沿架子水平偏差不超过 30 mm。

（三）爬升

脚手架爬升前应进行全面检查,检查的主要内容:①预留附墙连接点的位置是否符合要求,预埋件是否牢靠;②架体上的横梁设置是否牢固;③提升降单元的导向装置是否可靠;④升降单元与周围的约束是否解除,升降有无障碍;⑤架子上是否有杂物;⑥所适用的提升设备是否符合要求等。

当确认以上各项都符合要求后方可进行爬升(图6-10),提升到位后,应及时将架子同结构固定。然后,用同样的方法对与之相邻的单元脚手架进行爬升操作,待相邻的单元脚手架升至预定位置后,将两单元脚手架连接起来,并在两单元操作层之间铺设脚手板。

（四）下降

与爬升操作顺序相反,利用固定在墙体上的架子对相邻的单元脚手架进行下降操作,同时把留在墙面上的预留孔修补完毕,最后脚手架返回地面。

（五）拆除

爬架拆除前应清理脚手架上的杂物。拆除爬架有两种方式：①同常规脚手架拆除方式，采用自上而下的顺序，逐步拆除；②用起重设备将脚手架整体吊至地面拆除。

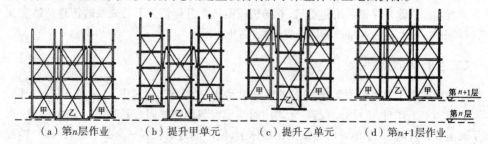

（a）第 n 层作业　　（b）提升甲单元　　（c）提升乙单元　　（d）第 n+1 层作业

图 6-10　互升降式脚手架爬升过程

三、整体升降式脚手架

在超高层建筑的主体施工中，整体升降式脚手架有明显的优越性，它结构整体好、升降快捷方便、机械化程度高、经济效益显著，是一种很有推广使用价值的超高建（构）筑外脚手架，被建设部列入重点推广的 10 项新技术之一。

整体升降式外脚手架（图 6-11），以电动倒链为提升机，使整个外脚手架沿建筑物外墙或柱整体向上爬升。搭设高度依建筑物施工层的层高而定，一般取建筑物标准层 4 个层高加 1 步安全栏的高度为架体的总高度。脚手架为双排，宽以 0.8 ~ 1 m 为宜，里排杆离建筑物净距 0.4 ~ 0.6 m。脚手架的横杆和立杆间距都不宜超过 1.8 m，可将 1 个标准层高分为 2 步架，以此步距为基数确定架体横、立杆的间距。

架体设计时，可将架子沿建筑物外围分成若干单元，每个单元的宽度参考建筑物的开间而定，一般在 5 ~ 9 m 之间，具体的操作步骤有以下几步。

（一）施工前的准备

按平面图先确定承力架及电动倒链挑梁安装的位置和个数，在相应位置上的混凝土墙或梁内预埋螺栓或预留螺栓孔。各层的预留螺栓或预留孔位置要求上下相一致，误差不超过 10 mm。

加工制作型钢承力架、挑梁、斜拉杆。准备电动倒链、钢丝绳、脚手管、扣件、安全网、木板等材料。

因整体升降式脚手架的高度一般为 4 个施工层层高，当建筑物施工时，由于建筑物的最下几层层高往往与标准层不一致，且平面形状也往往与标准层不同，所以一般在建筑物主体施工到 3 ~ 5 层时开始安装整体脚手架。下面几层施工时，往往要先搭设落地外脚手架。

（二）安装

先安装承力架，承力架内侧用 M25 ~ M30 的螺栓与混凝土边梁固定，承力架外侧用斜拉杆与上层边梁拉结固定，用斜拉杆中部的花篮螺栓将承力架调平，再在承力架上面搭设架子，安装承力架上的立杆，然后搭设下面的承力桁架。再逐步搭设整个架体，随搭随设置拉结点,并设斜撑。在比承力架高2层的位置安装工字钢挑梁,挑梁与混凝土边梁的连接方法与承力架相同。电动倒链挂在挑梁下,并将电动倒链的吊钩挂在承力架的花篮挑梁上。在架体上每个层高满铺厚木板,架体外面挂安全网。

(三)爬升

短暂开动电动倒链,将电动倒链与承力架之间的吊链拉紧,使其处在初始受力状态。松开架体与建筑物的固定拉结点。松开承力架与建筑物相连的螺栓和斜拉杆,开动电动倒链开始爬升,爬升过程中,应随时观察架子的同步情况,如发现不同步应及时停机进行调整。爬升到位后,先安装承力架与混凝土边梁的紧固螺栓,并将承力架的斜拉杆与上层边梁固定,然后安装架体上部与建筑物的各拉结点。待检查符合安全要求后,脚手架可开始使用,进行上一层的主体施工。在新一层主体施工期间,将电动倒链及其挑梁摘下,用滑轮或手动倒链转至上一层重新安装,为下一层爬升做准备。

(四)下降

与爬升操作顺序相反,利用电动倒链顺着爬升用的墙体预留孔倒行,脚手架即可逐层下降,同时把留在墙面上的预留孔修补完毕,最后脚手架返回地面。

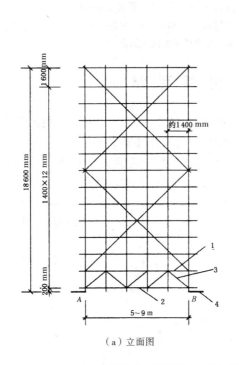

(a)立面图

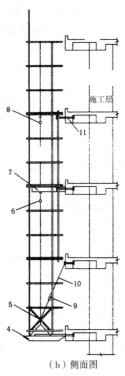

(b)侧面图

1—上弦杆;2—下弦杆;3—承力桁架;4—承力架;5—斜撑;
6—电动倒链;7—挑梁;8—倒链;9—花篮螺栓;10—拉杆;11—螺栓

图6-11　整体升降式外脚手架

(五)拆除

爬架拆除前应清理脚手架上的杂物。拆除方式与互升式脚手架类似。

液压整体提升式的脚手架模板组合体系(图6-12),它通过设在建(构)筑内部的支承立柱及立柱顶部的平台桁架,利用液压设备进行脚手架的升降,同时也可升降建筑的模板。

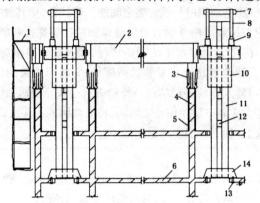

1—吊脚手;2—平台桁架;3—手拉倒链;4—墙板;5—大模板;6—楼板;
7—支撑挑架;8—提升支撑杆;9—千斤顶;10—提升导向架;
11—支撑立柱;12—连接板;13—螺栓;14—底座

图6-12 液压整体提升式脚手架模板组合

第五节 里脚手架

里脚手架搭设于建(构)筑物内部,其使用过程中装拆较频繁,故要求轻便灵活,装拆方便。通常将其做成工具式的,结构形式有折叠式、支柱式和门架式。

图6-13所示为角钢折叠式里脚手架,其架设间距,砌墙时不超过2 m,粉刷时不超过2.5 m。根据施工层高,沿高度可以搭设两步脚手,第一步高约1 m,第二步高约1.65 m。

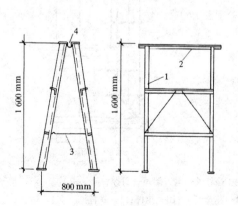

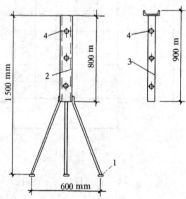

1—立柱;2—横棱;3—挂钩;4—铰链

图6-13 折叠式里脚手架

1—支脚;2—立管;3—插管;4—销孔

图6-14 套管式支柱

图 6-14 所示为套管式支柱,它是支柱式里脚手架的一种,将插管插入立管中,以销孔间距调节高度,在插管顶端的凹形支托内搁置方木横杆,横杆上铺设脚手架。架设高度为 1.5 ~2.1 m。

门架式里脚手架由两片 A 形支架与门架组成(图 6-15)。其架设高度为 1.5~2.4 m,两片 A 形支架间距 2.2~2.5 m。

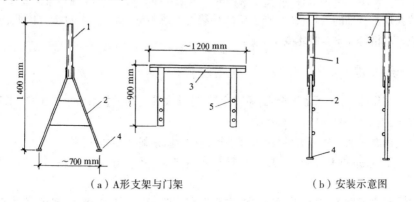

（a）A形支架与门架　　　　　　　（b）安装示意图

1—立管;2—支脚;3—门架;4—垫板;5—销孔

图 6-15　门架式里脚手架

对高度较高的结构内部施工,如建筑的顶棚等可利用移动式里脚手架(图 6-16),如作业面大、工程量大,则常常在施工区内搭设满堂脚手架,材料可用扣件式钢管、碗扣式钢管或毛竹等。

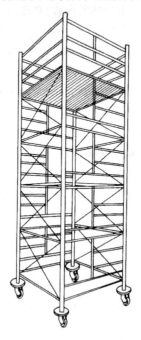

图 6-16　移动式里脚手架

第六节 脚手架工程的安全技术要求

脚手架虽然是临时设施,但对其安全性应给予足够的重视,脚手架的不安全因素包括:①不重视脚手架施工方案设计,对超常规的脚手架仍按经验搭设;②不重视外脚手架的连墙件的设置及地基基础的处理;③对脚手架的承载力了解不够,施工荷载过大。因此,脚手架的搭设应该严格遵守安全技术要求。

一、一般要求

架子工在作业时,必须戴安全帽,系安全带,穿软底鞋。脚手材料应堆放平稳,工具应放入工具袋内,上下传递物件时不得抛掷。

不得使用腐朽和严重开裂的竹、木脚手板,或虫蛀、枯脆、劈裂的材料。

在雨、雪、冰冻的天气施工,架子上要有防滑措施,并在施工前将积雪、冰碴儿清除干净。

复工工程应对脚手架进行仔细检查,发现立杆沉陷、悬空、节点松动、架子歪斜等情况,应及时处理。

二、脚手架的搭设和使用

脚手架的搭设应符合前面几节所述的内容,并且与墙面之间应设置足够和牢固的拉结点,不得随意加大脚手杆距离或不设拉结。

脚手架的地基应整平夯实或加设垫木、垫板,使其具有足够的承载力,以防止发生整体或局部沉陷。

脚手架斜道外侧和上料平台必须设置 1 m 高的安全栏杆和 18 cm 高的挡脚板或挂防护立网,并随施工层次升高而升高。

脚手板的铺设要满铺、铺平或铺稳,不得有悬挑板。

脚手架在搭设过程中,要及时设置连墙杆、剪刀撑以及必要的拉绳和吊索,避免搭设过程中发生变形、倾倒。

整体提升脚手架应执行我国《建设工程安全生产管理条例》的相关规定,主要有以下几点。

(一)安装与拆卸

安装与拆卸整体提升脚手架、模板等自升式架设设施,必须由具有相应资质的单位承担,应当编制拆装方案、制订安全施工措施,并由专业技术人员现场监督。

安装完毕后,安装单位应当自检,出具自检合格证明,并向施工单位进行安全使用说明,办理验收手续并签字。

有关设施的使用达到国家规定的检验检测期限的,必须经具有专业资质的检验检测机构检测。经检测不合格的,不得继续使用。检验检测机构对检测合格的自升式架设设施,应当出具安全合格证明文件,并对检测结果负责。

（二）使用

在使用前应当组织有关单位进行验收,也可以委托具有相应资质的检验检测机构进行验收。

使用承租的机械设备和施工机具及配件的,由施工总承包单位、分包单位、出租单位和安装单位共同进行验收。验收合格的方可使用。

验收合格之日起30日内,向建设行政主管部门或者其他有关部门登记。登记标志应当置于或者附着于该设备的显著位置。

三、防电、避雷

脚手架与电压为1~10 kV以下架空输电线路的距离应不小于6 m,同时应有隔离防护措施。

脚手架应有良好的防电避雷装置。钢管脚手架、钢塔架应有可靠的接地装置,每50 m长应设一处,经过钢脚手架的电线要严格检查,谨防破皮漏电。

施工照明通过钢脚手架时,应使用12 V以下的低压电源。电动机具必须与钢脚手架接触时,要有良好的绝缘。

思考题 ○ ○ ○

1. 扣件式钢管脚手架的构造如何? 其搭设有何要求?

2. 碗扣式脚手架、门式脚手架的构造有哪些特点? 搭设中应注意哪些问题?

3. 升降式脚手架有哪些类型? 其构造有何特点?

4. 试述自升式脚手架及互升式脚手架的升降原理。

5. 里脚手架的结构有何特点?

6. 如何控制脚手架的安全?

第七章　防水工程

　　防水工程是一项系统工程,它涉及防水材料、防水工程设计、施工技术、建筑物的管理等各个方面。其目的是为保证建筑物不受水侵蚀,内部空间不受危害,提高建筑物使用功能和生产、生活质量,改善人居环境。包括屋面防水、地下室防水、卫生间防水、外墙防水、地铁防水等。防水效果的好坏,对建筑物的质量至关重要。

第一节　地下防水工程

一、地下防水工程概述

　　地下防水工程是防止地下水对地下构筑物或建筑物基础的长期浸透,保证地下构筑物或地下室使用功能正常发挥的一项重要工程。根据防水标准,地下防水分为 4 个等级。其中建筑物的地下室多为一级、二级防水,即达到"不允许渗水,结构表面无湿渍"和"不允许漏水,结构表面可有少量湿渍"的标准。

(一)地下防水方案

　　地下工程的防水方案,应根据使用要求、自然环境条件及结构形式等因素确定。对仅有上层滞水且防水要求较高的工程,应采用"以防为主、防排结合"的方案。在有较好的排水条件或防水质量难于保证的情况下,应优先考虑"排水"方案,而大量工程则为"防水"方案。常采用的排水方法有盲沟法和渗排水层法。采用防水方法时,其防水构造应根据工程的防水等级,采取一道、二道或多道设防。如图 7-1 所示,即为在防水混凝土外附加卷材防水层(或涂膜防水层),并以灰土作辅助性防水层的多道设防做法。

　　常用材料如下:

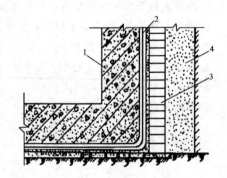

1—防水混凝土构筑物;2—卷材或涂膜防水层;
3—半砖保护层;4—灰土防水层

图 7-1　多道防水示例

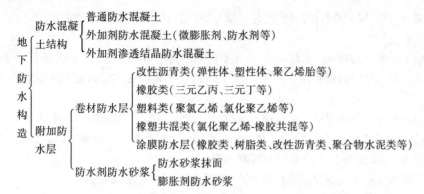

（二）地下防水施工的特点

1. 质量要求高

地下防水构造长期处于动水压力和静水压力作用下，而大多数工程不允许渗水甚至不允许出现湿渍。因而要在材料选择与检验、基层处理、防水施工、细部处理及检查、成品保护等各个环节精心组织、严格把关。

2. 施工条件差

地下防水常需在基坑内露天作业，往往受到地下水、地面水及气候变化的影响。施工期间应认真作好降水、排水、截水工作，保持边坡稳定，并选择好天气尽快施工。

3. 材料品种多，质量、性能差异大

防水材料的品种较多，性能差异很大，即便是同种材料，不同厂家间的质量、性能差距也较大。因此，所用防水材料除应有相应的质量证明外，还需抽样复检。

4. 成品保护难

地下防水层施工往往伴随整个地下工程，敞露或拖延时间较长；而卷材或涂膜层厚度小、强度低、易损坏。因此，除应做好保护层外，还应在支拆模板、绑扎安装钢筋、浇筑混凝土、砌墙以至回填等各个施工过程中注意保护，以确保防水效果。

5. 薄弱部位多

结构变形缝、混凝土施工缝、后浇缝、穿墙管道、穿墙螺栓、预埋铁件、预留孔洞、阴阳角等均为防水薄弱部位。除应按防水构造要求做好细部处理外，还应严格隐检，做好施工中的保护和施工后的处理。

（三）地下防水施工应注意的事项

（1）杜绝防水层对水的吸附和毛细渗透；

（2）接缝严密，形成封闭的整体；

（3）消除所留孔洞造成的渗漏；

（4）防止不均匀沉降而拉裂防水层；

（5）防水层须做至可能渗漏范围以外。

（四）防水混凝土结构的施工

防水混凝土结构是指以本身的密实性而具有一定防水能力的整体式混凝土或钢筋混凝

土结构。它兼有承重、围护和抗渗的功能,还可满足一定的耐冻融及耐侵蚀要求。

1. 防水混凝土的种类

防水混凝土一般分为普通防水混凝土、外加剂防水混凝土和膨胀水泥防水混凝土三种。

普通防水混凝土是以调整和控制配合比的方法,以达到提高密实度和抗渗性要求的一种混凝土。

外加剂防水混凝土是指用掺入适量外加剂的方法,改善混凝土内部组织结构,以增加密实性、提高抗渗性的混凝土。按所掺外加剂种类的不同可分减水剂防水混凝土、加气剂防水混凝土、三乙醇胺防水混凝土、氯化铁防水混凝土等。

膨胀水泥防水混凝土是指用膨胀水泥为胶结料配制而成的防水混凝土。

不同类型的防水混凝土具有不同特点,应根据使用要求加以选择。

2. 防水混凝土施工

防水混凝土结构工程质量的优劣,除取决于合理的设计、材料的性质及配合成分以外,还取决于施工质量的好坏。因此,对施工中的各主要环节,如混凝土搅拌、运输、浇筑、振捣、养护等,均应严格遵循施工及验收规范和操作规程的各项规定进行施工。

防水混凝土所用模板,除满足一般要求外,应特别注意模板拼缝严密,支撑牢固。在浇筑防水混凝土前,应将模板内部清理干净。如若两侧模板需用对拉螺栓固定时,应在螺栓或套管中间加焊止水环,螺栓加堵头(图7-2)。

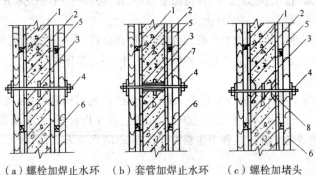

（a）螺栓加焊止水环　（b）套管加焊止水环　（c）螺栓加堵头

1—防水建筑;2—模板;3—止水环;4—螺栓;5—水平加劲肋;6—垂直加劲肋;
7—预埋套管(拆模后将螺栓拔出,套管内用膨胀水泥砂浆封堵);
8—堵头(拆模后将螺栓沿平凹坑底割去,再用膨胀水泥砂浆封堵)

图7-2　螺栓穿墙止水措施

钢筋不得用钢丝或铁钉固定在模板上,必须采用相同配合比的细石混凝土或砂浆块做垫块,并确保钢筋保护层厚度符合规定,不得有负误差。如结构内设置的钢筋确需用铁丝绑扎时,均不得接触模板。

防水混凝土的配合比应通过试验选定。选定配合比时,应按设计要求的抗渗标号提高0.2 MPa。防水混凝土的抗渗等级不得小于S6,所用水泥的强度等级不低于32.5级,石子的粒径宜为5~40 mm,宜采用中砂,防水混凝土可根据抗裂要求掺入钢纤维或合成纤维,其掺和料、外加剂的掺量应经试验确定,其水灰比不大于0.55。地下防水工程所使用的防水材料应有产品合格证书和性能检测报告,材料的品种、规格、性能等应符合现行国家产品标准和设计要求,不合格的材料不得在工程中使用。配制防水混凝土要用机械搅拌,先将砂、石、水泥一次倒入搅拌筒内搅拌 0.5 ~ 1.0 min,再加水搅拌 1.5 ~ 2.5 min。如掺外加剂应最后加入,外加剂必须先用水稀释均匀,掺外加剂防水混凝土的搅拌时间应根据外加剂的技术要求确定。厚度大于或等于 250 mm 的结构,混凝土坍落度宜为 10 ~ 30 mm;厚度小于 250 mm 或钢筋稠密的结构,混凝土坍落度宜为 30 ~ 50 mm。拌好的混凝土应在半小时内运至现场,于初凝前浇筑完毕,如运距较远或气温较高时,宜掺缓凝减水剂。防水混凝土拌和物在运输后,如出现离析,必须进行二次搅拌,当坍落度损失后,不能满足施工要求时,应加入原水灰比的水泥浆或二次掺减水剂进行搅拌,严禁直接加水。混凝土浇筑时应分层连续浇筑,其自由倾落高度不得大于 1.5 m。混凝土应用机械振捣密实,振捣时间为 10 ~ 30 s,以混凝土开始泛浆和不冒气泡为止,并避免漏振、欠振和超振。混凝土振捣后,须用铁锹拍实,等混凝土初凝后用铁抹子压光,以增加表面致密性。

　　防水混凝土应连续浇筑,尽量不留或少留施工缝。当必须留设施工缝时,宜留在下列部位:墙体水平施工缝不应留在剪力与弯矩最大处或底板与侧墙的交接处,应留在高出底板表面不小于 300 mm 的墙体上;拱(板)墙结合的水平施工缝,宜留在拱(板)墙接缝线以下 150 ~ 300 mm 处;墙体有预留孔洞时,施工缝距孔洞边缘不应小于 300 mm;垂直施工缝应避开地下水和裂隙水较多的地段,并宜与变形缝相结合。施工缝防水的构造简图如图 7-3 所示。

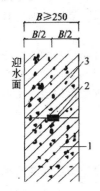

1—先浇混凝土;
2—遇水膨胀止水条;
3—后浇混凝土
防水基本构造(一)

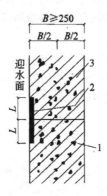

外贴止水带 $L \geq 150$;
外涂防水涂料 $L = 200$;
外抹防水砂浆 $L = 200$;
1—先浇混凝土;
2—外贴防水层;
3—后浇混凝土
防水基本构造(二)

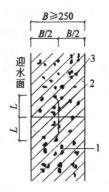

钢板止水带 $L \geq 100$;
橡胶止水带 $L \geq 120$;
钢板橡胶止水带 $L \geq 120$;
1—先浇混凝土;
2—中埋止水带;
3—后浇混凝土
防水基本构造(三)

图 7-3　施工缝防水构造

　　施工缝浇灌混凝土前,应将其表面浮浆和杂物清除干净,先铺净浆,再铺 30～50 mm 厚的 1∶1 水泥砂或涂刷混凝土界面处理剂,并及时浇灌混凝土,垂直施工缝可不铺水泥砂浆,选用的遇水膨胀止水条,应牢固地安装在缝表面或预留槽内,且该止水条应具有缓胀性能,其 7 d 的膨胀率不应大于最终膨胀率的 60%,如采用中埋式止水带时,应位置准确,固定牢靠。

　　防水混凝土终凝后(一般浇后 4～6 h),即应开始覆盖浇水养护,养护时间应在 14 d 以上,冬季施工混凝土入模温度不应低于 5 ℃,宜采用综合蓄热法、蓄热法、暖棚法等养护方法,并应保持混凝土表面湿润,防止混凝土早期脱水,如采用掺化学外加剂方法施工时,能降低水溶液的冰点,使混凝土在低温下硬化,但要适当延长混凝土搅拌时间,振捣要密实,还要采取保温保湿措施。不宜采用蒸汽养护和电热养护,地下构筑物应及时回填分层夯实,以避免由于干缩和温差产生裂缝。防水混凝土结构必须在混凝土强度达到设计强度 40% 以上时方可在其上面继续施工,达到设计强度 70% 以上时方可拆模。拆模时,混凝土表面温度与环境温度之差,不得超过 15 ℃,以防混凝土表面出现裂缝。

　　防水混凝土浇筑后严禁打洞,因此,所有的预留孔和预埋件在混凝土浇筑前必须埋设准确。对防水混凝土结构内的预埋铁件、穿墙管道等防水薄弱之处,应采取措施,仔细施工。

　　拌制防水混凝土所用材料的品种、规格和用量,每工作班检查不应少于两次,混凝土在浇筑地点的坍落度,每工作班至少检查两次,防水混凝土抗渗性能,应采用标准条件下养护混凝土抗渗试件的试验结果评定,试件应在浇筑地点制作。连续浇筑混凝土每 500 m³ 应留置一组抗渗试件,一组为 6 个试件,每项工程不得小于两组。

　　防水混凝土的施工质量检验,应按混凝土外露面积每 100 m² 抽查 1 处,每处 10 m²,且不得不少于 3 处,细部构造应全数检查。

　　防水混凝土的抗压强度和抗渗压力必须符合设计要求,其变形缝、施工缝、后浇带、穿墙管道、埋设件等设置和构造均要符合设计要求,严禁有渗漏。防水混凝土结构表面的裂缝宽度不应大于 0.2 mm,并且得贯通,其结构厚度不应小于 250 mm,迎水面钢筋保护层厚度不应小于 50 mm。

二、水泥砂浆防水层施工

　　水泥砂浆防水层是一种刚性防水层,即在构筑物的底面和两侧分层涂抹一定厚度的水泥砂浆,利用砂浆本身的憎水性和密实性来达到抗渗防水的效果。但这种防水层抵抗变形能力差,固不适用于受振动荷载影响的工程或结构上易产生不均匀沉陷的工程,亦不适用于受腐蚀、高温及反复冻融的砖砌体工程。

　　常用的水泥砂浆防水层主要有刚性多层防水层、掺外加剂的防水砂浆防水层和膨胀水泥或无收缩性水泥砂浆防水层等类型。

1.刚性多层防水层

　　刚性多层防水层是利用素灰和水泥砂浆分层交替抹压均匀密实,构成一个多层的整体防水层。这种防水层做在迎

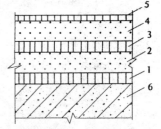

1、3—素灰层;2、4—砂浆层;
5—水泥浆层;6—结构基层

图7-4　五层交叉抹面

水面时,宜采用五层交叉抹面,如图7-4所示;做在背水面时,宜采用四层交叉抹面,即将第四层表面抹平压光即可。

具体做法:第一层、三层为素灰层,水灰比为 0.37 ~ 0.4,稠度为 70 mm 的水泥浆,其厚度为 2 mm,分两次抹压密实,主要起防水作用。第二层、四层为水泥砂浆层,配合比为1:2.5(水泥:砂),水灰比为 0.6 ~ 0.65,稠度为 70 ~ 80 mm,每层厚度 4 ~ 5 mm。水泥砂浆层主要起着对素灰层的保护、养护和加固作用,同时也起一定的防水作用。第五层为水泥浆层,厚度为 1 mm,水灰比为 0.55 ~ 0.6,在第四层水泥砂浆抹压两遍后,用毛刷均匀涂蔚水泥浆一道并随第四层一道压光。

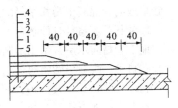

1,3—素灰层;2,4—砂浆层;
5—结构基层

图7-5 防水层留槎方法(mm)

刚性多层防水层,各层粘贴紧密,密实性好,当外界温度变化时,每一层的收缩变形均受到其他层的约束,不易发生裂缝;同时各层配合比、厚度及施工时间均不同,毛细孔形成也不一致,后一层施工能对前一层的毛细孔起堵塞作用,因此具有较高抗渗能力,能达到良好的防水效果。

每层防水层施工要连续进行,不留施工缝。若必须留施工缝时,则应留成阶梯坡形槎,如图7-5所示,接槎要依照层次顺序操作,层层搭接紧密。接槎一般宜留在地面上,亦可留在墙面上,但均需离开阴阳角处200 mm。

2. 掺外加剂的防水砂浆防水层

在普通水泥砂浆中掺入一定量的防水剂形成防水砂浆,防水剂与水泥水化作用而形成不溶性物质或憎水性薄膜,可填充填塞或封闭水泥砂浆中的毛细管道,提高其密实性,增强其抗渗能力。常用的防水剂有防水浆、避水浆、防水粉、氯化铁防水剂、硅酸钠防水剂等。以氯化铁防水砂浆防水层施工为例做一介绍。氯化铁防水砂浆防水层施工时,在清理好的基层上先刷水泥浆一道,然后分两次抹垫层的防水砂浆,其配合比为 1:2.5:0.3(水泥:砂:防水剂),水灰比为 0.45 ~ 0.5,其厚度为 12 mm,抹垫层防水砂浆后,一般隔 12 h 左右,再刷一道水泥浆,并随刷随抹面层防水砂浆,其配合比为 1:3:0.3(水泥:砂:防水剂),水灰比为 0.5 ~ 0.55,其厚度为 13 mm,也分二次抹。面层防水砂浆抹完后,在终凝前应反复多次抹压密实并压光。

3. 膨胀水泥或无收缩性水泥砂浆防水层

这种防水层主要是利用水泥膨胀和无收缩的特性来提高砂浆的密实性和抗渗性,其砂浆的配合比为 1:2.5(水泥:砂),水灰比为 0.4 ~ 0.5。涂抹方法与防水砂浆相同,但由于砂浆凝结快,故在常温下配制的砂浆必须在1 h 内使用完毕。

当配制防水砂浆时,宜采用强度等级不低于 32.5 级的普通硅酸盐水泥、膨胀水泥、矿渣硅酸盐水泥;宜采用中砂或粗砂。基层表面要坚实、粗糙、平整、洁净。涂刷前基层应洒水湿润,以增强基层与防水层的黏结力。阴阳角均应做成圆弧或钝角。其半径一般为阳角10 mm,阴角50 mm。水泥砂浆防水层其高度均应至少超出室外地坪150 mm。水泥砂浆防水层施工时,气温不应低于 5 ℃,掺用氯化物金属盐类防水剂及膨胀剂的防水砂浆,不应在35 ℃以上或烈日照射下施工。防水层做完后,应立即进行养护,养护时的环境温变不宜低于 5 ℃,并保持防水层湿润,养护时间不应少于 14 个昼夜。在负温和烈日暴晒下施工,防水层混凝土浇筑后,应及时养护,并保持湿润。补偿收缩混凝土防水层宜采用水养护,养护时间不得少于 14 个昼夜。

三、卷材防水层

地下卷材防水层是一种柔性防水层,是用沥青胶将几层卷材粘贴在地下结构基层的表面上而形成的多层防水层,它具有较好的防水性和良好的韧性,能适应结构的振动和微小变形,并能抵抗酸、碱、盐溶液的侵蚀,但卷材吸水率大,机械强度低,耐久性差,发生渗漏后难以修补。因此,卷材防水层只适用于形式简单的整体钢筋混凝土结构基层和以水泥砂浆、沥青砂浆或沥青混凝土为找平层的基层。

1. 卷材及胶结材料的选择

地下卷材防水层宜采用耐腐蚀的卷材和玛碲脂,如胶油沥青卷材、沥青玻璃布卷材、再生胶卷材等。耐酸玛碲脂应采用角闪石棉、辉绿岩粉、石英粉或其他耐酸的矿物质粉为填充料;耐碱玛碲脂应采用滑石粉、温石棉、石灰石粉、白云石粉或其他耐碱的矿物质粉为填充料。铺贴石油沥青卷材必须用石油沥青胶结材料,铺贴胶油沥青卷材必须用胶油沥青胶结材料。防水层所用的沥青,其软化点应比基层及防水层周围介质可能达到的最高温度高出 $20 \sim 25 \ ℃$,且不低于 $40 \ ℃$。沥青胶结材料的加热温度、使用温度及冷底子油的配制方法参见屋面防水部分。

2. 卷材的铺贴方案

将卷材防水层铺贴在地下需防水结构的外表面时,称为外防水。此种施工方法,可以借助土压力压紧,并可与承重结构一起抵抗有压地下水的渗透和侵蚀作用,防水效果好。外防水的卷材防水层铺贴方式,按其与防水结构施工的先后顺序,可分为外防外贴法和外防内贴法两种。

1)外防外贴法

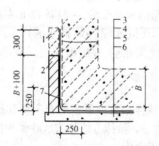

1—临时保护墙;2—永久保护墙;
3—细石混凝土保护墙;4—卷材防水层;
5—水泥砂浆找平层;6—混凝土垫层;7—卷材加强层
(a)甩茬

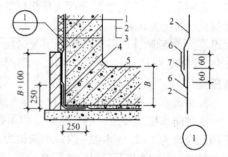

1—结构墙体;2—卷材防水层;
3—卷材保护层;4—卷材加强层;
5—结构底板;6—密封材料;7—盖缝条
(b)拉茬

图 7-6　外防外贴法(单位:mm)

外防外贴法是在垫层上先铺贴好底板卷材防水层,进行地下需防水结构的混凝土底板与墙体施工,待墙体侧模拆除后,再将卷材防水层直接铺贴在墙面上,然后砌筑保护墙(图7-6)。外防外贴法的施工顺序是先在混凝土底板垫层上做1:3的水泥砂浆找平层,待其干燥后,再铺贴底板卷材防水层,并在四周伸出与墙身卷材防水层搭接。保护墙分为两部分,下部为永久性保护墙,高度不小于$B+100$ mm(B为底板厚度);上部为临时保护墙,高度一般为300 mm,用石灰砂浆砌筑,以便拆除。保护墙砌筑完毕后,再将伸出的卷材搭接接头临时贴在保护墙上,然后进行混凝土底板与墙身施工。墙体拆模后,在墙面上抹水泥砂浆找平层并刷冷底子油,再将临时保护墙拆除,找出各层卷材搭接接头,并将其表面清理干净。此处卷材应错槎接缝(图7-6b),依次逐层铺贴,最后砌筑永久性保护墙。

2)外防内贴法

外防内贴法是在垫层四周先砌筑保护墙,然后将卷材防水层铺贴在垫层与保护墙上,最后进行地下需防水结构的混凝土底板与墙体施工(图7-7)。外防内贴法的施工是先在混凝土底板垫层四周砌筑永久性保护墙,在垫层表面上及保护墙内表面上抹1:3水泥砂浆找平层,待其基本干燥并满涂冷底子油后,沿保护墙及底板铺贴防水卷材。铺贴完毕后,在立面上,应在涂刷防水层最后一道沥青胶时,趁热黏上干净的热砂或散麻丝,待其冷却后,立即抹一层10~20 mm厚的1:3水泥砂浆保护层;在平面上铺设一层30~50 mm厚的1:3水泥砂浆或细石混凝土保护层,最后再进行需防水结构的混凝土底板和墙体施工。

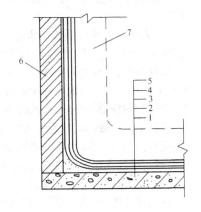

1—垫层;2—找平层;3—卷材防水层;
4—保护层;5—底板;6—保护墙;
7—需防水结构墙体

图7-7 外防内贴法

内贴法与外贴法相比,其优点:卷材防水层施工较简便,底板与墙体防水层可一次铺贴完,不必留接槎,施工占地面积较小。但也存在着结构不均匀沉降对防水层影响大,易出现渗漏水现象,竣工后出现渗漏水修补较难等缺点。工程上只有当施工条件受限时,才采用内贴法施工。

3. 卷材防水层的施工

铺贴卷材的基层必须牢固,无松动现象,基层表面应平整洁净,阴阳角处均应做成圆弧形或钝角。卷材铺贴前,宜使基层表面干燥,在平面上铺贴卷材时,若基层表面干燥有困难,则第一层卷材可用沥青胶结材料铺贴在潮湿的基层上,但应使卷材与基层贴紧。必要时卷材层数应比设计增加一层。在立面上铺贴卷材时,为提高卷材与基层的黏结,基层表面应涂满冷底子油,待冷底子油干燥后再铺贴。铺贴卷材时,每层沥青胶涂刷应均匀,其厚度一般为1.5~2.5 mm。外贴法铺贴卷材应先铺平面,后铺立面,平立面交接处应交叉搭接;内贴法宜先铺立面,后铺平面。铺贴立面卷材时,应先铺转角后铺大面。卷材的搭接长度要求,长边不应小于100 mm,短边不应小于150 mm。上下两层和相邻两幅卷材的接缝应相互错开1/3幅宽,并不得相互垂直铺贴。在平面与立面的转角处,卷材的接缝应留在平面上距离立面不小于600 mm处。所有转角处均应铺贴附加层。附加层可用两层同样的卷材或一层抗拉强度较高的卷材。附加层应按加固处的形状仔细黏贴紧密,卷材与基层、卷材与卷材间必须黏贴紧密,多余的沥青胶结材料应挤出,搭接缝必须用沥青胶仔细封严。最后一层卷材铺贴好后,应在其表面上均匀地涂刷一层厚为 1 ~ 1.5 mm 的热沥青胶结材料。

四、涂膜防水层

地下工程常用的防水涂料主要有沥青基防水涂料和高聚物改性沥青防水涂料等。这里以水乳型再生橡胶沥青防水涂料为例作介绍。

水乳型再生橡胶沥青防水涂料是以沥青、橡胶和水为主要材料,掺入适量的增塑剂及抗老化剂,采用乳化工艺制成的。其黏结、柔韧、耐寒、耐热、防水、抗老化能力等均优于纯沥青和沥青胶,并具有质量轻、无毒、无味、不易燃烧、冷施工等特点。而且操作简便,不污染环境,经济效益好,与一般卷材防水层相比可节约造价 30%,还可在较潮湿的基层上施工。

水乳型再生橡胶沥青防水涂料由水乳型 A 液和 B 液组成,A 液为再生胶乳液,呈漆黑色,细腻均匀,稠度大,黏性强,密度约为 1.1 g/cm^3。B 液为液化沥青,呈浅黑黄色,水分较多,黏性较差,密度约为 1.04 g/cm^3。当两种溶液按不同配合比(质量比)混合时,其混合料的性能各不相同。若混合料中沥青成分居多时,则可减少橡胶与沥青之间的内聚力,其黏结性、涂刷性及浸透性能良好,此时施工配合比可采用 A 液∶B 液 =1∶2;若混合料中橡胶成分居多时,则具有较高的抗裂性和抗老化能力,此时施工配合比可采用 A 液∶B 液 =1∶1。因此,配料时,应根据防水层的不同要求,采用不同的施工配合比。水乳型再生橡胶沥青防水涂料既可单独涂布形成防水层,也可衬贴玻璃丝布作为防水层。当地下水压不大时做防水层或地下水压较大时做加强层,可采用"二布三油一砂"做法;当在地下水位以上做防水层或防潮层,可采用"一布二油一砂"做法。铺贴顺序为先铺附加层和立面,再铺平面;先铺贴细部,再铺贴大面。其施工方法与卷材防水层施工方法相似,适用于屋面、墙体、地面、地下室等部位及设备管道防水防潮、嵌缝补漏、防渗防腐工程。

五、地下防水工程渗漏及防治方法

地下防水工程,常常由于设计考虑不周,选材不当或施工质量差而造成渗漏,直接影响生产和使用。渗漏水易发生的部位主要在施工缝、蜂窝麻面、裂缝、变形缝及穿墙管道等处。渗漏水的形式主要有孔洞漏水、裂缝漏水、防水面渗水或是上述几种渗漏水的综合。因此,堵漏前必须先查明其原因,确定其位置,弄清水压大小,然后根据不同情况采取不同的防治措施。

(一)渗漏部位及原因

1.防水混凝土结构渗漏的部位及原因

由于模板表面粗糙或清理不干净,模板浇水湿润不够,脱模剂涂刷不均匀,接缝不严,振捣混凝土不密实等原因,致使混凝土出现蜂窝、孔洞、麻面而引起渗漏。墙板和底板及墙板与墙板间的施工缝处理不当而造成地下水沿施工缝渗入。由于混凝土中砂石含泥量大,养护不及时等,产生干缩和温度裂缝而造成渗漏。混凝土内的预埋件及管道穿墙处未做认真处理而致使地下水渗入。

2.卷材防水层渗漏部位及原因

由于保护墙和地下工程主体结构沉降不同,致使黏在保护墙上的防水卷材被撕裂而造成漏水。卷材的压力和搭接接头宽度不够,搭接不严,结构转角处卷材铺贴不严实,后浇或后砌结构时卷材被破坏,或由于卷材韧性较差,结构不均匀沉降而造成卷材被破坏,也会产生渗漏,另外还有管道处的卷材与管道黏结不严,出现张口翘边现象而引起渗漏。

3. 变形缝处渗漏原因

止水带固定方法不当,埋设位置不准确或在浇筑混凝土时被挤动,止水带两翼的混凝土包裹不严,特别是底板止水带下面的混凝土振捣不实;钢筋过密,浇筑混凝土时下料和振捣不当,造成止水带周围骨料集中、混凝土离析,产生蜂窝、麻面;混凝土分层浇筑前,止水带周围的木屑杂物等未清理干净,混凝土中形成薄弱的夹层,均会造成渗漏。

(二)堵漏技术

堵漏技术就是根据地下防水工程特点,针对不同程度的渗漏水情况,选择相应的防水材料和堵漏方法,进行防水结构渗漏水处理。当拟定处理渗漏水措施时,应本着将大漏变小漏,片漏变孔漏,线漏变点漏,使漏水部位汇集于一点或数点,最后堵塞的方法进行。

对防水混凝土工程的修补堵漏,通常采用的方法是用促凝剂和水泥拌制而成的快凝水泥胶浆进行快速堵漏或大面积修补。近年来,采用膨胀水泥(或掺膨胀剂)作为防水修补材料,其抗渗堵漏效果更好。对混凝土的微小裂缝,则采用化学灌浆堵漏技术。

1. 快硬性水泥胶浆堵漏法

1)堵漏材料

(1)促凝剂。促凝剂是以水玻璃为主,并与硫酸铜、重铬酸钾及水配制而成。配制时按配合比先把定量的水加热至100 ℃,然后将硫酸铜和重铬酸钾倒入水中,继续加热并不断搅拌至完全溶解后,冷却至30~40 ℃,再将此溶液倒入称量好的水玻璃液体中,搅拌均匀,静置半小时后就可使用。

(2)快凝水泥胶浆。快凝水泥胶浆的配合比是水泥:促凝剂为1:0.5~0.6。由于这种胶浆凝固快(一般1 min左右就凝固),使用时注意随拌随用。

2)堵漏方法

地下防水工程的渗漏水情况比较复杂,堵漏的方法也较多。因此,当选用时要因地制宜。常用的堵漏方法有堵塞法和抹面法。

(1)堵塞法。堵塞法适用于孔洞漏水或裂缝漏水时的修补处理。孔洞漏水常用直接堵塞法和下管堵漏法。直接堵塞法适用于水压不大,漏水孔洞较小,操作时,先将漏水孔洞处剔槽,槽壁必须与基面垂直,并用水刷洗干净,随即将配制好的快凝水泥胶浆捻成与槽尺寸相近的锥形团,当胶浆开始凝固时,迅速压入槽内,并挤压密实,保持半分钟左右即可。当水压力较大,漏水孔洞较大时,可采用下管堵漏法(图7-8)。孔洞堵塞好后,在胶浆表面抹素灰一层,砂浆一层,以做保护。待砂浆有一定的强度后,将胶管拔出,按直接堵塞法将管孔堵塞。最后拆除挡水墙,再做防水层。裂缝漏水的处理方法有裂缝直接堵塞法和下绳堵漏法。裂缝直接堵塞法适用于水压较小的裂缝漏水,操作时,沿裂缝剔成"八"字形坡的沟槽,刷洗干净后,用快凝水泥胶浆直接堵塞,经检查无渗水,再做保护层和防水层。当水压力较大,裂缝较长时,可采用下绳堵漏法(图7-9)。

(2)抹面法。抹面法适用于较大面积的渗水面,一般先降低水压或降低地下水位,将基层处理好,然后用抹面法做刚性防水层修补处理。先在漏水严重处用凿子剔出半贯穿性孔眼,插入胶管将水导出。这样就使"片渗"变为"点漏",在渗水面做好刚性防水层修补处理。待修补的防水层砂浆凝固后,拔出胶管,再按"孔洞直接堵塞法"将管孔堵填好。

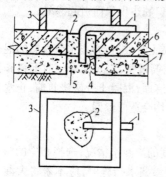

1—胶皮管;2—快凝胶浆;3—挡水墙;
4—油毡层;5—碎石;
6—构筑物;7—垫层

图7-8　下管堵漏法

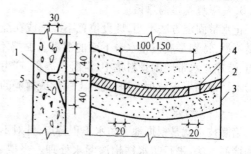

1—绳(导水用);2—快凝胶浆填缝;
3—砂浆层;4—暂留小孔;
5—构筑物

图7-9　下绳堵漏法(单位:mm)

2. 化学灌浆堵漏法

1)灌浆材料

(1)氰凝。氰凝的主体成分是以多异氰酸酯与含羟基的化合物(聚酯、聚醚)制成的预聚体。使用前,在预聚体内掺入一定量的副剂(表面活性剂、乳化剂、增塑剂、溶剂与催化剂等),搅拌均匀即配制成氰凝浆液。氰凝浆液不遇水不发生化学反应,稳定性好;当浆液灌入漏水部位后,立即与水发生化学反应,生成不溶于水的凝胶体;同时释放二氧化碳气体,使浆液发泡膨胀,向四周渗透扩散直至反应结束。

(2)丙凝。丙凝由双组分(甲溶液和乙溶液)组成。甲溶液是丙烯酰胺和 N-N′-甲撑双丙烯酰胺及 β - 二二甲铵基丙腈的混合溶液。乙溶液是过硫酸铵的水溶液。两者混合后很快形成不溶于水的高分子硬性凝胶,这种凝胶可以封密结构裂缝,从而达到堵漏的目的。

2)灌浆施工

灌浆堵漏施工,可分为对混凝土表面处理、布置灌浆孔、埋设灌浆嘴、封闭漏水部位、压水试验、灌浆、封孔等工序。灌浆孔的间距一般为 1 m 左右,并要交错布置;灌浆嘴的埋设如图7-10所示;灌浆结束,待浆液固结后,拔出灌浆嘴并用水泥砂浆封固灌浆孔。

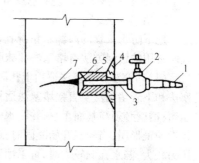

1—进浆嘴;2—阀门;3—灌浆嘴;
4——层素灰一层砂浆水平;
5—快硬水泥浆;6—半圆铁片;
7—混凝土墙裂缝

图 7-10　埋入式灌浆嘴埋设方法

第二节 屋面防水工程

一、卷材防水屋面

卷材防水屋面是目前屋面防水的一种主要方法,尤其是在重要的工业与民用建筑工程中,应用十分广泛。卷材防水屋面通常是采用胶结材料将沥青防水卷材、高聚物改性沥青防水卷材、合成高分子防水卷材等柔性防水材料黏成一整片能防水的屋面覆盖层。胶结材料取决于卷材的种类,若采用沥青卷材,则以沥青胶结材料作粘贴层,一般为热铺;若采用高聚物改性沥青防水卷材或合成高分子防水卷材,则以特制的胶黏剂做粘贴层,一般为冷铺。

(一)卷材防水屋面的构造

卷材防水屋面一般由结构层、隔汽层、保温层、找平层、防水层和保护层等组成(图 7-11)。其中隔汽层和保温层在一定的气温条件和使用条件下可不设。

卷材防水屋面属柔性防水屋面,其优点:质量轻,防水性能较好,尤其是防水层具有良好的柔韧性,能适应一定程度的结构振动和胀缩变形。缺点:造价高,特别是沥青卷材易老化、起鼓,耐久性差,施工工序多,工效低,维修工作量大,产生渗漏时修补找漏困难等。

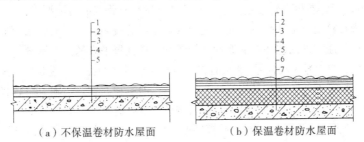

　　(a)不保温卷材防水屋面　　　　　　(b)保温卷材防水屋面

1—保护层;2—卷材防水层;3—结合层;4—找平层;
5—保温层;6—隔汽层;7—结构层

图 7-11　卷材防水屋面构造示意图

(二)卷材防水屋面的材料

1)沥青

沥青是一种有机胶凝材料。在土木工程中,目前常用的是石油沥青。石油沥青按其用途可分为建筑石油沥青、道路石油沥青和普通石油沥青三种。建筑石油沥青黏性较高,多用于建筑物的屋面及地下工程防水;道路石油沥青则用于拌制沥青混凝土和沥青砂浆或道路工程;普通石油沥青因其温度稳定性差,黏性较低,在建筑工程中一般不单独使用,而是与建筑石油沥青掺配经氧化处理后使用。

针入度、延伸度和软化点是划分沥青牌号的依据。工程上通常根据针入度指标确定牌号,每个牌号则应保证相应的延伸度和软化点。例如,建筑石油沥青按针入度指标划分为 10号、30 号乙、30 号甲 3 种。在同品种的石油沥青中,其牌号增大时,针入度和延伸度增大,而软化点则减小。沥青牌号的选用,应根据当地的气温及屋面坡度情况综合考虑,气温高坡度大,则选用小牌号,以防止流淌;气温低坡度小,要选用大牌号,以减小脆裂。石油沥青牌号及主要技术质量标准见表7-1。

表7-1 石油沥青牌号及主要技术标准

石油沥青牌号	针入度 25 ℃	延伸度 25 ℃/mm	软化点不小于/℃
60 甲	41～80	600	45
60 乙	41～80	400	45
30 甲	21～80	30	70
30 乙	21～40	30	60
10	5～20	10	95

沥青储存时,应按不同品种、牌号分别存放,避免雨水、阳光直接淋晒,并要远离火源。

2)卷材

(1)沥青防水卷材。沥青防水卷材,按制造方法的不同可分为浸渍(有胎)和辊压(无胎)两种。石油沥青卷材又称油毡和油纸。油毡是用高软化点的石油沥青涂盖油纸的两面,再撒上一层滑石粉或云母片而成。油纸是用低软化点的石油沥青浸渍原纸而成的。建筑工程中常用的有石油沥青油毡和石油沥青油纸两种。根据每平方米原纸质量(g),石油沥青有200 号、350 号和500 号3 种标号,油纸有200 号和350 号两种标号。卷材防水屋面工程用油毡一般应采用标号不低于350 号的石油沥青油毡。油毡和油纸在运输、堆放时应竖直搁置,高度不超过两层;应储存在阴凉通风的室内,避免日晒雨淋及高温高热。

(2)高聚物改性沥青防水卷材。高聚物改性沥青防水卷材是以合成高分子聚合物改性沥青为涂盖层,纤维织物或纤维毡为胎体,粉状、粒状、片状或薄膜材料为覆盖材料制成可卷曲的片状材料。目前,我国所使用的有 SBS 改性沥青柔性卷材、APP 改性沥青卷材、铝箔塑胶卷材、化纤胎改性沥青卷材、废胶粉改性沥青耐低温卷材等。高聚物改性沥青防水卷材的规格见表7-2,其物理性能见表7-3。

表7-2 高聚物改性沥青防水卷材规格

厚度/mm	宽度/mm	每卷长度/m	厚度/mm	宽度/mm	每卷长度/m
2.0	≥1000	15.0～20.0	4.0	≥1000	7.5
3.0	≥1000	10.0	5.0	≥1000	5.0

表 7-3 高聚物改性沥青防水卷材物理性能

项目	性能要求				
	聚酯毡胎体	坡纤毡胎体	聚乙毡胎体	自黏酯胎体	自黏无胎体
拉力（宽 50 mm）/N	≥450	纵向≥350 横向≥250	≥100	≥350	≥250
延伸率/%	最大拉力时 ≥30	—	断裂时 ≥200	最大拉力时 ≥30	断裂时≥450
耐热度/℃,2h	SBS 卷材 90,APP 卷材 110,无滑动、流淌、滴落		PEE 卷材 90,无流淌、起泡	70,无滑动、流淌、滴落	70,无起泡、滑动
低温柔度/℃	SBS 卷材—18,APP 卷材—5,PEE 卷材—10			−20	
	厚 3 mm,r = 15 mm,厚 4mm,r = 25 mm;3 s,弯 180°无裂纹			$r = 15$ mm,3 s,弯 180° 无裂纹	$\phi 20$ mm,3 s,弯 180°无裂纹
不透水性 压力/MPa	≥0.3	≥0.2	≥0.3	≥0.3	≥0.2
不透水性 保持时间/min	≥30				≥120

注：SBS 卷材——弹性体改性沥青防水卷材；

　　APF 卷材——塑性体改性沥青防水卷材；

　　PEE 卷材——高聚物改性沥青聚乙烯胎防水卷材。

（3）合成高分子防水卷材。合成高分子防水卷材是以合成橡胶、合成树脂或二者的共混体为基料,加入适量的化学助剂和填充料等,经不同工序加工而成可卷曲的片状防水材料；或把上述材料与合成纤维等复合形成两层或两层以上的可卷曲的片状防水材料。目前,常用的有三元乙丙橡胶防水卷材、氯化聚乙烯防水卷材、氯化聚乙烯-橡胶共混体防水卷材、氯硫化聚乙烯防水卷材等。合成高分子防水卷材其外观质量必须满足以下要求:折痕每卷不超过 2 处,总长度不超过 20 mm;不允许出现粒径大于 0.5 mm 的杂质颗粒;胶块每卷不超过 6 处,每处面积不大于 4 mm²;缺胶每卷不超过 6 处,每处不大于 7 mm,深度不超过本身厚度的 30%。其规格见表 7-4,物理性能见表 7-5。

表 7-4 合成高分子防水卷材规格

厚度/mm	宽度/mm	每卷长度/m	厚度/mm	宽度/mm	每卷长度/m
1.0	≥1000	20.0	1.5	≥1000	20.0
1.2	≥1000	20.0	2.0	≥1000	10.0

表 7-5 合成高分子防水卷材物理性能

项目		性能要求			
		硫化橡胶类	非硫化橡胶类	树脂类	纤维增强类
断裂拉伸强度/MPa		≥6	≥3	≥10	≥9
扯断伸长率/%		≥400	≥200	≥200	≥10
低温弯折/℃		-30	-20	-20	-20
不透水性	压力/MPa	≥0.3	≥0.2	≥0.3	≥0.3
	保持时间/min	≥30			
加热收缩率/%		<1.2	<2.0	<2.0	<1.0
热老化保持率 (80 ℃,168 h)	断裂拉伸度	≥80%			
	扯断伸长率	≥70%			

3)冷底子油

冷底子油是用 10 号或 30 号石油沥青加入挥发性溶剂配制而成的溶液。石油沥青与轻柴油或煤油以 4:6 的配合比调制而成的冷底子油为慢挥发性冷底子油,涂喷后 12~48 h 干燥;石油沥青与汽油或苯以 3:7 的配合比调制而成的冷底子油为快挥发性冷底子油,涂喷后 5~10 h 干燥。调制时先将熬好的沥青倒入料桶中,再加入溶剂,并不停地搅拌至沥青全部溶化为止。

冷底子油具有较强的渗透性和憎水性,并使沥青胶结材料与找平层之间的黏结力增强。喷涂冷底子油的时间,一般应为找平层干燥后。若需在潮湿的找平层上涂喷冷底子油,则应待找平层水泥砂浆略具强度能够操作时,方可进行。冷底子油可喷涂或涂刷,涂刷应薄而均匀,不得有空白、麻点或气泡。待冷底子油油层干燥后,即可铺贴卷材。

4)沥青胶结材料

沥青胶是用石油沥青按一定配合比掺入填充料(粉状或纤维状矿物质)混合熬制而成的,用于粘贴油毡作为防水层,或作为沥青防水涂层以及接头填缝之用。

在沥青胶结材料中加入填充料的作用:提高耐热度、增加韧性、增强抗老化能力。填充料的掺量:采用粉状填充料(滑石粉等)时,掺入量为沥青质量的 10%~25%,采用纤维状填充料(石棉粉等),掺入量为沥青质量的 5%~10%。填充料的含水率不宜大于 3%。

沥青胶结材料的主要技术性能指标是耐热度、柔韧性和黏结力。其标号用耐热度表示,标号为 S—60~S—85。使用时,如屋面坡度大且当地历年室外极端最高气温高时,应选用标号较高的胶结材料,反之,则应选用标号较低的胶结材料。其标号的具体选用见表 7-6。

表 7-6 胶结材料标号的具体选用

屋面坡度/%	历年室外极端最高温度/℃	沥青标号
1 ~ 3	小于 38	S—60
	38 ~ 41	S—65
	41 ~ 45	S—70
3 ~ 15	小于 38	S—65
	38 ~ 41	S—70
	41 ~ 45	S—75
15 ~ 25	小于 38	S—80
	38 ~ 41	S—80
	41 ~ 45	S—85

沥青胶结材料的配制,一般采用 10 号、30 号、60 号石油沥青,或上述两种或三种牌号的沥青熔合。当采用两种标号沥青进行熔合时,其配合比可按下式计算:

$$B_g = \frac{T - T_2}{T_1 - T_2} \times 100\% \tag{7-1}$$

$$B_d = 100\% - B_g \tag{7-2}$$

式中　B_g——熔合物中高软化点石油沥青含量,%;

　　　B_d——熔合物中低软化点石油沥青含量,%;

　　　T——熔合后沥青胶结材料所需的软化点,℃;

　　　T_1——高软化点石油沥青的软化点,℃;

　　　T_2——低软化点石油沥青的软化点,℃。

熬制沥青胶时,应先将沥青破碎成 80 ~ 100 mm 块状料再放入锅中加热熔化,使其完全脱水至不再起泡沫时,除去杂物,再将预热过的填充料缓慢加入,同时不停地搅拌,直至达到规定的熬制温度(表 7-7),除去浮石杂质即熬制完成。沥青胶结材料的加热温度和时间,对其质量有极大的影响。温度必须按规定严格控制,熬制时间以 3 ~ 4 h 为宜。若熬制温度过高,时间过长,则沥青质增多,油分减少,韧性差,黏结力降低,易老化,这对施工操作、工程质量及耐久性都有不良影响。

表 7-7 沥青胶结材料的加热温度和使用温度 ℃

类别	加热温度	使用温度
普通石油沥青或掺建筑石油沥青的普通石油沥青胶结材料	不应高于 280	不宜低于 240
建筑石油沥青胶结材料	不应高于 240	不宜低于 1908

5)胶黏剂

胶黏剂是高聚物改性沥青卷材和合成高分子卷材的粘贴材料。高聚物改性沥青卷材的胶黏剂主要有氯丁橡胶改性沥青胶黏剂、CCTP抗腐耐水冷胶料等。前者由氯丁橡胶加入沥青和助剂以及溶剂等配制而成,外观为黑色液体,主要用于卷材与基层、卷材与卷材的黏结,其黏结剪切强度不小于5 N/cm,黏结剥离强度不小于8 N/cm。后者是由煤沥青经氯化聚烯烃改性而制成的一种溶剂型胶黏剂,具有良好的抗腐蚀、耐酸碱、防水和耐低温等性能。合成高分子卷材的胶黏剂主要有氯丁系胶黏剂(404胶)、丁基胶黏剂、BX-12胶黏剂、BX-12乙组分、XY-409胶等。

(三)卷材防水屋面的施工

1)沥青卷材防水屋面的施工

(1)基层的处理。基层处理得好坏,直接影响到屋面的施工质量。要求基层要有足够的强度和刚度,承受荷载时不产生显著变形,一般采用水泥砂浆、沥青砂浆和细石混凝土找平层做基层。水泥砂浆配合比(体积比)为1:2.5~1:3,水泥强度等级不低于32.5级;沥青砂浆配合比(质量比)为1:8;细石混凝土强度等级为C15,找平层厚度为15~35 mm。为防止由于温差及混凝土构件收缩而使卷材防水层开裂,找平层应留分格缝,缝宽为20 mm,其留设位置应在预制板支撑端的拼缝处,其纵横向最大间距,当找平层为水泥砂浆或细石混凝土时,不宜大于6 m;当找平层为沥青砂浆时,则不宜大于4 m。并于缝口上加铺200~300 mm宽的油毡条,用沥青胶结材料单边点贴,以防结构变形将防水层拉裂。在凸出屋面结构的连接处以及基层转角处,均应做成边长为100 mm的钝角或半径为100~150 mm的圆弧。找平层应平整坚实,无松动、翻砂和起壳现象。

(2)卷材铺贴。卷材铺贴前应先熬制好沥青胶和清除卷材表面的撒料。沥青胶的沥青成分应与卷材中沥青成分相同。卷材铺贴层数一般为2~3层,沥青胶铺贴厚度一般在1~1.5 mm之间,最厚不得超过2 mm。

卷材的铺贴方向应根据屋面坡度或是否受振动荷载而确定。当屋面坡度小于3%时,宜平行于屋脊铺贴;屋面坡度大于15%或屋面受振动时,应垂直于屋脊铺贴;屋面坡度在3%~15%之间时,可平行或垂直于屋脊铺贴。卷材防水屋面的坡度不宜超过25%,否则应在短边搭接处将卷材用钉子钉入找平层内固定,以防卷材下滑。此外,当铺贴卷材时,上下层卷材不得相互垂直铺贴。

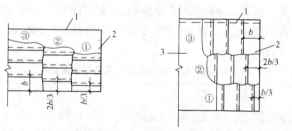

(a)平行于屋脊铺贴　(b)垂直于屋脊铺贴①②③—卷材层次

b—卷材幅宽;1—屋脊;2—山墙;3—主导风向

图7-12　卷材铺贴方向

平行于屋脊铺贴时,由檐口开始,各层卷材的排列如图7-12a所示。两幅卷材的长边搭接(又称压边),应顺水流方向;短边搭接(又称接头),应顺主导风向。平行于屋脊铺贴效率高,材料损耗少。此外,由于卷材的横向抗拉强度远比纵向抗拉强度高,因此,此方法可以防止卷材因基层变形而产生裂缝。

垂直于屋脊铺贴时,则应从屋脊开始向檐口进行,以免出现沥青胶超厚而铺贴不平等现象。各层卷材的排列如图7-12b所示。压边应顺主导风向,接头应顺水流方向。同时,屋脊处不能留设搭接缝,必须使卷材相互越过屋脊交错搭接以增强屋脊的防水性和耐久性。

当铺贴连续多跨或高低跨房屋屋面时,应按先高跨后低跨,先远后近的顺序进行。对同一坡面,则应先铺好水落口、天沟、女儿墙和沉降缝等地方,特别应做好泛水处,然后顺序铺贴大屋面的卷材。

为防止卷材接缝处漏水,卷材间应具有一定的搭接宽度,通常各层卷材的搭接宽度,长边不应小于70 mm,短边不应小于100 mm,上下两层及相邻两幅卷材的搭接缝均应错开,搭接缝处必须用沥青胶结材料仔细封严。

卷材的铺贴方法有浇油法、刷油法、刮油法和洒油法4种。①浇油法是将沥青胶浇到基层上,然后推着卷材向前滚动使卷材与基层粘贴紧密;②刷油法是用毛刷将沥青胶刷于基层,刷油长度以300~500 mm为宜,出油边不应大于50 mm,然后快速铺压卷材;③刮油法是将沥青胶浇到基层上后,用5~10 mm的胶皮刮板刮开沥青胶铺贴;④洒油法是在铺第一层卷材时,先在卷材周边涂满沥青,中间用蛇形花洒的方法洒油铺贴,其余各层则仍按浇油、刷油、刮油方法进行铺贴,此法多用于基层不太干燥需做排气屋面的情况。待各层卷材铺贴完后,在其面层上浇一层2~4 mm厚的沥青胶,趁热撒上一层粒径为3~5 mm的小豆石(绿豆砂),并加以压实,使豆石和沥青胶黏结牢固,未黏结的豆石随即清扫干净。

沥青卷材防水层最容易产生的质量问题:防水层起鼓、开裂、沥青流淌、老化、屋面漏水等。

为防止起鼓,要求基层干燥,其含水率在6%以内,避免雨、雾、霜天气施工,隔汽层良好,防止卷材受潮,保证基层平整,卷材铺贴涂油均匀、封闭严密,各层卷材粘贴密实,以免水分蒸发空气残留形成气囊而使防水层产生起鼓现象。在潮湿环境下解决防水层起鼓的有效方法是将屋面做成排气屋面,即在铺贴第一层卷材时,采用条铺、花铺等方法使卷材与基层间留有纵横相互贯通的排气道(图7-13),并在屋面或屋脊上设置一定的排气孔与大气相通,使潮湿基层中的水分能及时排走,从而避免卷材起鼓。

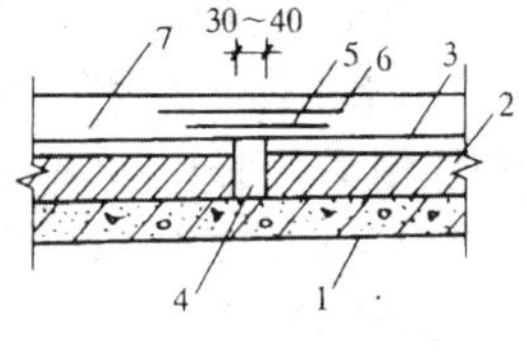

为防止沥青胶流淌,要求沥青胶有足够的耐热度,较高的软化点,涂刷均匀,其厚度不得超过2 mm,且屋面坡度不宜过大。

1—屋面板;2—保温屋;3—找平屋;
4—排气道;5—卷材条点贴;
6—卷材条加固层;7—防水层

图7-13　排气屋面(单位:mm)

防水层破裂的主要原因:结构层变形、找平层开裂;刚度不够,建筑物不均匀下沉;沥青胶流淌,卷材接头错动;防水层温度收缩,沥青胶变硬、变脆而拉裂;防水层起鼓后内部气体受热膨胀等。

此外,沥青在热能、阳光、空气等的长期作用下,内部成分将逐渐老化,为延长防水层的使用寿命,通常设置保护层是一项重要措施,保护层材料有绿豆砂、云母、蛭石、水泥砂浆、细石混凝土和块体材料等。

2）高聚物改性沥青卷材防水屋面施工

基层处理。高聚物改性沥青卷材防水屋面可用水泥砂浆、沥青砂浆和细石混凝土找平层作基层。要求找平层抹平压光，坡度符合设计要求，不允许有起砂、掉灰和凹凸不平等缺陷存在，其含水率一般不宜大于9%，找平层不应有局部积水现象。找平层与凸起物（如女儿墙、烟囱、通气孔、变形缝等）相连接的阴角，应做成均匀光滑的小圆角；找平层与檐口、排水口、沟脊等相连接的转角，应抹成光滑一致的圆弧形。

施工要点。高聚物改性沥青卷材施工方法有冷黏剂粘贴法和火焰热熔法两种。

冷黏剂粘贴法施工的卷材主要是指 SBS 改性沥青卷材、APP 改性沥青卷材、铝箔面改性沥青卷材等。施工前应清除基层表面的凸起物，并将尘土杂物等扫除干净，随后用基层处理剂进行基层处理，基层处理剂是由汽油等溶剂稀释胶黏剂制成的，涂刷时要均匀一致。待基层处理剂干燥后，可先对排水口、管根等容易发生渗漏的薄弱部位，在其中心 200 mm 范围内，均匀涂刷一层胶黏剂，涂刷厚度以 1 mm 左右为宜。干燥后即可形成一层无接缝和弹塑性的整体增强层。铺贴卷材时，应根据卷材的配置方案（一般坡度小于 3% 时，卷材应平行于屋脊配置。坡度大于 15% 时，卷材应垂直于屋脊配置；坡度在 3% ~15% 之间时，可根据现场条件自由选定），在流水坡度的下坡开始弹出基准线，边涂刷胶黏剂边向前滚铺卷材，并及时辊压压实。用毛刷涂刷时，蘸胶液应饱满，涂刷要均匀。滚铺卷材不要卷入空气和异物。平面与立面相连接处的卷材，应由下向上压缝铺贴，并使卷材紧贴阴角，不允许有明显的空鼓现象存在。当立面卷材超过 300 mm 时，应用氯丁系胶黏剂（404 胶）进行粘贴或用木砖钉木压条与粘贴并用的方法处理，以达到粘贴牢固和封闭严密的目的。卷材纵横搭接宽度为 100 mm，一般接缝用胶黏剂黏合，也可采用汽油喷灯进行加热熔接，以后者效果更为理想。对卷材搭接缝的边缘以及末端收头部位，应刮抹膏状胶黏剂进行黏合封闭处理，其宽度不应小于10 mm。必要时，也可在经过密封处理的末端收头处，再用掺入水泥质量20%的108胶水泥砂浆进行压缝处理。

火焰热熔法施工的卷材主要以 APP 改性沥青卷材较为适宜。采用热熔法施工可节省冷黏剂，降低防水工程造价，特别是当气温较低时或屋面基层略有湿气时尤其适合。基层处理时，必须待涂刷基层处理剂 8 h 以上方能进行施工作业。火焰加热器的喷嘴距卷材面的距离应适中，一般为 0.5 m 左右，幅宽内加热应均匀。以卷材表面熔融至光亮黑色为度，不得过分加热或烧穿卷材。卷材表面热熔后应立即铺贴，滚铺时应排除卷材下面的空气，使之平展不得有折皱，并辊压粘贴牢固。搭接部位经热风焊枪加热后粘贴牢固，溢出的自黏胶刮平封口。

为屏蔽或反射阳光的辐射和延长卷材的使用寿命，在防水层铺设工作完成后，可在防水层的表面上采用边涂刷冷黏剂边铺撒蛭石粉保护层或均匀涂刷银色或绿色涂料作保护层。

高聚物改性沥青卷材严禁在雨天雪天施工，五级风及以上时不得施工，气温低于0 ℃时不宜施工。

3）合成高分子卷材防水屋面施工

合成高分子卷材防水屋面应以水泥砂浆找平层作为基层，其配合比为1∶3（体积比），厚度为 15~30 mm，其平整度用 2 m 长直尺检查，最大空隙不应超过 5 mm，空隙仅允许平缓变化。如预制构件（无保温层时）接头部位高低不齐或凹坑较大时，可用掺108胶（占水泥量的

15%)的 1∶2.5～1∶3 水泥砂浆找平,基层与凸出屋面结构相连的阴角,应抹成均匀一致和平整光滑的圆角,而基层与檐口、天沟、排水口等相连接的转角则应做成半径为 100～200 mm 的光滑圆弧。基层必须干燥,其含水率一般不应大于 9%。

待基层表面清理干净后,即可涂布基层处理剂,一般是将聚氨酯涂膜防水材料的甲料、乙料、二甲苯按 1∶1.5∶3 的配合比搅拌均匀,然后将其均匀涂布在基层表面上,干燥 4 h 以上,即可进行后续工序的施工。在铺贴卷材前需有聚氨酯甲料和乙料按 1∶1.5 的配合比搅拌均匀后,涂刷在阴角、排水口和通气孔根部周围作增强处理。其涂刷宽度为距离中心 200 mm 以上,厚度以 1.5 mm 左右为宜,固化时间应大于 24 h。

待上述工序均完成后,将卷材展开摊铺在平整干净的基层上,用辊刷蘸满氯丁系胶黏剂(404 胶等),均匀涂布在卷材上,涂布厚度要均匀,不得漏涂,但沿搭接部位 100 mm 处不得涂胶。涂胶黏剂后静置 10～20 min,待胶黏剂结膜干燥到不粘手指时,将卷材用纸筒芯卷好,然后再将胶黏剂均匀涂布在基层处理剂已基本干燥的洁净基层上,经过 10～20 min 干燥,接触时不粘手指,即可铺贴卷材。卷材铺贴的一般原则:铺设多跨或高低跨屋面时,应按先高跨后低跨,先远后近的顺序进行;铺设同一跨屋面时,应先铺设排水比较集中的部位,按标高由低向高进行。卷材应顺长方向进行配制,并使卷材长方向与水流坡度垂直,其长边搭接应顺流水坡度方向。卷材的铺贴应根据配制方案,沿先弹出的基准线,将已涂布胶黏剂的卷材圆筒从流水下坡开始展铺,卷材不得有褶皱,也不得用力拉伸卷材,并应排除卷材下面的空气,辊压粘贴牢固。卷材铺好后,应将搭接部位的结合面清扫干净,采用与卷材配套的接缝专用胶黏剂(如氯丁系胶黏剂),在搭接缝结合面上均匀涂刷,待其干燥不粘手指后辊压粘牢。除此之外,接缝口应采用密封材料封严,其宽度不应小于 10 mm。

合成高分子卷材防水屋面保护层施工与高聚物改性沥青卷材防水屋面保护层施工要求相同。

二、涂膜防水屋面

涂膜防水屋面是在屋面基层上涂刷防水涂料,经固化后形成一层有一定厚度和弹性的整体涂膜从而达到防水目的的一种防水屋面形式。其典型的构造层次如图 7-14 所示。这种屋面具有施工操作简便,无污染,冷操作,无接缝,能适应复杂基层,防水性能好,温度适应性强,容易修补等特点。它适用于防水等级为Ⅲ级、Ⅳ级的屋面防水;也可作为Ⅰ级、Ⅱ级屋面多道防水设防中的一道防水层。

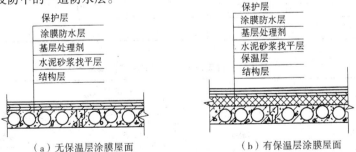

(a)无保温层涂膜屋面　　　　(b)有保温层涂膜屋面

图 7-14　涂膜防水屋面构造图

(一)材料要求

根据防水涂料成膜物质的主要成分,适用涂膜防水层的涂料可分为高聚物改性沥青防水涂料和合成高分子防水涂料两类。根据防水涂料的形成液态的方式,可分为溶剂型、反应型和水乳型 3 类(表 7-8)。各类防水涂料的质量要求分别见表 7-9 ~ 表 7-12。

表 7-8 主要防水涂料的分类

类别		材料名称
高聚物改性沥青防水涂料	溶剂型	再生橡胶沥青涂料、氯丁橡胶沥青涂料等
	乳液型	丁苯胶乳沥青涂料、氯丁胶乳沥青涂料、PVC 煤焦油涂料等
合成高分子防水涂料	乳液型	硅橡胶涂料、丙烯酸酯涂料、AAS 隔热涂料等
	反应型	聚氨酯防水涂料、环氧树脂防水涂料等

表 7-9 沥青基防水涂料质量要求

项目		质量要求
固体含量/%		≥50
耐热度(80 ℃,5 h)		无流淌、起泡和滑动
柔性/(10 ℃ ± 1 ℃)		4 mm 厚,绕 ϕ20 mm 圆棒,无裂纹、断裂
不透水性	压力/MPa	≥0.1
	保持时间/min	≥30 不渗透
延伸(20 ℃ ±2 ℃拉伸)/mm		≥4.0

表 7-10 高聚物改性沥青防水涂料质量要求

项目		要求
固体含量/%		≥43
耐热度(80 ℃,5 h)		无流淌、起泡和滑动
柔性/(-10 ℃)		3 mm 厚,绕 ϕ20 mm 圆棒,无裂纹、断裂
不透水性	压力/MPa	≥0.1
	保持时间/min	≥30 不渗透
延伸(20 ℃ ±2 ℃拉伸)/mm		≥4.5

表 7-11 合成高分子防水涂料性能要求

项目	质量要求		
	反应固化型	挥发固化型	聚合物水泥涂料
固体含量/%	≥94	≥65	≥65

表7-11(续)

项目	质量要求		
	反应固化型	挥发固化型	聚合物水泥涂料
拉伸强度/MPa	≥1.65	≥1.5	≥1.2
断裂延伸率/%	≥300	≥300	≥200
柔性/℃	≥0.3	≥0.3	≥0.3
不透水性 压力/MPa	≥0.3	≥0.3	≥0.3
不透水性 保持时间/min	≥30	≥30	≥30

表7-12 胎体增强材料质量要求

项目		质量要求		
		聚酯无纺布	化纤无纺布	玻纤网布
外观		均匀,无团状,平整无褶皱		
拉力(宽 50 mm)/N	纵向	≥150	≥45	≥90
拉力(宽 50 mm)/N	横向	≥100	≥35	≥50
延伸率/%	纵向	≥10	≥20	≥3
延伸率/%	横向	≥20	25	3

(二)基层要求

涂膜防水层要求基层的刚度大,空心板安装牢固,找平层有一定强度,表面平整、密实,不应有起砂、起壳、龟裂、爆皮等现象。表面平整度应用 2 m 直尺检查,基层与直尺的最大间隙不应超过 5 mm,间隙仅允许平缓变化。基层与凸出屋面结构连接处及基层转角处应做成圆弧形或钝角。按设计要求做好排水坡度,不得有积水现象。施工前应将分格缝清理干净,不得有异物和浮灰。对屋面的板缝处理应遵守有关规定。等基层干燥后方可进行涂膜施工。

(三)涂膜防水层施工

涂膜防水施工的一般工艺流程:基层表面清理、修理→喷涂基层处理剂→特殊部位附加增强处理→涂布防水涂料及铺贴胎体增强材料→清理与检查修理→保护层施工。

基层处理剂常用涂膜防水材料稀释后使用,其配合比应根据不同防水材料按要求配置。

涂膜防水必须由两层以上涂层组成,每层应刷 2~3 遍,且应根据防水涂料的品种分层分遍涂布,不能一次涂成,并待先涂的涂层干燥成膜后方可涂后一遍涂料,其总厚度必须达到设计要求。涂膜厚度选用应符合表7-13 规定。

表7-13 涂膜厚度选用表

屋面防水等级	设防道数	高聚物改性沥青防水涂料	合成高分子防水涂料
I 级	三道或三道以上设防	—	不应小于 1.5 mm
II 级	二道设防	不应小于 3 mm	不应小于 1.5 mm

表 7-13(续)

屋面防水等级	设防道数	高聚物改性沥青防水涂料	合成高分子防水涂料
Ⅲ级	一道设防	不应小于 3 mm	不应小于 2 mm
Ⅳ级	一道设防	不应小于 2 mm	—

　　涂料的涂布顺序:先高跨后低跨,先远后近,先立面后平面。同一屋面上先涂布排水较集中的水落口、天沟、檐口等节点部位,再进行大面积涂布。涂层应厚薄均匀、表面平整,不得有露底、漏涂和堆积现象。两涂层施工间隔时间不宜过长,否则易形成分层现象。涂层中夹铺增强材料时,宜边涂边铺胎体。胎体增强材料长边搭接宽度不得小于 50 min,短边搭接宽度不得小于 70 mm。当屋面坡度小于 15% 时,可平行屋脊铺设。屋面坡度大于 15% 时,应垂直屋脊铺设。采用二层胎体增强材料时,上下层不得互相垂直铺设,搭接缝应错开,其间距不应小于幅宽的 1/3。找平层分格缝处应增设胎体增强材料的空铺附加层,其宽度以200～300 mm 为宜。涂膜防水层收头应用防水涂料多遍涂刷或用密封材料封严。在涂膜未干前,不得在防水层上进行其他施工作业。涂膜防水屋面上不得直接堆放物品。涂膜防水屋面的隔汽层设置原则与卷材防水屋面相同。

　　涂膜防水屋面应设置保护层。保护层材料可采用细砂、云母、蛭石、浅色涂料、水泥砂浆或块材等。采用水泥砂浆或块材时,应在涂膜与保护层之间设置隔离层。当用细砂、云母、蛭石时,应在最后一遍涂料涂刷后随即撒上,并用扫帚轻扫均匀、轻拍粘牢。当用浅色涂料作保护层时,应在涂膜固化后进行。

三、刚性防水屋面

　　根据防水层所用材料的不同,刚性防水屋面可分为普通细石混凝土防水屋面、补偿收缩混凝土防水屋面及块体刚性防水屋面。刚性防水屋面的结构层宜为整体现浇的钢筋混凝土或装配式钢筋混凝土板。现重点介绍细石混凝土刚性防水屋面。

　　1. 屋面构造

　　细石混凝土刚性防水屋面,一般是在屋面板上浇筑一层厚度不小于 40 mm 的细石混凝土,作为屋面防水层(图 7-15)。刚性防水屋面的坡度宜为 2%～3%,并应采用结构找坡,其混凝土强度等级不得低于 C20,水灰比不大于 0.55,每立方米水泥最小用量不应小于330 kg,灰砂比为 1:2～1:2.5。为使其受力均匀,有良好的抗裂和抗渗能力,在混凝土中应配置直径为 φ4～φ6、间距为 100～200 mm 的双向钢筋网片,且钢筋网片在分格缝处应断开,其保护层厚度不小于 10 mm。

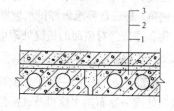

1—预制板;2—隔离层;
3—细石混凝土防水层

图 7-15　细石混凝土刚性防水层面

　　细石混凝土防水层宜用普通硅酸盐水泥,当采用矿渣硅酸盐水泥时应采取减小泌水性措施;水泥强度等级不低于 32.5 级;防水层的细石混凝土和砂浆中,粗骨料的最大粒径不宜大于 15 mm,含泥量不应大于 1%;细骨料应采用中砂或粗砂,含泥量不应大于 2%,拌和水应采用不含有害物质的洁净水。

2. 施工工艺

1）分格缝设置

为了防止大面积的细石混凝土屋面防水层由于温度变化等的影响而产生裂缝,防水层必须设置分格缝。分格缝的位置应按设计要求确定,一般应留在结构应力变化较大的部位。如设置在装配式屋面结构的支撑端、屋面转折处、防水层与突出屋面板的交接处,并应与板缝对齐,其纵横间距不宜大于6 m。一般情况下,屋面板支撑端每个开间应留横向缝,屋脊应留纵向缝,分格的面积以20 m² 左右为宜。

2）细石混凝土防水层施工

在浇筑防水层细石混凝土前,为减少结构变形对防水层的不利影响,宜在防水层与基层间设置隔离层。隔离层可采用纸筋灰或麻刀灰、低强度等级砂浆、干铺卷材等。在隔离层做好后,便在其上定好分格缝位置,再用分格木条隔开作为分格缝,一个分格缝范围内的混凝土必须一次浇筑完毕,不得留施工缝。浇筑混凝土时应保证双向钢筋网片设置于防水层中部,防水层混凝土应采用机械捣实,表面泛浆后抹平,收水后再次压光。待混凝土初凝后,将分格木条取出,分格缝处必须有防水措施,通常采用油膏嵌缝,有的在缝口上再做覆盖保护层。

细石混凝土防水层施工时,屋面泛水与屋面防水层应一次做成,否则会因混凝土或砂浆的不同收缩和结合不良造成渗漏水,泛水高度不应低于120 mm(图7-16),以防止雨水倒灌或爬水现象引起渗漏水。

细石混凝土防水层,由于其收缩弹性很小,对地基不均匀沉降、外荷载等引起的位移和变形,对温差和混凝土收缩、徐变引起的应力变形等敏感性大,容易产生开裂。因此,这种屋面多用于结构刚度好,无保温层的钢筋混凝土屋盖上。只要设计合理,施工措施得当,防水效果是可以得到保证的。此外,在施工中还应注意:防水层细石混凝土所用水泥的品种、最小用量、水灰比以及粗细骨料规格和级配等应符合规范的要求;混凝土

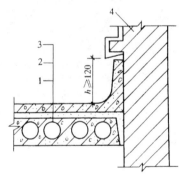

1—结构层;2—隔离层;
3—细石混凝土防水层;4—砖墙

图7-16 泛水构造

防水层的施工气温宜为5～35 ℃,不得在负温和烈日暴晒下施工;防水层混凝土浇筑后,应时养护,并保持湿润,补偿收缩混凝土防水层宜采用水养护,养护时间不得少于14 个昼夜。

思 考 题 ○○○

1. 试述沥青卷材屋面防水层的施工过程。

2. 常用防水卷层有哪些种类?

3. 试述高聚物改性沥青卷材的冷黏法和热熔法的施工过程。

4. 卷材屋面保护层有哪几种做法？

5. 试述涂膜防水屋面的施工过程。

6. 地下防水层的卷材铺贴方案有哪些？各具什么特点？

7. 防水混凝土是如何分类的？各有哪些特点？

8. 防水混凝土施工中应注意哪些问题？

参 考 文 献

[1] 中华人民共和国行业标准. JGJ79—2002 建筑地基处理技术规范[S]. 北京:中国建筑工业出版社,2002.

[2] 中华人民共和国国家标准. GB 50113—2005 液压滑动模板施工技术规范[S]. 北京:中国计划出版社,2005.

[3] 中华人民共和国国家标准. GB 50204—2002 混凝土结构工程施工质量验收规范[S]. 北京:中国计划出版社,2002.

[4] 中华人民共和国行业标准. JGJ/T10—95 混凝土泵送施工技术规程[S]. 北京:中国建筑工业出版社,1995.

[5] 中华人民共和国国家标准. GBJ 130—90 钢筋混凝土升板结构技术规范[S]. 北京:中国计划出版社,1990.

[6] 中华人民共和国国家标准. GB50446—2008 盾构法隧道工程施工及验收规程[S]. 北京:中国计划出版社,2008.

[7] 曾国熙,卢肇钧,蒋国澄,等. 地基处理手册[M]. 3 版. 北京:中国建筑工业出版社,2005.

[8] 苏宏阳,郦锁林. 基础工程施工手册[M]. 北京:中国计划出版社,1996.

[9] 应惠清. 土木工程施工[M]. 2 版. 上海:同济大学出版社,2009.

[10] 赵志缙,叶可明. 高层建筑施工手册[M]. 2 版. 上海:同济大学出版社,1997.

[11] 刘建航,侯学渊. 基坑工程手册[M]. 北京:中国建筑工业出版社,1997.

[12] 孙更生,郑大同. 软土地基与地下工程[M]. 2 版. 北京:中国建筑工业出版社,1995.

[13] 魏红一. 桥梁施工技术[M]. 北京:高等教育出版社,2001.

[14] 杨文渊,钱绍武. 道路施工工程师手册[M]. 2 版. 北京:人民交通出版社,2003.

[15] 应惠清,曾进伦,谈至明,等. 土木工程施工[M]. 2 版. 上海:同济大学出版社,2009.

[16] 应惠清. 土木工程施工[M]. 上海:同济大学出版社,2007.9

[17] 重庆大学,同济大学,哈尔滨工业大学等. 土木工程施工[M]. 2 版. 北京:中国建筑工业出版社,2008.

[18] 姚谨英. 建筑施工技术[M]. 北京:中国建筑工业出版社,2006.

[19] 姚谨英. 建筑施工技术管理实训[M]. 北京:中国建筑工业出版社,2006.

[20] 郭立民,方承训. 建筑施工[M]. 北京:中国建筑工业出版社,2006.

参 考 文 献